Octaveの精義

【第二版】

フリーの
高機能数値計算ツールを
使いこなす

松田七美男●著

■ **サンプルファイルのダウンロードについて**

　本書掲載のサンプルファイルは、一部を除いてインターネット上のダウンロードサービスからダウンロードすることができます。詳しい手順については、本書の巻末にある袋とじの内容をご覧ください。

　なお、ダウンロードサービスのご利用にはユーザー登録と袋とじ内に記されている番号が必要です。そのため、本書を中古書店から購入されたり、他者から貸与、譲渡された場合にはサービスをご利用いただけないことがあります。あらかじめご承知おきください。

・本書の内容についてのご意見、ご質問は、お名前、ご連絡先を明記のうえ、小社出版部宛文書（郵送またはE-mail）でお送りください。
・電話によるお問い合わせはお受けできません。
・本書の解説範囲を越える内容のご質問や、本書の内容と無関係なご質問にはお答えできません。
・匿名のフリーメールアドレスからのお問い合わせには返信しかねます。

本書で取り上げられているシステム名／製品名は、一般に開発各社の登録商標／商品名です。本書では、™および®マークは明記していません。本書に掲載されている団体／商品に対して、その商標権を侵害する意図は一切ありません。本書で紹介しているURLや各サイトの内容は変更される場合があります。

はじめに

筆者は，工学部の物質科学系の学科でいわゆる「計算物理」の講義を担当していました．プログラミング言語としては最初 C 言語を採用していたのですが [1,2]，高校に教科として『情報』がある今日においても，一般の学生がある程度自由に使えるようになるまで時間がかかり過ぎ，何かもっと良い言語はないものかと悩んでいた頃，Octave を知り，直ぐに気に入って使うようになりました [3]．Octave が元々学部レベルの学生への化学反応論の講義の補助ソフトとして書かれたものであることを考えると，筆者が直感的に『これだ』と思ったのも無理からぬことと思います．Octave はその後 GNU のプロジェクトとなり大きな発展を遂げつつありますが，当初の性格は引き継がれ，いわゆるプログラム言語に比べて格段に使いやすいツールであることは間違いありません．[*1]

数値計算ツールといえば，商用のものでは，Mathematica, Maple, MATLAB がよく知られていますが，Octave は行列計算に優れた MATLAB との互換性を考慮して開発が進められています．その互換性は入門レベルのコマンドについてはかなり高いです．Octave に関する書籍 [4–8] はまだあまり多くないのですが（そこに本書を出版する意義があるともいえます），MATLAB については優れた入門書が出版されておりたいへん参考になります [9–18]．さらに，MathWorks 社のウェブサイトからは，MATLAB の計 5000 ページに及ぶマニュアルをネットを通じて入手することができます．筆者は，今回 Octave のマニュアルを読んで疑問に思った事柄を MATLAB のマニュアルを調べて解決した経験を随分としました．

Octave の標準配布には，以下のような項目に対する数値解法が提供されています．この書籍はバージョン 5.1.0 に基づいてますが，MATLAB よりも少ないのはやむを得ないところでしょう．

> 複素数行列の計算・関数，多項式，非線形方程式，線形連立方程式，常微分方程式，数値積分，最小二乗法，数理統計，スパース行列，グラフ理論

残念ながら，シンボリック計算は標準配布されていません．OctaveForge というパッケージの開発版を集めているサイトがあり，そこにシンボリック計算のパッケージがありますが，実用的とはいえないレベルです．どうしてもという方は，オープンソースなシンボリック計算ツール MAXIMA [19–21]，REDUCE [22] などを試してみるとよいでしょう．

それにしても，Octave の守備範囲は十分広くマニュアルは 1000 ページを越します．したがって，いくら『精義』といっても全てを紹介はできません．また，筆者は Octave を主として常微分方程式の計算とその結果のグラフ化に使っているだけで，他の項目については詳しく説明できそうもありません．初版では「一通り関数の説明をする」と豪語したの

[*1] Octave の歴史については https://www.gnu.org/software/octave/about.html をご覧ください．

ですが，今回はもう手に負えないと諦めて，筆者が最も関心のある gnuplot との連携という観点から，**1. 結果のグラフ化についてはできる限り説明する**．さらに，煩わしいと感ずるかもしれませんが **2. 原則的にはスクリプトを必ず示すことにする**．なぜなら「**百聞は一見に如かず**」のとおり，私の経験では，スクリプトの現物が役立つことが多かったからです．以上 2 つの大方針を初版から引き継いで改訂を試みました．更に，この改訂版では筆者の個人的な事情ですが，講義を担当することになった基礎物理学（主として力学）での利用例を追加しました．

本書で用いた記号や表現について

上記の方針にしたがって，本書ではスクリプトのリストを以下のような**左側に横線を引いた体裁**で示します．スクリプト以外に関数などの書式を示す場合にも用いて強調します．このスクリプトは graphics のデモ関数 peaks の等高線と等高線の値を表

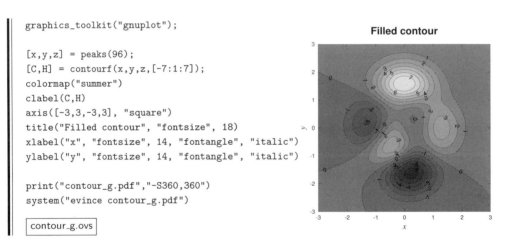

```
graphics_toolkit("gnuplot");

[x,y,z] = peaks(96);
[C,H] = contourf(x,y,z,[-7:1:7]);
colormap("summer")
clabel(C,H)
axis([-3,3,-3,3], "square")
title("Filled contour", "fontsize", 18)
xlabel("x", "fontsize", 14, "fontangle", "italic")
ylabel("y", "fontsize", 14, "fontangle", "italic")

print("contour_g.pdf","-S360,360")
system("evince contour_g.pdf")
```
contour_g.ovs

図 1 地図によく利用されている等高線図を描くスクリプトと得られた図面

示し，印刷用の PDF（Portable Document Format）形式のファイルも作成するものです．PDF 形式の図面ファイルは，拡大縮小によって図の品質の劣化がないよう設計されており，一つのファイルだけで，後に色々な（表示される際の大きさが異なる）場面で利用できるので筆者はとても重要視しています．本書に掲載されるスクリプト例には最後の 2 行にそのための印刷命令と出来上がった PDF を画面表示して確認する命令

```
print("***.pdf", "-Sxsize,ysize")
system("evince ***.pdf")
```
pdf ファイルの作成と，evince を起動して画面確認を行う命令

が含まれます．不要な場合は，**行頭に#記号を追記して最後の行あるいは 2 行ともコメント**

アウトし，替わりに以下の pause を加えてください．

```
pause
```
一時停止命令

すると Octave は一時停止して図が画面表示されたままになり，何らかのキー入力をもって終了するようになります．また，冒頭にも次のようなコマンドが記されている場合がありますが，それは以下の事情（と筆者のこだわり）によるものです．

```
graphics_toolkit "gnuplot";
```
グラフィックエンジンとして gnuplot を指定する命令

即ち，Octave は図面作成のエンジン（Octave では graphics toolkit と呼ばれる）として永らく gnuplot を利用していましたが，バージョン 4 からは，Qt ライブラリ（ノルウェーの Toroltech 社が開発元，Nokia 社に吸収された）の上の独自エンジンを既定にしました．Qt を用いることで画面上の像と種々の形式で保存（印刷）した像との一致が良くなりました．しかし，いまだに gnuplot を利用した方が品質の高い印刷（フォント制御や塗り潰しの細かさ）が得られる場合があるので（PDF の仕上がりを見て判断します），その場合には gnuplot を描画エンジンに指定するためのコマンドを最初に置くことにしたのです．

煩わしいというのであればコメントアウト，或いは削除してください．すると，Qt を用いた図が作成されます．スクリプトは，画面上の端末の**コマンドライン**から

```
$ octave contour.ovs
```

とキー入力して実行させます．作成された PDF ファイルがグラフィックエンジンが Qt か gnuplot かによって，若干異なることを図 2 に示します．

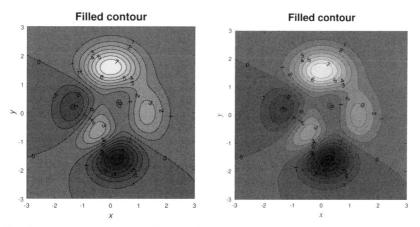

図 2 使用する graphics toolkit に応じて作成される PDF の相違：既定の Qt（左図）に比べて gnuplot（右図）の方が品質が高い場合がある．

■ **紙面節約のための空行の削除**　Octave の端末画面出力は見易さを考慮して空行が含まれます．しかし，それをそのまま紙面に掲載すると，ちょっと間延びして見えます．そこで，表示を簡素にするために書式を以下のように指定しています．

```
format compact
```
画面表示書式を簡素にする命令

こうして紙面の節約を果たしたという訳です（図3）．

```
octave:46> A = eye(3)
A =

Diagonal Matrix

   1   0   0
   0   1   0
   0   0   1

octave:47> A = sin(A)
A =

   0.84147   0.00000   0.00000
   0.00000   0.84147   0.00000
   0.00000   0.00000   0.84147

octave:48>
```

```
octave:> A = eye(3)
A =
Diagonal Matrix
   1   0   0
   0   1   0
   0   0   1
octave:> A = sin(A)
A =
   0.84147   0.00000   0.00000
   0.00000   0.84147   0.00000
   0.00000   0.00000   0.84147
octave:>
```

図 3　画面出力書式指定 compact による，紙面節約効果：既定（左図），compact 指定後（右図）．

■ **ベクトルの記号**　本文中で行列は A, P, U のように大文字のイタリック体で表現し，縦ベクトルあるいは列ベクトル $\boldsymbol{b} = (b_1, b_2, \cdots, b_n)^T$ をイタリックボールド体で表現します．この表現を用いて，$m \times n$ 行列を長さ m の列ベクトルを要素とする長さ n の横ベクトルとして以下のように表現する場合があります．

$$A = \begin{pmatrix} a_{11} & a_{12} & \cdots & a_{1n} \\ a_{21} & a_{22} & \cdots & a_{2n} \\ \vdots & \vdots & \ddots & \vdots \\ a_{m1} & a_{m2} & \cdots & a_{mn} \end{pmatrix} = (\boldsymbol{a}_1, \boldsymbol{a}_2, \cdots, \boldsymbol{a}_n)$$

また，横ベクトルあるいは行ベクトルは縦ベクトルの転置として $\boldsymbol{a}^T$ のように表現します．

バージョン 5 の気になる新しい機能について

■ **日本語表示：ユニコード対応**　ユニコードによる日本語の表示については，ディスプレイに現れる表示窓では図 4 のようにバージョン 4 から対応がなされていました．print に

よる印刷物にはそれが反映されず，図5の左図のように文字化けを起こしていましたが，バージョン5ではjpgなどのビットマップでは図5の右図のように文字化けしなくなりました．ただし，筆者が重要視しているpdfやその前身であるpsは対象外であり，相変わ

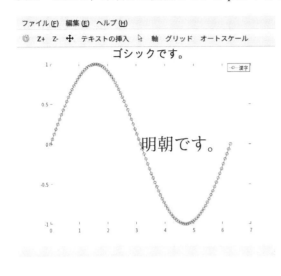

図4 画面に現れるグラフィックダイアログについては，ユニコードによる日本語の表示がバージョン4から実現しています．利用できるフォント名はテキスト挿入のダイアログを立ち上げリストボックスで確認してください．

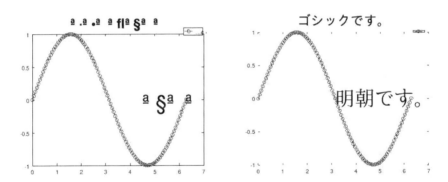

図5 printによるビットマップの印刷物は，バージョン4では日本語は文字化けしてましたが（左図），バージョン5からは正常にレンダリングされています（右図）．

らずグラフィックエンジンをgnuplotにしてフォント名もghostscriptが理解するものに指定しないとなりません．この書籍では，日本語の表示は原則させてませんが，例外的に日本語を表示させる場合にはバージョン4と共通である，gnuplotを利用するコードを例示しています．

■ **統合環境GUI** この本の初版を著した頃のOctaveのメジャーバージョンは3でした．現在メジャーバージョンは5となり，図6のようなGUI統合環境版が起動できるようになりました．実行，編集，ヘルプの3つのタブを，一つの窓の中で切り替えて作業をすることができ，初心者には大変便利な環境が整備されました（図7参照）．

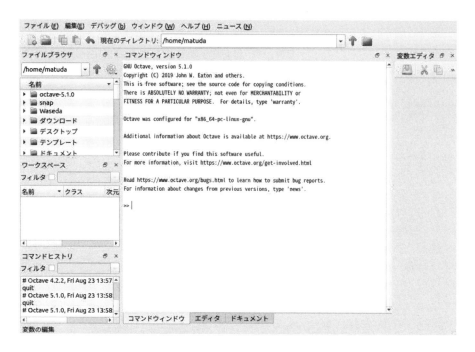

図 6 統合環境の起動時画面．既定ではコマンドラインタブが前面に現れている．

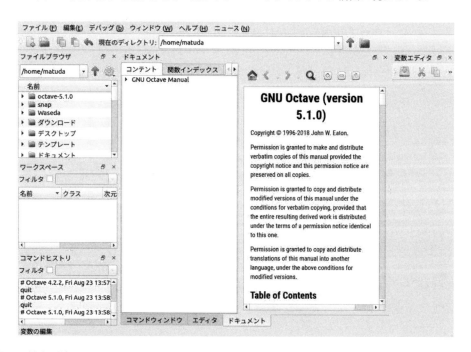

図 7 統合環境のドキュメントタブの切り替えの様子．目次や索引付きのドキュメントを直ぐに読めるので，とても便利になりました．

ところでこのような進歩を素直に喜べないのが，筆者の性格でして，余分な窓は開かず，古えの文字端末インターフェースで作業をする習慣から抜け切れません．そこで CLI を指定するオプション--no-gui を付けて起動しています．

```
$ octave --no-gui
```

実はバージョン 5 では，既定が CLI の起動というバージョン 3 の挙動に戻りました．GUI を起動する場合には，--gui をオプション指定する必要があります．

　本書の初版が Octave の解説書として発刊されたのは平成 23 年の 1 月でした．以来 8 年の間 Octave は進化を続け，メジャーバージョンも 3 から 5 へと変化しました．筆者といえば，化学・物理・生物を学ぶ学科から共通教育系列に移って，初年次の基礎物理だけを担当することになってしまい，専門科目で Octave を使った授業展開ができなくなってしまいました．専ら隔年の大学院の講義や色々な問題作成の場面での検算（もう 3 桁の割り算も危ない年齢となりましたので）にしか Octave を利用することがなくなり，改訂版の要望を再三再四，カットシステムの石塚勝敏社長から受けながらもなかなか執筆が進みませんでした．しかし，初版には間違いが散見されることも承知していましたので，その箇所を修正した改訂版を一回くらい出さないでは，執筆者としての責務が果たされないであろうと決断し，本書が出来上がりました．

　以上のような経緯ですので，バージョン 5 の新しい機能への記述はあまりありません．それは単に筆者が怠けていたということよりも，必要とする数値計算ツールとしての機能について大きな変更がなかったからというのが根本的な理由です．それではあまりなので，基礎物理学や他大学での C 言語の講義で使ってみた具体例を追加しました．初版でも述べましたが，一介のユーザーに過ぎない筆者がこのような書を執筆したのは，なんといっても Octave に魅力があり，是非普及して欲しいと願ったからです．そのような魅力ある Octave を開発し続けている John W. Eaton 氏および多くの開発者の方々，そして開発の場を提供してくれている GNU プロジェクトに敬意の念を表するとともに感謝申し上げます．

令和元年　松田七美男

目次

はじめに iii
本書で用いた記号や表現について iv

第1章　基礎 　　　　　　　　　　　　　　　　　　　　　　1
　1.1　入門 1
　　1.1.1　起動と終了 1
　　1.1.2　簡単な例 3
　　　1.1.2.1　行列の生成 3
　　　1.1.2.2　行列の演算 3
　　　1.1.2.3　連立一次方程式 4
　　　1.1.2.4　常微分方程式 4
　　　1.1.2.5　グラフィカル出力 5
　　　1.1.2.6　固有値問題 6
　　　1.1.2.7　非線形方程式 7
　　　1.1.2.8　複素数の計算 7
　　1.1.3　コマンドの行編集 7
　　　1.1.3.1　ヘルプ機能 8
　　1.1.4　非対話モード 9
　　　1.1.4.1　一行コマンド 9
　　　1.1.4.2　スクリプトファイル 9
　　1.1.5　コマンドと関数 10
　1.2　データ型と変数 11
　　1.2.1　データ型の種類 11
　　1.2.2　データ形の判定 12
　　1.2.3　クラス (class) 13
　　1.2.4　変数の管理 14
　　　1.2.4.1　生成と消去 14
　　　1.2.4.2　一覧 15
　　1.2.5　変数の宣言と型 16

目次

- 1.3 行列 17
  - 1.3.1 基本操作 17
    - 1.3.1.1 ブラケットによる行列の生成 17
    - 1.3.1.2 範囲指定 18
    - 1.3.1.3 線形インデックス 18
    - 1.3.1.4 インデックス配列 19
    - 1.3.1.5 要素への代入 19
    - 1.3.1.6 関数による添字指定 20
    - 1.3.1.7 代入による範囲拡張 21
    - 1.3.1.8 代入による行または列の削除 22
  - 1.3.2 行列を生成する関数 22
    - 1.3.2.1 一般行列生成 22
    - 1.3.2.2 特殊行列関数 23
  - 1.3.3 行列の演算 28
    - 1.3.3.1 四則演算 28
    - 1.3.3.2 要素毎の演算 29
    - 1.3.3.3 比較演算・論理演算 30
    - 1.3.3.4 ショートサーキット論理演算 31
    - 1.3.3.5 関数の引数 31
    - 1.3.3.6 列優先と次元 32
    - 1.3.3.7 pairwise 演算 33
  - 1.3.4 行列の変形 34
    - 1.3.4.1 行列の転置 34
    - 1.3.4.2 三角行列 34
    - 1.3.4.3 対角行列 35
    - 1.3.4.4 大きさ 35
  - 1.3.5 並べ換え 38
    - 1.3.5.1 反転・回転 38
    - 1.3.5.2 置換 39
    - 1.3.5.3 整列 39
    - 1.3.5.4 シフト 40
  - 1.3.6 行列の分解 41
    - 1.3.6.1 QR 分解 41
    - 1.3.6.2 LU 分解 43
    - 1.3.6.3 特異値分解 44
    - 1.3.6.4 擬似逆行列 45

		1.3.6.5 Cholesky 分解	45
		1.3.6.6 Schur 分解	46
		1.3.6.7 Hessenberg 分解	46
	1.3.7	その他	47
		1.3.7.1 ノルム	47
		1.3.7.2 行列の条件数	49
	1.3.8	非 0 要素の検出	50
		1.3.8.1 積	50
1.4	数 (スカラー)		52
	1.4.1	複素数, 倍精度実数	52
	1.4.2	精度	56
	1.4.3	整数	56
	1.4.4	整数演算	57
	1.4.5	異なる型を持つ変数間の演算結果の型	57
		1.4.5.1 uint64()	58
	1.4.6	有理数近似表現	59
	1.4.7	ユーティリティ関数	59
		1.4.7.1 素数	59
		1.4.7.2 素因数分解	60
		1.4.7.3 最大値・最小値	60
		1.4.7.4 最小公倍数・最大公約数	61
		1.4.7.5 整数への丸め	62
		1.4.7.6 微分・勾配	62
		1.4.7.7 無限大と非数	65
1.5	文字列		65
	1.5.1	文字の種類	65
		1.5.1.1 エスケープ文字	65
		1.5.1.2 文字列クラス関数	66
	1.5.2	数値との相互変換	67
		1.5.2.1 文字列から数値	67
		1.5.2.2 数値から文字列	68
		1.5.2.3 2 進数, 10 進数, 16 進数	69
	1.5.3	文字列の補完	69
	1.5.4	文字列の連結	70
	1.5.5	文字列の比較	71
	1.5.6	その他の文字列操作	71

目次

- 1.6 コンテナー 75
  - 1.6.1 構造体 75
    - 1.6.1.1 構造体の配列 76
  - 1.6.2 セル配列 78
    - 1.6.2.1 範囲指定を用いたセル要素への代入 79
    - 1.6.2.2 セルを用いたデータのファイル入出力 80
    - 1.6.2.3 行列とセル配列の変換 81
    - 1.6.2.4 構造体とセル配列の変換 83
    - 1.6.2.5 その他 84
- 1.7 制御文 86
  - 1.7.1 try 文 86
  - 1.7.2 for 文 87
  - 1.7.3 if 文 88
  - 1.7.4 switch ∼ case 文 88
  - 1.7.5 while 文 89
  - 1.7.6 do-until 文 91
- 1.8 入出力 91
  - 1.8.1 画面出力 91
    - 1.8.1.1 format コマンド 92
  - 1.8.2 書式付き出力関数：printf 系関数 94
    - 1.8.2.1 変換指定子 94
    - 1.8.2.2 キー入力 97
  - 1.8.3 ファイル入出力 97
    - 1.8.3.1 load, save 97
    - 1.8.3.2 dlmread(), dlmwrite() 100
- 1.9 関数 102
  - 1.9.1 関数の定義 102
    - 1.9.1.1 可変数引数 102
    - 1.9.1.2 feval()：関数の評価 104
    - 1.9.1.3 eval()：コマンド文字列の評価 104
  - 1.9.2 変数の有効範囲と記憶期間 105
  - 1.9.3 関数ファイル 106
  - 1.9.4 匿名関数 107
  - 1.9.5 インライン関数 108
  - 1.9.6 オーバーロード関数 109
- 1.10 システム関数 114

		1.10.1	時間関数	114
		1.10.2	カレントディレクトリに関する関数	115
		1.10.3	サブプロセス制御	116
		1.10.4	その他	120
	1.11	集合	120
	1.12	疎行列	123
		1.12.1	`sparse matrix` 型行列の生成	123
			1.12.1.1　`sparse matrix` 型の一般行列生成関数	125

第 2 章　グラフィクス　129

			グラフィクスオブジェクト	129
	2.1	2D プロット	131
		2.1.1	線グラフ	131
		2.1.2	棒グラフ	135
		2.1.3	面グラフ	137
		2.1.4	放射状グラフ	139
		2.1.5	その他	140
		2.1.6	複数の図を描く	144
	2.2	軸やタイトル	145
		2.2.1	軸範囲と目盛	145
		2.2.2	タイトルと軸名，凡例	146
			2.2.2.1　タイトルと軸ラベルで変更可能な属性	147
			2.2.2.2　凡例	148
		2.2.3	図の消去	149
	2.3	3D プロット	150
		2.3.1	線グラフ	152
		2.3.2	面グラフ	154
		2.3.3	シェーディング	156
		2.3.4	断面の表示	157
		2.3.5	ビットマップの貼り付け	158
		2.3.6	その他	159
	2.4	グラフィクスオブジェクトの詳細	164
		2.4.1	基本オブジェクトの直接生成	164
			2.4.1.1　`patch` オブジェクト	165
		2.4.2	オブジェクトの属性操作	166
			2.4.2.1　基本オブジェクトの属性	166
			2.4.2.2　属性の一覧と設定	166

目次

2.5 画像 168
- 2.5.1 画像行列 169
- 2.5.2 Indexed 画像の扱い 171
- 2.5.3 読み込み・書き込み 173
- 2.5.4 表示 175
- 2.5.5 変換 177
- 2.5.6 画像処理 179
  - 2.5.6.1 明暗の反転：ネガ，陰画 179
  - 2.5.6.2 回転，反転 180
  - 2.5.6.3 フィルター 180

- 2.4.2.3 属性の検索 168
- 2.4.2.4 属性設定の利用例 168

第3章 応用 183

3.1 線形連立方程式 183
- 3.1.1 左除算による数値解 183
- 3.1.2 電気回路：基本 184
- 3.1.3 電気回路：発展例題 185
- 3.1.4 数値解析の学習 186
- 3.1.5 データの直線回帰 187

3.2 固有値問題 188
- 3.2.1 `eig()`：解法関数 188
- 3.2.2 固有振動 188
- 3.2.3 無限深さ井戸の中の粒子 190
- 3.2.4 一般化固有値問題 191

3.3 非線形方程式 193
- 3.3.1 1変数 193
- 3.3.2 多変数 197

3.4 常微分方程式 201
- 3.4.1 基本的な常微分方程式の解法 201
  - 3.4.1.1 刻み幅 202
- 3.4.2 連立常微分方程式 204
  - 3.4.2.1 スティッフ 206
  - 3.4.2.2 高階常微分方程式 207
- 3.4.3 微分代数方程式 212
  - 3.4.3.1 基本的な例 212

3.5 偏微分方程式 213

- 3.5.1 1次元熱伝導方程式 213
  - 3.5.1.1 FTCS法 214
  - 3.5.1.2 Fourier級数解 216
  - 3.5.1.3 Crank-Nicolson法 217
  - 3.5.1.4 sparse matrix型の効用 219
  - 3.5.1.5 複素数の偏微分方程式：Schrödinger方程式 221
- 3.6 最適化問題 224
  - 3.6.1 線形計画法 224
  - 3.6.2 2次計画法 227
  - 3.6.3 非線形計画法 229
  - 3.6.4 線形最小2乗法 230
  - 3.6.5 曲線へのあてはめ 231
    - 3.6.5.1 外部データファイルの利用 232
- 3.7 多項式 234
  - 3.7.1 多項式の表現 234
  - 3.7.2 多項式の評価 235
  - 3.7.3 多項式=0の根 236
  - 3.7.4 多項式の乗除 236
    - 3.7.4.1 多項式の積 236
    - 3.7.4.2 多項式の割り算 236
    - 3.7.4.3 部分分数展開 237
  - 3.7.5 多項式の微分と積分 238
    - 3.7.5.1 多項式の微分 238
    - 3.7.5.2 多項式の積分 239
  - 3.7.6 多項式補間 239
    - 3.7.6.1 polyfit()：n次多項式近似 239
    - 3.7.6.2 spline()：3次スプライン補間 240
    - 3.7.6.3 pchip()：区分的3次エルミート補間 240
- 3.8 数値積分 243
  - 3.8.1 1変数の積分 243
  - 3.8.2 特異積分 245
  - 3.8.3 重積分 247
    - 3.8.3.1 非矩形領域での重積分 248
    - 3.8.3.2 累次積分 249
    - 3.8.3.3 3重積分 250
  - 3.8.4 数値解析の例題 251

目次

- 3.8.4.1 ガウス-ルジャンドル積分 251
- 3.8.4.2 シンプソンの公式 252
- 3.9 信号処理 253
  - 3.9.1 高速フーリエ変換 253
    - 3.9.1.1 一次元 253
    - 3.9.1.2 二次元 256
    - 3.9.1.3 多次元 258
- 3.10 統計 259
  - 3.10.1 データの整理 259
    - 3.10.1.1 度数分布 259
  - 3.10.2 代表値と散布度 261
    - 3.10.2.1 代表値 261
    - 3.10.2.2 散布度 262
  - 3.10.3 確率分布関数 263
    - 3.10.3.1 正規分布関数と標準正規分布関数 263
    - 3.10.3.2 その他の分布関数 265
- 3.11 基礎物理学での利用 266
  - 3.11.1 力学 266
    - 3.11.1.1 空気の粘性抵抗を受ける質点の運動 266
    - 3.11.1.2 空気の慣性抵抗を受ける質点の運動 270
    - 3.11.1.3 万有引力下の質点の運動 272
    - 3.11.1.4 滑らかな半円弧面上の質点の運動 274
  - 3.11.2 静電磁気学 275
    - 3.11.2.1 双極子ポテンシャル 275

参考文献　277

付録 A　279

- A.1 行列 279
  - A.1.1 種々の行列 279
  - A.1.2 正定性 279
- A.2 ガウス型積分 280
  - A.2.1 ガウス-ルジャンドル公式 280
- A.3 楕円関数と単振り子の一般解 283
- A.4 確率分布 284
  - A.4.1 連続的な確率分布の平均値と分散 285
    - A.4.1.1 一様分布 285

		A.4.1.2	Poisson 分布	285
		A.4.1.3	正規分布と標準正規分布	286
	A.5	IEEE754 倍精度浮動小数点数の規格		287
	A.6	Octave の主な関数・コマンド一覧		289

索引　　300

第1章

基礎

　Octave はコマンドひとつあるいは 1 行（80 文字くらい）で数値解を求めるという究極の使い方も可能です．しかし，一般的な状況から少しはずれたような問題に対しては自分でプログラムを作成しなければなりません．そのためには Octave の文法の知識とその実習が必要です（あらゆるプログラミング言語において，避けて通れない必須事項ですね）．そこで，やはり第 1 章に基礎的な事柄を，なるべく実行例を交えて整理することにしました．実行例のない瑣末な関数の説明も所々混じっていますが，それは辞典としても使えるようにと意図したからです．

1.1 入門

　手軽に数値計算ができるということが最大の特徴ですから，どのくらい簡単なのかを Octave のマニュアルの『A Brief Introduction to Octave』に準じて紹介します．

1.1.1 起動と終了

　Octave を**対話的に使う**には，GUI ならばメニューやデスクトップ上のアイコンをクリックします．すると統合環境版が起動します．しかし，「はじめに」でも述べましたが，この本では**端末**エミュレータ上のコマンドライン上で動かすこと（Command Line Interface: CLI）を想定しています．バージョン 5 では既定が CLI 起動というバージョン 3 の挙動に戻りましたが，明示的に CLI を起動するため，

```
$ octave --no-gui
```

と入力します．

第1章 基礎

```
$ octave --no-gui      <- キーボードを使って入力して Enter キーをおす
GNU OcGNU Octave, version 5.1.0
Copyright (C) 2019 John W. Eaton and others.
This is free software; see the source code for copying conditions.
There is ABSOLUTELY NO WARRANTY; not even for MERCHANTABILITY or
FITNESS FOR A PARTICULAR PURPOSE.  For details, type 'warranty'.

Octave was configured for "x86_64-pc-linux-gnu".

Additional information about Octave is available at http://www.octave.org.

Please contribute if you find this software useful.
For more information, visit http://www.octave.org/get-involved.html

Read http://www.octave.org/bugs.html to learn how to submit bug reports.
For information about changes from previous versions, type 'news'.

octave:1>               <- プロンプトの表示：命令の入力を待っている状態
```

ここで，実行画面例の最初の行頭の `$` はシェルのプロンプトで既に表示されているはずですから，キー入力はしないでください．シェルのプロンプトはもう少し長いかもしれませんし，もしかしたら `#` となっているかもしれません．すると，Octave が長々とメッセージを表示して，プロンプトを表示します（統合環境版ではプロンプトは単に '>>' となります）．この状態になったら命令を入力していきます．まだ，何もしていませんが，プロンプトが表示されていれば，quit で正常に終了できます．

```
octave:1> quit          <- 終了の命令  quit の入力

$                       <- シェルのプロンプトが表示され，シェルへの命令待ち
```

さて先ほどのメッセージは1度は読んでもいいですが，あまり見たくないでしょうから，抑制するオプション `-q` を付けて起動してみましょう．

```
$ octave -q --no-gui
octave:1>               <- グリーティングメッセージなしですぐに命令待ち
```

ところで，何か操作を誤って（あるいは滅多にないと思いますが Octave のバグのせいで）プロンプトが表示されない状態に陥ることがあるかもしれません．その時には，**強制終了**を行うしかありません．GUI になれると，窓枠にある終了ボタンをおす（これは端末の強制終了です）癖がついていると思いますが，それはできれば最後の手段に取っておきましょう．端末が活きている間は，Ctrl キーと C キーを同時におすことで，端末上で動いているアプリケーション（ジョブ）を終了させることが可能です．

1.1.2 簡単な例
1.1.2.1 行列の生成
新たに行列を生成して，ある変数に内容を保存（代入）し，後で呼び出せるようにするには，プロンプトに対して以下のように命令します．

```
octave:1> A = [ 1, 2, 3; 4, 6, 8; 9, 10, 12]
A =
    1    2    3
    4    6    8
    9   10   12
```

3×3 の行列が出来上がり変数 A に代入されました．さらに，すぐに結果が表示されます．もし結果の表示が不要ならば**セミコロン** ； を行末に付けてください．

```
octave:2> B = eye(3);
```

行列 B は生成されますが結果は表示されませんでした．B を呼び出すには，単に B と入力します．

```
octave:3> B
B =
   1   0   0
   0   1   0
   0   0   1
```

確かに，B が生成されていました．生成時に呼び出した関数 eye() は結果を見てわかるように，単位行列を生成するものです．

1.1.2.2 行列の演算
Octave は行列の演算を教科書にあるような記述で命令することができます．

```
octave:4> 2*A
ans =
    2    4    6
    8   12   16
   18   20   24
octave:5> A*B
ans =
    1    2    3
    4    6    8
    9   10   12
```

```
octave:6> A'*A
ans =
    98   116   143
   116   140   174
   143   174   217
octave:7> A^(-1)
ans =
     4.0000   -3.0000    1.0000
   -12.0000    7.5000   -2.0000
     7.0000   -4.0000    1.0000
```

教科書の記述法であれば，それぞれ，$2A$, AB, A^TA, A^{-1} を表しています．もちろん記述法は完全には一致しません．たとえば掛け算のつもりで単に AB と書くと Octave には変数 AB と解釈されてしまいますから，どうしても掛け算を表す記号（演算子 * ）が必要です．これはプログラミング言語共通の記法です．

1.1.2.3 連立一次方程式

線形連立方程式とも呼ばれる 1 次方程式の連立問題は係数行列 A と定数ベクトル b を用いて表現され，解ベクトル x が以下のように求まることになっています．

$$A\boldsymbol{x} = \boldsymbol{b} \quad \Rightarrow \quad \boldsymbol{x} = A^{-1}\boldsymbol{b}$$

もちろんこれは理論上の大変美しい結果ですが，実際の計算はこの通りにはいきません．この単純な解を求めるための数値計算上の研究が今でも続けられています．数値計算では，『逆行列を左から掛ける』という理論上の方法をそのまま実行しません（例え逆行列が求まるとしても）．そのかわりに，工夫された（安定，効率的な）数値計算を行って解を求めます．それは**左除算**と呼ばれ A\b のようにバックスラッシュ記号 \ を用いて表わされます．

```
octave:8> b = [2; 1; 4];
octave:9> x = A\b
x =

    9.0000
  -24.5000
   14.0000
```

```
octave:10> A*x
ans =

   2.00000
   1.00000
   4.00000
```

1.1.2.4 常微分方程式

次のような**陽形式常微分方程式**の初期値問題のためのソルバーは，MATLAB と異なり Octave ではたった一つの関数，lsode() が標準実装されています．

$$\frac{d\boldsymbol{x}}{dt} = \boldsymbol{f}(\boldsymbol{x}, t), \quad \boldsymbol{x}(t = t_0) = \boldsymbol{x}_0$$

lsode() を使うためには，常微分方程式の定義関数と初期値，計算値を出力する t の値のベクトルなどを予め定義しなければなりません．かなり大変ですが，間違えないようにキー入力してください．キーワード function で始まる関数の定義では，キーワード endfunction が入力されるまでは改行しても，継続のプロンプト > が表示され続けます．

```
octave:11> function xdot = f (x, t)
> r = 0.25; k = 1.4; a = 1.5; b = 0.16; c = 0.9; d = 0.8;
> xdot(1) = r*x(1)*(1- x(1)/k) - a*x(1)*x(2)/(1 + b*x(1));
> xdot(2) = c*a*x(1)*x(2)/(1 + b*x(1)) - d*x(2);
> endfunction
octave:12> x0 = [1; 2];
octave:13> t = linspace(0, 50, 200)';
octave:14> x = lsode(@f, x0, t);         <- 旧形式 lsode("f", x0, t) も可
```

もし，関数定義に入力ミスがあった場合には最初の 5 行の定義をやり直さなければなりません．これは対話的な使い方で最も悲しい結末ですが，あとで述べるように既に入力した行を呼び出して編集できるので，全てを打ち直すという最悪の事態は避けられます．最後

の行で常微分方程式を解き，その 200×2 の行列は変数 x に保存されています．数値を見てもさっぱりなので非表示にしました．結果をグラフに表す方法は次の節で紹介します．

なお，lsode() は A. C. Hindmarsh 氏が開発した，"the Livermore Solver for Oridinary Differential Equations" を採用しています [23].

1.1.2.5 グラフィカル出力

先ほどの常微分方程式の解を画面に表示するには plot() を用います．

```
octave:15> plot(t, x);
```

GUI 環境であれば，図 1.1 のように別窓が開いてグラフが表示されます．

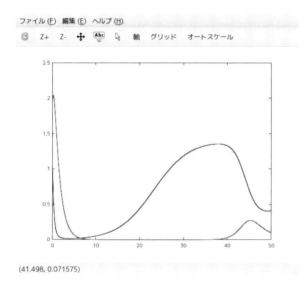

図 1.1 plot() により画面上に現れた，常微分方程式の解を図示している窓．

画面上に表示された図を印刷（ファイルに出力）するには，print を使います．

```
octave:16> print("foo.pdf","-S400,300");
```

すると，foo.pdf という PDF(Portable Documnt Format) 形式のファイルが出来上がります．大きさを"-S*xsize,ysize*"などと指定しないと，A4 用紙の中央にやや余白たっぷりの図が作成されます．『はじめに』で説明したようにこの単純な命令では筆者の望みに叶った図はできません．気に入った図を得るには，オプションをいろいろ試す必要があります．help print としてオンラインヘルプを読んでみましょう．

```
octave:17> help print
'print' is a function from the file /usr/local/share/octave/3.2.4/m/plot/print.m

 -- Function File:  print ()
 -- Function File:  print (OPTIONS)
 -- Function File:  print (FILENAME, OPTIONS)
 -- Function File:  print (H, FILENAME, OPTIONS)
     Print a graph, or save it to a file

     FILENAME defines the file name of the output file.  If no filename
     is specified, the output is sent to the printer.

...(以下略)...
```

Enter キーで1行送り，Space キーで1画面送り，Q キーでオンラインヘルプが終了し，Octave のプロンプトに戻ります．

1.1.2.6 固有値問題

以下のような行列の固有値問題に対しては eig() が実装されています．

$$A\boldsymbol{x} = \lambda \boldsymbol{x}$$

eig() の戻り値は2つあって，固有ベクトルと固有値を対角要素とする対角行列です．Octave では関数からの複数の戻り値をブラケット［...］で囲って受けとることができます．これも大変柔軟性の高い機能です．

```
octave:18> [V L] = eig(A)
V =
  -0.18420  -0.47541   0.31987
  -0.52048  -0.51818  -0.83086
  -0.83377   0.71097   0.45535
L =
Diagonal Matrix
   20.230850         0         0
           0  -1.306516         0
           0         0   0.075666
```

```
octave:19> A*V(:,1), L(1,1)*V(:,1)
ans =
   -3.7265
  -10.5298
  -16.8678
ans =
   -3.7265
  -10.5298
  -16.8678
```

固有値対角行列 L の i 番目の対角要素，すなわち固有値に対応する固有値ベクトルが V の第 i 番目の列ベクトルとなっています．

1.1.2.7　非線形方程式

　人が手で解ける方程式は 2 次方程式くらいのもので，三角関数や指数・対数関数などが含まれる超越方程式は特別な場合を除き解を求めることはできません．かなり複雑な方程式であっても関数表現されている場合には `fsolve()` が（反復法を用いて）数値的に解を求めてくれます．関数定義の他に適切な初期推定値が必要です．

```
octave:20> fsolve(@(x) 2*sin(x) - x, 3)
ans =  1.8955
octave:21> 2*sin(ans) - ans
ans = -4.3012e-08
```

`@(x)` は匿名関数と呼ばれ，その場で関数を定義する場合に用います．もちろん，1 行で定義できるような簡単な構造のものならばこの記法が非常に役立ちます．複雑なものは `function ... endfunction` で関数定義せざるを得ません．得られた結果は保存先の変数を指示しなかったので変数 ans に保存されますので，それを使った検算を実行してみました．マニュアルによれば打ち切り誤差の既定値は 1×10^{-7} ですが，得られた解の $f(x)$ 値はそれを下回っており条件を満足しています．

1.1.2.8　複素数の計算

　複素数を数学の教科書にあるような記述形式で表すことができますし，もちろん数学関数も原則的に複素数に対応しています．

```
octave:22> z = 3 + 4i
z =  3 + 4i
octave:23> [conj(z), z^2, sqrt(z); sin(z), exp(z), log(z)]
ans =

    3.0000 -   4.0000i   -7.0000 +  24.0000i    2.0000 +   1.0000i
    3.8537 -  27.0168i  -13.1288 -  15.2008i    1.6094 +   0.9273i
octave:23> [real(z), imag(z), arg(z), arg(z^2), abs(z), abs(z^2)]
ans =

    3.00000    4.00000    0.92730    1.85459    5.00000   25.00000
```

1.1.3　コマンドの行編集

　打ち込んだコマンドは履歴として残り（history 機能），Unix の 2 大エディター **Emacs**, **vi** に準じたライン編集ができます．キー割り当ては Emacs のそれが既定となっています．すなわち，上下のカーソルキー（ Ctrl – P ， Ctrl – N キーも可）でコマンドを呼び出すことができます．さらに，呼び出された行の内容は左右カーソルキー（ Ctrl – B ， Ctrl – F キーも可）で移動して編集することができます（編集を確定するにはエンターキーの入力が必要です）．

1.1.3.1 ヘルプ機能

もう既に述べた help の他に，オンラインヘルプとしては lookfor, doc があります．lookfor XXX は文字列 XXX を含む項目を検索してとても簡単な説明を一覧します．doc はマニュアルと同じ内容を詳細表示します（Unix 系ならば info を使います）．GUI 統合環境版では「ドキュメント」タブが用意されており，目次もありますから参照が楽になりました．筆者も，この点についてだけは統合環境版の優位性を認めざるを得ません．

■ example　ある関数のコードの見本を表示してくれます．例えば，2 次元グラフを描く基本的な関数 plot() については，以下の実行画面のように表示されます．

```
octave:14> example plot
plot example 1:
 x = 1:5;   y = 1:5;
 plot (x,y,"g");
 title ("plot() of green line at 45 degrees");

... (中略) ...

plot example 8:
 x = 0:10;
 shape = [1, 1, numel(x), 2];
 x = reshape (repmat (x(:), 1, 2), shape);
 y = rand (shape);
 plot (x, y);
 axis ([0 10 0 1]);
 title ({"Two random variables", "squeezed from 4-D arrays"});
```

■ demo　文字通り，コードの見本をデモしてくれるコマンドが demo です．コードの見本自身も表示されます．3 次元メッシュの表面を描画する関数 surf の場合の実行画面を以下に示します．

```
octave:15> demo surf
 clf;
 colormap ("default");
 Z = peaks ();
 surf (Z);
 title ({"surf() plot of peaks() function"; "color determined by height Z"});

Press <enter> to continue:
```

画面には，次のようなグラフが順次表示されます．

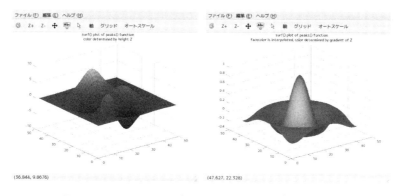

図 1.2 demo surf を実行した際に現れるデモグラフ.

1.1.4 非対話モード

1.1.4.1 一行コマンド

例えば $\sin(15°)$ を計算したいなどというとき，一々 Octave を起動させるのは億劫です．そのような場合には，評価する命令文を与えるオプション--eval を用いて以下のように，所謂「一行コマンド」として実行させることができます．

```
$ octave --eval 'sind(15)'    <- シェルから起動
ans =  0.25882
$                             <- 直ぐにシェルに戻る
```

もう少し複雑な問題の解，例えば超越方程式 $\cos(x) - x = 0$ の数値解なども

```
$ octave --eval 'fsolve(@(x)cos(x)-x,0)'
ans =  0.73909
```

と簡単に求まります．筆者が CLI に拘る最も重要な理由の一つがここにあります．

1.1.4.2 スクリプトファイル

一般に，複雑な問題を解く場合には長いプログラムを書く必要があります．その場合には，対話モード上で修正を繰り返して完成させることは相当難しいです．長いプログラム *script*.ovs[*1]をスクリーンエディター上で編集し，以下のように命令して，Octave に実行させることができます．

```
$ octave script.ovs
```

そして，「不具合があったら，エディターでその箇所を修正し，再実行する」の繰り返しで

[*1] 拡張子は m を用いるのが普通ですが，それは汎用性が高く関数化する意味のあるものに留めるがよいと考えられます．本書では，その場限りのものには ovs を拡張子として用いています．

プログラムを完成させます.

■ edit　対話モードからEDITOR()で登録された外部エディタを起動して，スクリプトファイルを編集することができます．一般にはemacsが登録されていますが，軽量なスクリーンエディタ，例えばleafpadを使いたければ，EDITOR('leafpad')と登録をやり直してください．

■ source, run　対話モードにおいては，拡張子.mのついたいわゆるM–ファイルは，拡張子を除いた名前だけで呼んで実行させることができます．異なる拡張子，例えば本書のように.ovsのついたスクリプトも，sourceやrunの引数にPATHを含めた完全な名前を与えて実行することができます．

```
source("name.anyext")
source "name.anyext"
run("name.anyext")
run "name.anyext"
```

小括弧をつけた関数形式で呼び出すよりも，コマンド形式で実行する方がキー入力が少なくて済みますから楽です．

1.1.5　コマンドと関数

runは，run "script"のように記述して，引数として与えられたスクリプトscriptを実行するコマンドですが，括弧を付けて関数呼び出しrun("script")もできます．Octaveの組み込み関数にはコマンド風の記述が可能なものが数多くあります．一方数学関数は，コマンド風の呼び出しsin 1はエラーとなります．またユーザー定義関数も関数呼び出ししかできません．本書では関数呼び出ししかできない場合には名前の後ろに()を付けて区別することにしました．なお，コマンド風の呼び出しが可能ではあるが（エラーとはならない），関数と同じ機能をしないものもあります．例えば，plot()は

```
octave:> plot x, sin(x))
```

とすると，図面窓（figと呼ばれるオブジェクト）が現われますが，データがないというメッセージも出力され，$(x, \sin(x))$のプロットは描かれません．関数呼び出しでしか機能が発現しない場合も名前の後ろに()を付けます．

1.2 データ型と変数

基本データ型は複素数(実数,整数,ブール数)などのスカラー (**scalar**), 文字列 (**string**), またそれらの集まりである行列 (**matrix**), 構造体 (**struct**), セル配列 (**cell**) であるとマニュアルには記されています．しかしそれは大きな分類です．

1.2.1 データ型の種類

データ $expr$ の型を表示する関数 typeinfo($expr$) を引数なしに呼んで，実装されている全てのデータ型を一覧してみましょう．

```
octave:> typeinfo()
ans =
{
  [1,1] = <unknown type>          [29,1] = uint64 matrix
  [2,1] = cell                    [30,1] = sparse bool matrix
  [3,1] = scalar                  [31,1] = sparse matrix
  [4,1] = complex scalar          [32,1] = sparse complex matrix
  [5,1] = matrix                  [33,1] = struct
  [6,1] = diagonal matrix         [34,1] = scalar struct
  [7,1] = complex matrix          [35,1] = class
  [8,1] = complex diagonal matrix [36,1] = cs-list
  [9,1] = range                   [37,1] = magic-colon
  [10,1] = bool                   [38,1] = built-in function
  [11,1] = bool matrix            [39,1] = user-defined function
  [12,1] = string                 [40,1] = dynamically-linked function
  [13,1] = sq_string              [41,1] = function handle
  [14,1] = int8 scalar            [42,1] = inline function
  [15,1] = int16 scalar           [43,1] = float scalar
  [16,1] = int32 scalar           [44,1] = float complex scalar
  [17,1] = int64 scalar           [45,1] = float matrix
  [18,1] = uint8 scalar           [46,1] = float diagonal matrix
  [19,1] = uint16 scalar          [47,1] = float complex matrix
  [20,1] = uint32 scalar          [48,1] = float complex diagonal matrix
  [21,1] = uint64 scalar          [49,1] = permutation matrix
  [22,1] = int8 matrix            [50,1] = null_matrix
  [23,1] = int16 matrix           [51,1] = null_string
  [24,1] = int32 matrix           [52,1] = null_sq_string
  [25,1] = int64 matrix           [53,1] = lazy_index
  [26,1] = uint8 matrix           [54,1] = onCleanup
  [27,1] = uint16 matrix          [55,1] = octave_java
  [28,1] = uint32 matrix          [56,1] = object
}
```

となります（長いので縦に折り返してます）．実は結構多いのでした．数に関しては，整数型が随分と細かくなっています (これは C 言語でも C99 で導入されました) が，単精度実数（float scalar）も多いです．文字列に関しては，（扱いにそんなに差がないにも拘らず）単引用符で囲まれた文字列（sq_striing）が二重引用符で囲まれた文字列 (string) と区別さ

れていることが分かります．

　C 言語しか知らない者にとって耳慣れない cell，range を生成し，他の基本型を含めて確かめる次のスクリプトとその実行例を示します．

```
x = 1
z = 3 + 4i
p = 1 && 0
dstr = "abc"
sstr = 'q'
mat = [1 2; 3 4]
st.Age = 50; st.Name = 'Namio'
ce = {x, z, dstr, mat, st}
ra = 1:0.1:2

typeinfo(x), typeinfo(z), typeinfo(p),
typeinfo(dstr), typeinfo(sstr)
typeinfo(mat), typeinfo(st),
typeinfo(ce), typeinfo(ra)
```
datatype.ovs

```
$ octave datatype.ovs
...(省略)...
ans = scalar
ans = complex scalar
ans = bool
ans = string
ans = sq_string
ans = matrix
ans = scalar struct
ans = cell
ans = range
```
図 1.3　datatype.ovs の実行結果

　それぞれのデータ型の具体的構造が表示され，最後にデータ型がまとめて表示されます．最後の型に関する情報は図 1.3 のようになる筈です．セル配列には構造体も含めることができ，大変柔軟で強力なコンテナであることが分かります．

1.2.2　データ形の判定

　is***(X) という名前の関数は X が *** であるかを判定する関数です．原則的には論理値 (bool 型) を返却し，真ならば true，偽ならば false となります（表示される数値は 1, 0 です）．重要な性質は，**値を必ず返しエラーとなって処理が中断することはない**と意図されていることです．表 1.1 にそのような関数の一覧を示します（文字列の種類に関するものは p.67 の表 1.14 参照）．

　is***() はコマンド風呼び出しが可能ですが，その場合引数は必ず文字と解釈され，例え引数が数値であっても，それを判定できません．

```
octave:> isnumeric 4
ans = 0
octave:> isnumeric(4)
ans = 1
```

表 1.1　データ型を判定する関数 is***() の中で bool 型を返すものの一覧.

関数	返却値	判定対称
isnumeric(x)	t,f	数値オブジェクト
isreal(x)	t,f	実数
iscomplex(x)	t,f	複素数
isfloat(x)	t,f	浮動点数
isinteger(x)	t,f	整数：int8(3) などで生成されたもの.
isscalar(x)	t,f	スカラー
isvector(x)	t,f	ベクトル
ismatrix(a)	t,f	行列
islogical(x)	t,f	論理オブジェクト
isstruct(x)	t,f	構造体
iscell(x)	t,f	セル配列
ischar(x)	t,f	文字列
issparse(x)	t,f	sparse 型の（疎）行列 [†]

[†] 実態としての疎行列のことではありません．Octave 上のデータ型のことです．行列の要素全てを保存する型（full）と非零要素のみ保存する型（sparse）があります．

1.2.3 クラス (class)

データの型は乱立している観がありますが，型とは別に基本クラスは MATLAB と同様の定義づけがされています．図 1.4 は，MATLAB のマニュアルに記載されている図に直接関連するデータ型を書き加えたものです．データのクラスは class() 関数で得ることができます．データ型の種類を調べたスクリプト中の typeinfo() 関数を class() 関数に置き換えたスクリプトとその実行例を以下に示します．

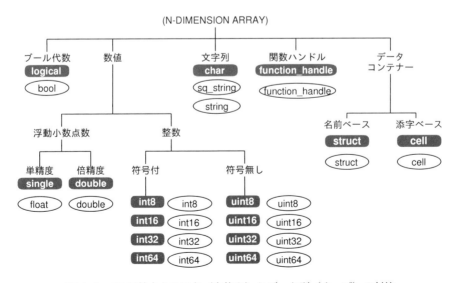

図 1.4　15 の基本クラス名（白抜き）とデータ型（オーブ）の対比

```
x = 1; z = 3 + 4i; p = 1 && 0;
dstr = "abc"; sstr = 'q';
mat = [1 2; 3 4];
st.Age = 50; st.Name = 'Namio';
ce = {x, z, dstr, mat, st};
ra = 1:0.1:2;
f = @sin;

class(x), class(z), class(p),
class(dstr), class(sstr)
class(mat), class(st),
class(ce), class(ra)
class(f)
```
dataclass.ovs

```
$ octave dataclass.ovs
warning: list objects ...
ans = double
ans = double
ans = logical
ans = char
ans = char
ans = double
ans = struct
ans = cell
ans = double
ans = function_handle
```

■ isa()　オブジェクト x がクラス $class$ に属していれば真，属してなければ偽を返却します．

```
isa(x, "class")
```

1.2.4 変数の管理
1.2.4.1 生成と消去

Octave では変数の宣言には必ず初期化が伴います．しかしながら，中身なしで名前だけ宣言したいのなら，"var = []" のように空行列で初期化することもできます．

■ clear()　変数をシンボルテーブルから消去するには clear("$pattern$") 関数を用います．パターンに一致した名前の変数が消去されます．

```
clear [option] pattern
clear("[option]", "pattern")
```

$pattern$ には次のような正規表現を用いることが可能です．

- '?'　　任意の1文字に一致
- '*'　　任意の文字列に一致（空も含む）
- [$list$]　$list$ に含まれる文字のいずれかに一致．もし！か ^ が $list$ の先頭に付いていたら，$list$ に含まれない文字に一致．

引数なしで呼ぶと全ての変数が消去されます．$option$ は7つの種類がありますが，そのうち "-all" あるいは "all"，"-a" は，グローバル変数やユーザー定義関数も消去するという強力なオプションです．

1.2.4.2 一覧

シンボルテーブルに残っている変数の名前の一覧を表示するには who() と whos() を用います.

■ who　有効な変数の名前をローカル有効範囲の中から探して表示します.

```
who [option [pattern]]...
C = who("option", ...)
```

"option" には,

global	グローバル有効範囲の中から検索
-regexp	正規表現に一致するものを検索
-file	ファイル名として扱いそのファイルの中から検索

を指定することができます.

■ whos　who よりも詳細に, 以下のような変数の情報を表示します. 表示の形式は, who_line_format() で変更できます.

Attr	変数の種類 (global, local, persistent)
Name	名前
Size	変数の論理サイズ, size() で取得できる通常の意味の大きさ
Bytes	保存に必要なメモリのバイト数
Class	クラス

書式指定は who と同じです.

```
who [option [pattern]]...
C = who("option", ...)
```

```
octave:> x = 1; z = 3+4i; mat=eye(3); f=@sin; st.Age=55; v = [];
octave:> whos
Variables in the current scope:
  Attr Name        Size                     Bytes  Class
  ==== ====        ====                     =====  =====
       f           1x1                          0  function_handle
       mat         3x3                         24  double
       st          1x1                          8  struct
       v           0x0                          0  double
       x           1x1                          8  double
       z           1x1                         16  double
Total is 13 elements using 56 bytes
octave:> clear("x", "v", "mat", "f")
octave:> who
Variables in the current scope:
st  z
```

1.2.5 変数の宣言と型

型に関する全般的なお話の締めとしてたいへん重要な特徴を強調しておきます．それは，**Octave では変数は宣言時には初期化が伴い形は自動的に判断される**ということです．この特徴は，逆に型を定めて変数だけを宣言することはできないというジレンマに陥ります．すなわち，C 言語ならば複雑な構造体を typedef して

```
typedef struct {
  int age;
  double weight;
  char adress[80];
} st_person;

st_person matuda, sugiyama, umemoto;
```

のように型だけを宣言した構造体変数が宣言できます．Octave で同じことはできませんから，次のように，フィールドの値が未定の struct 型変数を作成しておき，コピーして使うというのが現実的な方法でしょう．

```
octave:> st_person = struct("age", NA, "weight", NA,"adress", NA);
octave:> matuda = st_person;
octave:> sugiyama = st_person;
octave:> umemoto = st_person;
```

上の例では未定の意味で組み込み関数 NA を用いましたが，**単引用符空文字列**(null_sq_string)，**二重引用符空文字列**(null_string)，**空行列** (null_matrix：画面上では屡々 [](0x0) と表示されます) も使うことができます．

形式的に空で初期化して変数を宣言した場合の型がどうなるか確かめておきましょう．

```
octave:> x = NA; y = nan; typeinfo(x), typeinfo(y)
ans = scalar
ans = scalar
octave:> m = []; c = {NA}; typeinfo(m), typeinfo(c)
ans = matrix
ans = cell
octave:> str = ""; sq = ''; typeinfo(str), typeinfo(sq)
ans = string
ans = sq_string
octave:> f = @(x,y)NA; typeinfo(f)
ans = function handle
```

さて次節からは個別に見ていきますが，最初に Octave で最も重要な行列から始めます．プログラミング言語を学習した経験があればスカラーの扱いは直感的に理解できます．し

かし，行列に関する記法・算法は Octave (Matlab, Scilab) などの行列を主体とした数値計算ツール独特のものがあります．その点をまず明確にしたいからです．

1.3 行列

行列，正確には配列は Octave の中心的なオブジェクトであり，その操作が簡単にしかも直観的にできるよう工夫されています．行列は英語で matrix であり，配列の array とは本来異なりますが，Octave ではしばしば混用されています．すなわち，行列は狭義には2次元の配列に限定されるべきですが，2次元以上の配列を意味する場合があるということです．また，1次元配列をベクトル，3次元配列以上を多次元配列と呼ぶことが多いので注意しましょう．

1.3.1 基本操作

1.3.1.1 ブラケットによる行列の生成

まずは数値（つまりスカラーを直接記述して）を**ブラケット** [ ] で囲って行列を作成し，その大きさ（行数と列数）を size() で表示してみましょう．

```
octave:> M = [1 2 3; 4, 5, 6], size(M)
M =
   1   2   3
   4   5   6
ans =
   2   3

octave:> CM = [1+2i 3 i; 4  +i 3 + 5i], size(CM)
CM =
   1 + 2i   3 + 0i   0 + 1i
   4 + 0i   0 + 1i   3 + 5i
ans =
   2   3
```

重要な定数 π, e はもちろん，無限大 (Inf)，非数 (NaN) なども数値の仲間です．

```
octave:84> X = [pi e; inf nan; log(e^3) sin(1)], size(X)
X =
   3.14159   2.71828
       Inf       NaN
   3.00000   0.84147
ans =
   3   2
```

行内の数値は空白もしくは**カンマ**で区切って並べます．行を変えるには**セミコロン**を用います．複素数は注意が必要です．実数部と虚数部を見やすいように空白で区切ると，単独の数値と解釈される場合があるからです．もっともその場合には要素数が異なるというエラーが出ますから直ぐに間違いに気づきますが．

3 + 2i, 3+ 2i, 2i + 3, 3+2i	$\mapsto \quad 3+2i$
3 +2i	$\mapsto \quad 3, 2i$

1.3.1.2 範囲指定

行列 M の i 行 j 列の要素は小括弧で添字を囲って M(i,j) のように記述します．なお C 言語とは異なり，Octave では**添字は 1 から始まります**．また範囲や行列を用いて部分行列を指定することもできます．M が $m \times n$ 行列である時，表 1.2 のような指定が可能です．

表 1.2　$m \times n$ 行列 M の行列内の要素指定

記述	意味
M(3,2)	第 3 行 4 列目の要素
M(2:7, 5)	第 2 行から第 7 行，第 5 列の要素からなる 6×1 部分行列
M(3:6, 2:9)	第 3 行から第 6 行，第 2 列から第 9 列からなる 4×8 部分行列
M(:, 3:8)	全部の行，第 3 列から第 8 列からなる $m \times 6$ 部分行列
M(5:-2:1, :)	第 5 行から 1 つおきに第 1 行（すなわち 5,3,1 行）の全列要素からなる $3 \times n$ 行列
M(:, :)	全ての行と列からなる部分行列すなわち M そのもの
M(:)	全ての要素を列優先で並べた $mn \times 1$ 行列（列ベクトル）
M(12)	M(:) で得られる列ベクトルの 12 番目の要素 (これは**線形インデックス**と呼ばれます)
M(1:5)	M(:) で得られる列ベクトルの 1 から 5 番目の要素
M([1,3],[3,4,2])	第 1,3 行の第 3,4,2 列の要素からなる 2×3 行列
M(idx)	idx は logical() 関数で作成された，0,1 を要素とするインデックス配列

1.3.1.3 線形インデックス

n 次元配列 A(i_1,i_2,i_3,...,i_n) に対して，A(k) のようにスカラー値 k でアクセスを行うことが可能です．この場合の添字 k は以下のように低次元を優先にして順に並べ換えを行った結果となります．

$$k = 1 + (i_1 - 1) + s_1(i_2 - 1) + s_1 s_2(i_3 - 1) + \cdots + s_1 \cdots s_{n-1}(i_n - 1)$$

ここに，s_i は次元 i の長さです．行列にみたてる 2 次元配列についていえば，この順番づけの方式は数値計算プログラミング言語 Fortran の方式と同じです．頭の体操のつもりで，3 次元配列の場合の例を確認してください．

1.3 行列

```
octave:1> A = reshape(1:18, 3,3,2)
A =
ans(:,:,1) =        <- 3次元配列の (,,1)
   1   4   7        <- 番目の要素の行列
   2   5   8
   3   6   9
ans(:,:,2) =        <- (,,2) 番目の要素の
  10  13  16        <- 行列
  11  14  17
  12  15  18
octave:2> A(1:5)
ans =
   1   2   3   4   5
```

```
octave:3> A(:,:,1) = A(:,:,1)'
A =
ans(:,:,1) =        <- (,,1) 番目の要素の
   1   2   3        <- 行列を転置した
   4   5   6
   7   8   9
ans(:,:,2) =
  10  13  16
  11  14  17
  12  15  18
octave:4> A(1:5)
ans =
   1   4   7   2   5
```

1.3.1.4 インデックス配列

配列の要素を指定するのに，logical() 関数で生成した，0, 1 からなるインデックス配列 idx（データ型が bool matrix となります）を利用することができます．idx の 1 である要素と同じ位置（線形インデックス値）にある配列の要素を抽出して列ベクトルとして返却します．

```
octave:1> A = magic(4)
A =
  16   2   3  13
   5  11  10   8
   9   7   6  12
   4  14  15   1
octave:2> idx = logical(eye(4))
idx =
  1  0  0  0
  0  1  0  0
  0  0  1  0
  0  0  0  1
octave:3> typeinfo(idx)
ans = bool matrix
```

```
octave:4> A(idx)
ans =
  16
  11
   6
   1
octave:5> idx = logical(flipud(eye(2)))
idx =
  0  1
  1  0
octave:6> A(idx)
ans =
   5
   9
```

1.3.1.5 要素への代入

要素あるいは範囲指定した要素への代入は，言うまでもないことかもしれませんが，等号 = を用いて表します．比較演算子 == と混同しないでください．

```
octave:1> A = [1 2 3; 4 5 6; 7 8 9]
A =
   1   2   3
   4   5   6
   7   8   9
octave:2> A(2,3) = 0
A =
   1   2   3
   4   5   0    <- 2 行 3 列の要素に 0 を代入
   7   8   9
```

```
octave:3> A(1,:) = [0 0 0]
A =
   0   0   0    <- 1 行目の要素全てに 0 を代入
   4   5   0
   7   8   9

octave:4> A(1:2,1:2) = [7 7; 7 7]
A =
   7   7   0    <- 左上から 2x2 の小行列に
   7   7   0    <- 7 を代入
   7   8   9
```

1.3.1.6 関数による添字指定

行列やセル配列の添字による選択は演算子"()","{}",":"を組み合わせて記号的に実行できますが，それを関数で実行させることもできます（演算子のオーバーロード参照）．

■ subsref()　subsref()は，添字構造体 *idx* に従った要素の選択を実行します．*idx* にはフィールド.type，.subs があるものとします．.type の値は"()"または"{}"または"."のどれかです．また，.subs には":"もしくは添字のセル配列をとることができます．

> subsref(*val*, *idx*)

```
octave:> a = pascal(3)
a =
   1   1   1
   1   2   3
   1   3   6
octave:> idx.type = "()"; idx.subs = {":", 2:3};
octave:> subsref(a, idx)        <- a(:, 2:3) に同じ
ans =
   1   1
   2   3
   3   6
```

■ subsasgn()　添字や範囲指定した行列の要素に代入を実行させた場合に得られるであろう結果を得る関数です．ただし，実際の代入は行われません．

> subsasgn(*val*, *idx*, *rhs*)

```
octave:> a = pascal(3);
octave:> idx.type = "()"; idx.subs = {":", 2:3};
octave:> subsasgn(a, idx, 7)       <- a(:, 2:3) = 7 の結果と同じ
ans =
   1   7   7
   1   7   7
   1   7   7
```

■ substruct()　subsref や subsasgn で用いる添字構造体を生成します．

> | substruct(*type, subs, ...*)

```
octave:> a = pascal(3);
octave:> idx = substruct("()",{":",1:2})   <- 添字指定 (:, 1:2) の生成
octave:103> subsref(a,idx)
ans =
Diagonal Matrix
   1   1
   1   2
   1   3
```

1.3.1.7　代入による範囲拡張

　M(i,j) は行列の要素を指示しますが，もしそれが行列の大きさの範囲を越えていたらどうなるでしょう．C 言語で作成したプログラムならば，異常な値を返すか，もしかしたらセグメンテーションフォルトを出して停止するかもしれません．ところが，Octave では親切に「範囲を越えています」という警告を出してくれます．では更に一歩すすんでその警告を無視して，M(i,j)=**値**と代入を強行したらどうなるでしょうか．C 言語の場合には，良くてセグメンテーションフォルトで停止，最悪はデータの一部を壊したまま動き続けることになるでしょう．Octave では，大変特徴的な対応がなされます．すなわち，「**その指定要素が含まれる最小限の大きさに行列を自動的に拡張**」し**安全に代入を実行してしまう**のです．以下の実例で確認してください．

```
octave:> M = [1 2]
M =
   1   2
octave:> M(2,9) = 18
M =
   1   2   0   0   0   0   0   0    0
   0   0   0   0   0   0   0   0   18
```

最初，M は 1×2 行列ですから M(2,9) は明らかに範囲外ですが，M(2,9)=18 という代入を強行すると，2×9 行列に拡張してしまいました．また，新たに拡張された他の要素は 0 で初期化されています．この性質を利用すると任意の大きさの 0 で初期化された行列を得ることができます．すなわち，いきなり

　　　M(10000,10000) = 0;

などのように代入を実行すればよいのです．10000×10000 の実数行列が得られます．なおこのように大きな行列を生成する際には，セミコロンで表示を抑制することを忘れないでください．画面スクロールでとんでもなく待たされることになります．

■ end　キーワード end は，if, for, while, function 等のブロックの終わりを示すキーワードですが，配列の添字の最後を示す役割も果たします．

```
octave:1> A = magic(3)
A =
   8   1   6
   3   5   7
   4   9   2
```

```
octave:2> A(1,end)
ans =  6
octave:3> A(end,2)
ans =  9
octave:4> A(end)
ans =  2
```

1.3.1.8　代入による行または列の削除

範囲外要素への代入を実行すると行列が拡張されました．逆に，範囲内要素に**空行列**[]を代入すると行列から列や行が削除されます．次の例では，A は最初 3×5 行列でしたが，第 1 行が除かれて 2×5 行列に変形され，続いて，第 2 列が除去されて 2×4 行列，最後は全て除去で空行列に変形されてしまいました．

```
octave:1> A = reshape(1:15,3,5)
A =
   1   4   7   10   13
   2   5   8   11   14
   3   6   9   12   15
```

```
octave:2> A(1,:)=[]
A =
   2   5   8   11   14
   3   6   9   12   15
octave:3> A(:,2)=[]
A =
   2   8   11   14
   3   9   12   15
octave:4> A(:)=[]
A = [](0x0)
```

1.3.2　行列を生成する関数
1.3.2.1　一般行列生成

単位行列，一様乱数行列など，良く使う行列は関数を呼び出して生成できます．

```
octave:> zeros(2,8)
ans =
   0   0   0   0   0   0   0   0
   0   0   0   0   0   0   0   0
octave:> eye(3)
ans =
Diagonal Matrix
   1   0   0
   0   1   0
   0   0   1
octave:> rand(2,5)
ans =
   0.033813   0.694788   0.552890   0.173513   0.895100
   0.358094   0.742860   0.876116   0.800553   0.286223
```

行数と列数を別個に指定できますが，引数が 1 つの場合には正方行列を指定したことになります．

> foo(m, n) $\mapsto$ $m \times n$ 行列,   foo(m) $\mapsto$ $m \times m$ 正方行列

基本的な行列生成関数一覧を表 1.3 に示します．eye(), ones(), zeros() は整数型

表 1.3　基本的な行列生成関数

記述	行列の内容
[$xs:dx:xf$]	開始値 xs から終了値 xf を越えない範囲で等間隔 dx の行ベクトル
linspace(xs,xf,n)	開始値 xs から終了値 xf までを $n-1$ 等分割した行ベクトル
logspace(ps,pf,n)	開始値 10^{ps} から終了値 10^{pf} までを $n-1$ 等比分割した行ベクトル．常用対数 $\log_{10}(x)$ 上で等分割したものと考えてください．
eye(m,[n])	単位行列
ones(m,[n])	要素が全て 1 の行列
zeros(m,[n])	要素が全て 0 の行列
rand(m,[n])	開区間 $(0,1)$ の一様乱数を要素とする行列
randn(m,[n])	標準正規分布に従う乱数を要素とする行列
rande(m,[n])	指数分布に従う乱数を要素とする行列
randp(l,m,[n])	平均値 L のポアソン分布に従う乱数を要素とする行列
randg(a,m,[n])	$\Gamma(a,1)$ 分布に従う乱数を要素とする行列

（例えば int8）を指定してその整数型を要素とする行列を生成することができます．他に，表 1.4 に示したなかで e,pi,I,J,i,j,nan,inf 等の定数も，pi(3,4) のような記述でもって行列を得ることができます．

表 1.4　定数及び定数値関数

記号	定義と値
e	ネイピア数 $e = 2.7183\cdots$
pi	円周率 $\pi = 3.14159\cdots$
i, j, I, J	虚数単位 $\sqrt{-1}$
eps	浮動小数点数の精度 $\epsilon = 2^{-52} = 2.22045\cdots \times 10^{-16}$
realmin	浮動小数点数の最小値 $2^{-1022} = 2.22507\cdots \times 10^{-308}$
realmax	浮動小数点数の最大値 $(2-\epsilon)2^{1023} = 1.79769\cdots \times 10^{308}$
Inf,inf	無限大
NaN, nan	Not-a-Number

1.3.2.2　特殊行列関数

一般的な行列以外にも様々な行列を生成する関数が組み込まれています．

■ hadamard()　Hadamard 行列は ±1 を要素として，どの列間，行間も直交する（内積が 0）である行列です．$N = 2^k P$ ($P = 1, 12, 20, 28$) の大きさが知られています．その積は，対角要素が全て N 個ある対角行列になります．

$$H_N^T H_N = N I_N$$

Octave は $P=1$ の系列については，以下の規則で生成しているようです．

$$H_2 = \begin{bmatrix} 1 & 1 \\ 1 & -1 \end{bmatrix}, \quad H_{2^k} = \begin{bmatrix} H_{2^{k-1}} & H_{2^{k-1}} \\ H_{2^{k-1}} & -H_{2^{k-1}} \end{bmatrix} = H_2 \otimes H_{2^{k-1}}$$

1 を白，-1 を黒として画像で表現すると図 1.5 のようになります．

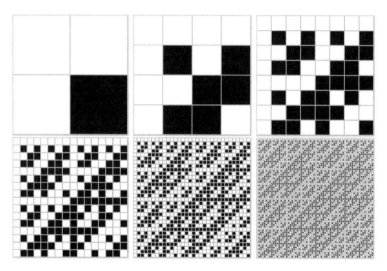

図 1.5 Hadamard 行列のビットマップ画像表現

■ hankel()　Hankel 行列は，反主対角線（つまり右上から左下に向かう対角線）に平行に同じ値が並んでいる行列を指します．hankel(C,R) のように，2 つのベクトルが与えられた場合には，i,j 要素は以下のように与えられます．

$$H_{ij} = \begin{cases} C_{i+j-1}, & i+j-1 \leq m \\ R_{i+j-m}, & m < i+j-1 \leq n+m-1 \end{cases}$$

ただし，m,n はそれぞれベクトル C,R の長さで，$i \leq m$（m 行の行列）です．ベクトル R が省略された場合には，R で与えられるべき要素は 0 となります．

```
octave:1> hankel(1:4,4:7)
ans =
   1   2   3   4
   2   3   4   5
   3   4   5   6
   4   5   6   7

octave:2> hankel(1:4)
ans =
   1   2   3   4
   2   3   4   0
   3   4   0   0
   4   0   0   0
```

```
octave:3> hankel(1:4,9:13)
warning: hankel: column wins
         anti-diagonal conflict
ans =
   1    2    3    4   10
   2    3    4   10   11
   3    4   10   11   12
   4   10   11   12   13
octave:4> hankel(['abcd'],['defghij'])
ans =
abcdefg
bcdefgh
cdefghi
defghij
```

■ hilb() Hilbert 行列は i, j 要素が以下の式で与えられる行列で，逆行列の要素が急激に発散していき値を求め難いことでも有名です．

$$H_{ij} = \frac{1}{i+j-1}$$

次の実行例では，有理数近似表現（小数を最も近い分数で表現する）関数 rats(*expr*) を用いて，Hilbert 行列の構造を判り易く表現してみました．

```
octave:> rats(hilb(5))
ans =
         1       1/2       1/3       1/4       1/5
       1/2       1/3       1/4       1/5       1/6
       1/3       1/4       1/5       1/6       1/7
       1/4       1/5       1/6       1/7       1/8
       1/5       1/6       1/7       1/8       1/9
```

Hilbert 行列の逆行列を求める invhilb(N) 関数も実装されています．inv(hilb(N)) と比べてみましょう．

```
octave:> inv(hilb(5))
ans =
   2.5000e+01  -3.0000e+02   1.0500e+03  -1.4000e+03   6.3000e+02
  -3.0000e+02   4.8000e+03  -1.8900e+04   2.6880e+04  -1.2600e+04
   1.0500e+03  -1.8900e+04   7.9380e+04  -1.1760e+05   5.6700e+04
  -1.4000e+03   2.6880e+04  -1.1760e+05   1.7920e+05  -8.8200e+04
   6.3000e+02  -1.2600e+04   5.6700e+04  -8.8200e+04   4.4100e+04
octave> invhilb(5)
ans =
         25        -300        1050       -1400         630
       -300        4800      -18900       26880      -12600
       1050      -18900       79380     -117600       56700
      -1400       26880     -117600      179200      -88200
        630      -12600       56700      -88200       44100
```

第1章 基礎

■ magic()　magic 行列とは，1 から N^2 までの整数を使った，全ての列と行と2つの対角線の要素の和が等しい $N \times N$ 行列のことです．魔方陣とも呼ばれます．ただし，複数ある解（例えば次数4では880通りもある）の中からOctave は唯一つの例しか表示しません．例えば $N = 4$ とすると，

```
octave:> magic(4)
ans =
   16    2    3   13
    5   11   10    8
    9    7    6   12
    4   14   15    1
```

だけが表示されます．なお各ラインの和の値は34であり，至極当然ですが公式 $\frac{N(N^2+1)}{2}$ と一致しています．

■ pascal()　pascal(N,[T]) は，以下のような整数行列を生成します．

1. T=0 または省略のとき，以下のような二項係数を係数とする Pascal 行列を生成します．Pascal 行列は，その逆行列も整数行列となります．

$$a_{nk} = \binom{n}{k} = \frac{n!}{k!\,(n-k)!}$$

2. T=1 のとき，Pascal 行列 (P) の下三角コレスキー因子を生成します．すなわち，この下三角行列を A とすれば，$AA^T = P$ となります．ただし，コレスキー分解で得る下三角行列 chol(pascal(N),'lower') とは符号が一致しません．

3. T=-1 のとき，pascal(N,1) の絶対値を取った行列を生成します．

4. T=2 のとき，pascal(N,1) を転置して並べ替えた行列を生成します．この行列は単位行列の3乗根となっています．すなわち，pascal(N,2)^3 = eye(N) を満たします．

■ rosser()　Rosser 行列は 8×8 の整数行列で，その固有値が求めにくいことから行列固有値のアルゴリズムのテストに用いられます．厳密な固有値は以下の通りです．

$$\pm 10\sqrt{10405},\ 1020,\ 510 \pm 100\sqrt{26},\ 1000\,(2\,\text{重}),\ 0$$

Octave の固有値解法関数 eig() は見事に（$1.45 \times 10^{-13} \sim 0$ が少し気になりますが）テストに合格します．

```
octave:> format long
octave:> rosser()
ans =
   611   196  -192   407    -8   -52   -49    29
   196   899   113  -192   -71   -43    -8   -44
  -192   113   899   196    61    49     8    52
   407  -192   196   611     8    44    59   -23
    -8   -71    61     8   411  -599   208   208
   -52   -43    49    44  -599   411   208   208
   -49    -8     8    59   208   208    99  -911
    29   -44    52   -23   208   208  -911    99
octave:> eig(rosser())
ans =
  -1.02004901843000e+03
   1.45817292248878e-13
   9.80486407221178e-02
   1.00000000000000e+03
   1.00000000000000e+03
   1.01990195135928e+03
   1.02000000000000e+03
   1.02004901843000e+03
```

■ sylvester() この関数はいわゆる Sylvester 行列を返すものではなく，行列 A, B, C に対する sylvester 方程式 $AX + XB = C$ の解行列 X を求める関数です．

■ toeplitz() Toeplitz 行列は，Hankel 行列とは異なり主対角線に平行に同じ値が並びます．toeplitz(C,R) のように，2つのベクトルが与えられた場合には，i, j 要素は以下のように与えられます．

$$T_{ij} = \begin{cases} C_{i-j+1}, & j \leq i \\ R_{j-i+1}, & j > i \end{cases}$$

もし，R が省略された場合には，C が使われます．

```
octave:1> toeplitz(1:4,1:2:7)
ans =
   1   3   5   7
   2   1   3   5
   3   2   1   3
   4   3   2   1
octave:2> toeplitz(1:4)
ans =
   1   2   3   4
   2   1   2   3
   3   2   1   2
   4   3   2   1
```

```
octave:3> toeplitz(1:4,9:13)
warning: toeplitz: column wins
         diagonal conflict
ans =
   1  10  11  12  13
   2   1  10  11  12
   3   2   1  10  11
   4   3   2   1  10
octave:4> toeplitz(['abcde'])
ans =
abcd
babc
cbab
dcba
```

■ vandermonde()　大きさ n のベクトル $\boldsymbol{x}$ に対する $n \times n$ の行列

$$V = \begin{pmatrix} x_1^{n-1} & \cdots & x_1^2 & x_1 & 1 \\ x_2^{n-1} & \cdots & x_2^2 & x_2 & 1 \\ \vdots & \ddots & \vdots & \vdots & \vdots \\ x_n^{n-1} & \cdots & x_n^2 & x_n & 1 \end{pmatrix}$$

は Vandermonde 行列と呼ばれます．その行列式（ヴァンデルモンドの行列式）は，各要素間の差の積で表されます．

$$|V| = \det V = \prod_{i \leq i < j \leq n} (x_j - x_i) = (-1)^{\frac{n(n-1)}{2}} \prod_{i \leq i < j \leq n} (x_i - x_j)$$

■ wilkinson()　固有値テスト用として著名な Wilkinson 行列を生成します．整数・半整数からなる対称な三重対角行列です．値の近い（しかし等しくはない）固有値対が得られます．例えば，最もよく使われる 21 次の Wilkinson 行列の固有値の最大値は，小数点以下13 桁までが等しくなっています．

```
octave:> wilkinson(7)
ans =

   3   1   0   0   0   0   0
   1   2   1   0   0   0   0
   0   1   1   1   0   0   0
   0   0   1   0   1   0   0
   0   0   0   1   1   1   0
   0   0   0   0   1   2   1
   0   0   0   0   0   1   3
```

```
octave:9> sort(eig(wilkinson(21)), "descend")
ans =

   10.746194182903395
   10.746194182903322
    9.210678647361332
    9.210678647304919
    8.038941122829023
    8.038941115814273
...（以下略）...
```

■ gallery()　バージョン 5 から，名前を指定して特殊行列を生成する関数 gallery(NAME,ARGS) が登場しました．NAME に指定できる行列の種類が多すぎるので，詳細は省きます．

1.3.3　行列の演算

1.3.3.1　四則演算

行列同士の足し算と引き算は，2 つの行列の大きさが等しい場合，各要素間の加減演算として定まります．すなわち，

$$C = A \pm B \quad \Leftrightarrow \quad C_{ij} = A_{ij} \pm B_{ij}$$

行列同士の積は，左側行列の列数と右側の行列の行数が等しい場合に定義されます．すなわち A を $M \times L$ 行列，B を $L \times N$ 行列とすると，その積 C は $M \times N$ 行列となり，その要素は

$$C_{ij} = \sum_{k=1}^{L} A_{ik} B_{kj}$$

と定義されます．行列の割り算は数学では習いませんが，逆行列を掛けると解釈して取り入れることが可能です．しかも行列の掛け算は一般に交換則が成り立ちませんから，逆行列を左右どちらから掛けるかを区別しなければなりません．そこで，Octave には行列の**左除算** "A\B" と**右除算** "A/B" という演算が存在します．

> `A\B` $\approx A^{-1}B$, `B/A` $\approx BA^{-1}$

ただし，逆行列を実際に求めて掛けているわけではありません．例えば連立一次方程式の数学的な形式解は

$$Ax = B \Rightarrow x = A^{-1}B$$

と左除算で表現できるのですが，数値計算の講義で学習するようにガウスの消去法や LU 分解 等の工夫を凝らして解を直接求めており，逆行列を求めて計算したりはしません．

1.3.3.2 要素毎の演算

以上は数学の教科書の範囲内からはずれてない事柄でした．さて，Octave では，数学の教科書にない演算が定義されています．例えば乗除法に関して加減法と同様に要素間で行った結果を戻す演算がピリオド "." を用いて記述できます．

> `C = A.*B` $\mapsto C_{ij} = A_{ij}B_{ij}$, `C = A./B` $\mapsto C_{ij} = A_{ij}/B_{ij}$

この**ピリオド演算子**は非常に重要な演算子で，この演算子を自然にまた自由に使いこなすことが Octave 上達の道であると思います．

```
octave:> x = [1 2 3 4], [x.*x; x./x; x.^x]
x =
   1   2   3   4
ans =
     1     4     9    16
     1     1     1     1
     1     4    27   256
```

さて，スカラーと行列の演算では教科書とはちょっと違う扱いが表れます．行列のスカラー倍は教科書通りの定義です．すなわち，

$$C = sB (= Bs) \Leftrightarrow C_{ij} = sB_{ij}$$

問題はスカラーと行列の足し算・引き算です．これはスカラーを 1×1 の行列と考えれば，演算不能です．しかし，Octave は演算行列側の各要素への加減演算を行って行列を生成します．すなわち，

> `C = s ± B` $\mapsto C_{ij} = s \pm B_{ij}$

となります．もちろん，以下の実例のように `ones(M,N)` を α 倍して行列の大きさを合わせてから加減するといった真面目な記述も可能ですが，そんな面倒な書き方をする必要はあ

第1章 基礎

りません．

```
octave:> a = 3, B=[1 2; 3 4], [a + B, a*ones(size(B)) + B]
a = 3
B =
   1   2
   3   4
ans =
   4   5   4   5
   6   7   6   7
```

1.3.3.3 比較演算・論理演算

算術演算に限らず，表 1.5 の演算子を用いた比較演算・論理演算も行列の各要素間に作用した結果が 1, 0 のブール代数の行列として返ります．また，それらと等価な演算関数もあります．

表 1.5 比較演算子・論理演算子および関数の一覧

記号	名前または意味	関数	備考
>	より大きい	gt(X,Y)	
>=	以上	ge(X,Y)	
<	未満	lt(X,Y)	
<=	以下	le(X,Y)	
==	等号	eq(X,Y)	
~=	等しくない	ne(X,Y)	
!=	等しくない	同上	MATLAB 非互換
|	論理和	or(X,Y)	
&	論理積	and(X,Y)	
~	論理否定	not(X)	
!	論理否定	同上	MATLAB 非互換
	排他的論理和†	xor(X,Y)	

† 記号演算で表現すれば (X&!Y)|(!X&Y) でしょうか

```
octave:1> P = [1 0 1 0]
P =
   1   0   1   0
octave:2> Q = [ 1 1 0 0]
Q =
   1   1   0   0
octave:3> [P > Q; P == Q; P | Q; ~P]
ans =
   0   0   1   0
   1   0   0   1
   1   1   1   0
   0   1   0   1
```

```
octave:4> [P+Q; P+Q|1; P+(Q|1)]
ans =
   2   1   1   0
   1   1   1   1
   2   1   2   1
octave:5> typeinfo( P+Q )
ans = matrix
octave:6> typeinfo( P+Q|1 )
ans = bool matrix
octave:7> typeinfo( P+(Q|1) )
ans = matrix
```

1.3.3.4 ショートサーキット論理演算

次の表現は論理和と論理積を表しますが，論理演算結果が最初の項 A を評価した時点で決定されてしまう場合には，B は評価されない点に注意が必要です．

> A || B： もし A が真ならば，B は評価されない
> A && B： もし A が偽ならば，B は評価されない

さらに，ショートサーキット論理演算は論理式の評価を行うので，要素毎の演算を行いません．したがって，返却値はブール代数のスカラーです．なお行列全体の論理値は，以下の扱いとなっています．

> 行列 M の論理値：全て真（0 以外）なら真

■ all(),any()　単独でベクトルや行列のブール代数値を求めるには，all() 関数を用います．ただし，この関数は列ベクトル優先で作用しますから，行列を引数にすると列ベクトル毎の評価が行ベクトルで返ってきます．また，『ベクトルの要素のうち一つでも真ならば真』というブール代数を返す関数 any() もあります．

1.3.3.5 関数の引数

関数の引数が行列の場合も**各要素毎に関数を作用**させた結果を戻します．

> C = f(A)　↦　$C_{ij} = f(A_{ij})$

以下の実行例で確認してください．

```
octave:20> x=[1 2; 3 4], [x, sqrt(x), log(x)]
x =
   1   2
   3   4
ans =
   1.00000   2.00000   1.00000   1.41421   0.00000   0.69315
   3.00000   4.00000   1.73205   2.00000   1.09861   1.38629
```

このように基本的にスカラーを変数に取り，行列には要素毎（スカラー）へ作用した結果を返す関数を **mapping 関数**と呼んでいます．ほとんどの関数がこの属性を持っています．しかし，正方行列だけに作用する特殊な関数があります．特に，次の 3 つの関数は紛らわしいので注意が必要です．

> expm(A), sqrtm(A), logm(A)

正方行列 A についてはべき乗 A^k が定義できますから，例えば expm(A) は次のように正方行列に対して定義できてしまうのです．

$$e^A = I + A + \frac{A^2}{2!} + \frac{A^3}{3!} + \cdots \tag{1.1}$$

```
octave:72> X=[1 3; 5 7]; Y=sqrtm(X*X), [X*X Y*Y]
Y =
   2.4495   2.4495
   4.0825   7.3485
ans =
   16.000   24.000   16.000   24.000
   40.000   64.000   40.000   64.000
```

行列では $X^2 = Y^2 \Rightarrow X = \pm Y$ **とはいかない**ことが今更ながら解ります．

1.3.3.6 列優先と次元

2次元配列の要素のメモリへの保存の形式がC言語とFortranでは異なるというのは有名な話です．A(i,j)のように添字がつけられた行列とみなす場合には，Fortranでは，列ベクトル（iが変化する）が連続したメモリ空間に配置されることから，これは**列優先**(column-major)と呼ばれます．Octaveの関数の中で，ベクトルに作用する関数の引数に行列が与えられた場合には，行列を列ベクトルの並びと解釈して，列ベクトル毎の結果を行ベクトルとして返却するのが原則となっています．これを本書では『**列優先で作用する**』と述べることにします．例えば要素の全ての積を算出する関数prod()で確認してみましょう．

```
octave:> prod([1:5]), prod([1:5]')
ans =  120
ans =  120
octave:> A = reshape(1:24, 3, 8)
A =
    1    4    7   10   13   16   19   22
    2    5    8   11   14   17   20   23
    3    6    9   12   15   18   21   24
octave:> prod(A)
ans =
       6     120     504    1320    2730    4896    7980   12144
octave:> prod(A,2)
ans =
    24344320
    96342400
   264539520
```

同じ要素を持つ行ベクトル，列ベクトルについては結果は同じですが，行列に対しては，列優先で作用していることが確認できました．prod()の書式は以下のようになっており，オプション *dim* (dimesionの意) があります．

> prod(*x*, [*dim*])

通常，次元といえば1次元，2次元，3次元等，次元の大きさを指しますが，このオプションでの *dim* は何番目の次元であるかを意味しています．*dim*=1 は列（縦）方向，*dim*=2 は行（横）方向，*dim*=3 は3次元配列であれば（縦横）高さ方向を意味します．したがって，*dim* を2とオプション指定することにより行優先に変更することが可能です．

めったに顔を出しませんが，3次元配列の例を確認しましょう．

```
octave:19> M = reshape(1:24, 4,3,2)
M =
ans(:,:,1) =
    1    5    9
    2    6   10
    3    7   11
    4    8   12
ans(:,:,2) =
   13   17   21
   14   18   22
   15   19   23
   16   20   24
```

```
octave:22> prod(M,1)
ans =
ans(:,:,1) =
      24    1680   11880
ans(:,:,2) =
   43680  116280  255024
octave:20> prod(M,3)
ans =
   13    85   189
   28   108   220
   45   133   253
   64   160   288
```

4×3 行列が2段積まれたというイメージで考えると，*dim*=3 では高さ方向に重なった2つの数の積が計算されています．

1.3.3.7 pairwise 演算

2つ以上の引数に作用する関数 $g(x, y, \cdots)$ に同じ大きさの行列が与えられた場合には，2つの行列内の同じ位置にある要素に対して演算が行われます．

$$C = g(A, B, \cdots) \quad \mapsto \quad C_{ij} = f(A_{ij}, B_{ij}, \cdots)$$

これは列ベクトル優先に作用するという原則と混乱してしまうことがあります．例えば max() 関数は，ベクトルが1つ与えられた場合にはベクトル内の最大値を検出します．行列が1つ与えられた場合には，行列内の列ベクトル毎の最大値を検出して行ベクトルの形で結果を返します．同じサイズの行列が2つ与えられると，pairwise に演算します．

```
octave:1> A = magic(3)
A =
   8   1   6
   3   5   7
   4   9   2
octave:2> B = 4*ones(3)
B =
   4   4   4
   4   4   4
   4   4   4
```

```
octave:3> max(A)
ans =
   8   9   7
octave:4> max(A,B)
ans =
   8   4   6
   4   5   7
   4   9   4
```

1.3.4 行列の変形
1.3.4.1 行列の転置

実数行列の転置はダッシュ記号 "'" を行列の右肩に付けて表現してしまう場合があります．しかし，これは非常に注意が必要です．ダッシュ記号は**共役転置**を表します．従って複素数の行列を，単に転置する場合には要素演算子 "." と組み合わせて ".'" と記述しなければなりません．単純な転置行列を戻す関数 transpose(X)，共役転置行列を戻す関数 ctranspose(X) は明示的に表現する場合に便利です．

```
octave:> X = [1+i 2+3i; i i-1], X', X.'
X =
   1 + 1i    2 + 3i
   0 + 1i   -1 + 1i
ans =
   1 - 1i    0 - 1i
   2 - 3i   -1 - 1i
ans =
   1 + 1i    0 + 1i
   2 + 3i   -1 + 1i
```

なお，範囲演算子や linspace，logspace 関数で生成されるベクトルは横ベクトルですので，これを縦ベクトルに変換するときに転置を使います．

```
octave:> [[1:3]', linspace(0,pi,3)', logspace(-1,1,3)']
ans =
    1.00000    0.00000    0.10000
    2.00000    1.57080    1.00000
    3.00000    3.14159   10.00000
```

1.3.4.2 三角行列

triu(A,[k]) は A の上三角部分を成分とする上三角行列 U，tril(A,[k]) は A の下三角部分を成分とする下三角行列 L を生成します．

$$U = \begin{pmatrix} a_{11} & a_{12} & \cdots & a_{1n} \\ & a_{22} & \ddots & \vdots \\ & & \ddots & \vdots \\ 0 & & & a_{nn} \end{pmatrix} \qquad L = \begin{pmatrix} a_{11} & & & 0 \\ a_{21} & a_{22} & & \\ \vdots & \ddots & \ddots & \\ a_{n1} & \cdots & \cdots & a_{nn} \end{pmatrix}$$

オプション k は，0 で埋まる境界の位置を対角線から右上に向かって数えた値で指定します．k を省略した場合の既定値は 0 です．

```
octave:1> tril(ones(4))
ans =
   1   0   0   0
   1   1   0   0
   1   1   1   0
   1   1   1   1
octave:2> tril(ones(4),1)
ans =
   1   1   0   0
   1   1   1   0
   1   1   1   1
   1   1   1   1
```

```
octave:3> triu(ones(4),1)
ans =
   0   1   1   1
   0   0   1   1
   0   0   0   1
   0   0   0   0
octave:4> triu(ones(4),-2)
ans =
   1   1   1   1
   1   1   1   1
   1   1   1   1
   0   1   1   1
```

1.3.4.3 対角行列

diag(X,[k]) は，変数 X に行列を与えると，対角から右上に k ずれた位置の対角項（k 次対角項）の要素を並べた縦ベクトルを返します．X にベクトルを与えると，そのベクトルの要素を k 次対角項に並べた k 次対角行列を生成します．k を省略した場合の既定値は 0 です．

```
octave:1> A = ones(5);
octave:2> diag(A,1)
ans =
   1
   1
   1
   1
```

```
octave:1> diag([1:4],1)
ans =
   0   1   0   0   0
   0   0   2   0   0
   0   0   0   3   0
   0   0   0   0   4
   0   0   0   0   0
```

1.3.4.4 大きさ

大きさの情報はとても大切です．配列の次元や行列の大きさを測る関数，行列に詰め物をしたり間引いたりして大きさを変更した行列を返す関数がいろいろとあります．**代入**と違って，関数の引数ですから，行列自身は変更されません．

■ length()　名前のとおり長さを返却する関数です．もしも行列が与えられた場合は，行と列のどちらか大きい方の値を返します．ただし，この中途半端な定義は MATLAB との互換性を保つためであるとマニュアルには記してあります．

```
octave:> length(zeros(6,9)), length(zeros(4,2))
ans =  9
ans =  4
```

■ size()　行列の大きさを取得する組み込み関数 size() は頻繁に使われる関数です．行ベクトルで返却されますから，1 つの行ベクトル，あるいは次元毎のスカラー値で受け取るのがよくある使い方です．

```
octave:> S = size(zeros(4,3,2))
S =
   4   3   2
octave:> [Sx Sy Sz] = size(zeros(4,3,2))
Sx =  4
Sy =  3
Sz =  2
```

■ columns()　行列の列数を返却する関数です．

■ rows()　行列の行数を返却する関数です．

■ ndims()　配列の次元数を返却します．行列はもちろん 2 次元で，それ以上のものは滅多にお目にかかりませんが，RGB 画像データは 3 次元配列です．

■ common_size()　引数のオブジェクト（広義の行列，セル，構造体は対象外）が全て同じ大きさであるかどうかを判定する関数です．同じである場合には 0（偽）が返ってくるので要注意です．

■ numel()　numel() は行列 M の全要素数を取得する組み込み関数です．もちろん，prod(size(M)) でも計算できます．

■ size_equal()　全ての引数の大きさが一致しているかどうかを判定する関数です．

$$\text{size\_equal}(A,\ B,\ \dots)$$

■ reshape()　全要素数は変えずに，$S = N' \times M'$ 行列を $S = N \times M$ の大きさに整形した行列を返却する関数

$$\text{reshape}(A,\ m,\ n)$$

は，縦ベクトルを横に並べる，すなわち行優先で並べ変えを行います．

```
octave:1> A = reshape(1:12, 4, 3)
A =
   1   5   9
   2   6  10
   3   7  11
   4   8  12
```

```
octave:2> reshape(A,3,4)
ans =
   1   4   7  10
   2   5   8  11
   3   6   9  12
```

■ resize()　大きさを指定した行列を返却する関数です．要素の範囲指定と異なり途中からの指定はできません．逆に引数に取った行列の要素の範囲を越えて指示することも可能です（0 で初期化されます）．

$$\text{resize}(A,\ m,\ n)$$

```
octave:> A = transpose(reshape(1:25, 5, 5))
A =
    1    2    3    4    5
    6    7    8    9   10
   11   12   13   14   15
   16   17   18   19   20
   21   22   23   24   25
octave:> resize(A, 2, 3)
ans =
   1   2   3
   6   7   8
octave:> resize(A, 3, 11)
ans =
    1    2    3    4    5    0    0    0    0    0    0
    6    7    8    9   10    0    0    0    0    0    0
   11   12   13   14   15    0    0    0    0    0    0
```

■ repmat()　行列 A を $M \times N[\times P \cdots]$ 繰り返すブロック配列を作成します．

> repmat(A, m, n)
> repmat(A, [m, n, ...])

```
octave:1> A = reshape(0:5, 2, 3)
A =
   0   2   4
   1   3   5
```

```
octave:2> repmat(A, 2, 3)
ans =
   0   2   4   0   2   4   0   2   4
   1   3   5   1   3   5   1   3   5
   0   2   4   0   2   4   0   2   4
   1   3   5   1   3   5   1   3   5
```

■ vec()　行列 A の列ベクトルを順に積み上げた列ベクトルを返します．A(:) と同じ．

■ vech()　行列 A の対角線より右上の項を除去した後，列ベクトルを順に積み上げた列ベクトルを返します．

```
octave:> A = triu(tril(reshape(1:25,5,5)),-2)
A =
   1    0    0    0    0   <-
   2    7    0    0    0   <- 対角線より右上の項 (0 の部分) が
   3    8   13    0    0   <- 除去されます
   0    9   14   19    0   <-
   0    0   15   20   25
octave:> transpose(vech(A))   <- 紙面節約のために転置して横に並べました
ans =
   1   2   3   0   0   7   8   9   0   13   14   15   19   20   25
```

■ prepad()　行列 X にスカラー値 c の定行ベクトルを，行数が l になるまで先頭側に加えます．c を指定しない場合には 0 が用いられます．また，l が X の行数よりも小さい場

合には，l の大きさになるまで先頭側から行が削除されます．

```
prepad(X, l, [c, [dim]])
```

オプション dim に 2 を指定すると，列に沿って作用します．

```
octave:1> prepad(eye(3), 5, 3)
ans =
   3   3   3
   3   3   3
   1   0   0
   0   1   0
   0   0   1
```

```
octave:2> prepad(eye(3), 5, 3, 2)
ans =
   3   3   1   0   0
   3   3   0   1   0
   3   3   0   0   1
```

■ postpad() prepad と同様ですが，行列にスカラー値 c の定行ベクトル（または列ベクトル）を**末尾側**に加えます．

1.3.5 並べ換え

並べ換えの基本操作である行や列の交換は，**要素指定**ベクトルを用いて簡単に行えます．例えば，行列 A の i, j 行あるいは p, q 列を入れ替える（代入する）には，

```
A([i j], :)  = A([j i], :)
A(:, [p q]) = A(:, [q p])
```

で良いのです．

1.3.5.1 反転・回転

左右に反転するのが fliplr(X)，上下に反転するのが flipud(X)，90°回転するのが rot90(X,[n]) です．rot90 は符号付き（反時計廻りを正）の 90°回転の回数 N を指定できます．

```
octave:> A = reshape(1:12,4,3)
A =
    1    5    9
    2    6   10
    3    7   11
    4    8   12
octave:> fliplr(A)
ans =
    9    5    1
   10    6    2
   11    7    3
   12    8    4
```

```
octave:> flipud(A)
ans =
    4    8   12
    3    7   11
    2    6   10
    1    5    9
octave:> rot90(A)
ans =
    9   10   11   12
    5    6    7    8
    1    2    3    4
```

1.3.5.2 置換

`perms(`*v*`)` は，ベクトル（行列 A は A(:) でベクトルとして扱われる）の要素を並べ替えた全ての結果を返却します．任意の型のベクトルを引数にできます．`randperm(`*N*`)` はランダムに *N* までの自然数の順列をひとつ返します．

```
octave:1> perms([1 3 4])
ans =
   1   3   4
   3   1   4
   1   4   3
   3   4   1
   4   1   3
   4   3   1
octave:2> perms([pi e 0])
ans =
   3.14159   2.71828   0.00000
   2.71828   3.14159   0.00000
   3.14159   0.00000   2.71828
   2.71828   0.00000   3.14159
   0.00000   3.14159   2.71828
   0.00000   2.71828   3.14159
```

```
octave:3> perms(['abc'])
ans =
   97   98   99
   98   97   99
   97   99   98
   98   99   97
   99   97   98
   99   98   97
octave:4> char(perms(['abc']))
ans =
abc
bac
acb
bca
cab
cba
```

後の例は文字列が文字（char：整数値）の配列であり，結果は整数値の並び替えとして返却されるので，`char()` 関数で文字へ変換しています．

1.3.5.3 整列

要素を整列するには `sort` 関数があります．基本的にベクトル毎（デフォルトは列ベクトル内）に整列を実行します．

> `[S, I] = sort(X, [`*dim*`], [`*mode*`])`

オプション *mode* は並べる方向（昇冪，降冪）を 'ascend'，'descend' で指定します．*dim* にスカラーが与えられるとその次元で整列を実行します．すなわち，例えば 2 次元行列ならば，1 で縦方向，2 で横方向に整列を実行します．*dim* がベクトルならばその要素値に従って順次整列が繰り替えされることになってますが，現在動作が正常ではないようです．

```
octave:> A = magic(5)
A =
   17   24    1    8   15
   23    5    7   14   16
    4    6   13   20   22
   10   12   19   21    3
   11   18   25    2    9
```

```
octave:> sort(A,1) <- 縦方向に整列
ans =
    4    5    1    2    3
   10    6    7    8    9
   11   12   13   14   15
   17   18   19   20   16
   23   24   25   21   22
octave:> sort(A,2) <- 横方向に整列
ans =
    1    8   15   17   24
    5    7   14   16   23
    4    6   13   20   22
    3   10   12   19   21
    2    9   11   18   25
```

返却値の I は index 行列です．すなわち，整列**前**の行・列の位置が記録されます．ある列の整列に合わせて行要素をまとめて整列させる（すなわち表計算の意味の整列）にはこの index 行列が欠かせません．例えば，第 2 列の整列に従って行を整列させるには以下のようにします．

```
octave:> A = magic(5);
octave:> [S, I] = sort(A); I
I =
   3   2   1   5   4
   4   3   2   1   5
   5   4   3   2   1
   1   5   4   3   2
   2   1   5   4   3
```

```
octave:2> A(I(:,2),:)
ans =
   23    5    7   14   16
    4    6   13   20   22
   10   12   19   21    3
   11   18   25    2    9
   17   24    1    8   15
```

1.3.5.4 シフト

行または列単位にベクトルをシフトするための関数があります．

■ shift()　行列 X を行ベクトル単位で列方向に n だけ循環的にシフトします．

```
shift(X, n)
```

■ circshift()　行列 X を行ベクトル単位で行方向に n だけ循環的にシフトします．

```
circshift(X, n)
```

n がスカラーなら shift() と同じです．$n=[u\ v]$ ならば，行方向に u シフトした後，列方向に v シフトします．

```
octave:1> X = reshape(1:9, 3, 3)'
X =
   1   2   3
   4   5   6
   7   8   9
octave:2> shift(X, 1)
ans =
   7   8   9
   1   2   3    ↓ 1行シフト
   4   5   6
```

```
octave:3> circshift(X, [0, 1])
ans =
   3   1   2    → 1列シフト
   6   4   5
   9   7   8
octave:4> circshift(X, [2, 1])
ans =
   6   4   5
   9   7   8    ↓
   3   1   2    ↓ 2行 → 1列シフト
```

1.3.6 行列の分解

行列をいくつかの性質の判っている行列の積に展開することを**分解**(decomposition) と呼びます．行列の分解の技法は，線形連立方程式と，行列の固有値問題に関連して発展してきました．

線形連立方程式に関連するものでは LU 分解が有名で，ガウスの消去法の手続きを行列の掛け算として表現したものです．固有値問題を解く上では，行列 A の対角化（正則行列 S による相似変換で対角行列 D に変換する）あるいは対角可能性がとても重要です．なぜなら，対角化可能であれば得られた対角行列の主対角に固有値が並ぶからです．また，正則行列による相似変換は固有値を保存します．相似変換を行列で表現すれば，

$$S^{-1}AS = D \quad \text{あるいは} \quad D = SAS^{-1} \tag{1.2}$$

となりますが，このような正則行列 S を如何に見つけ出すかが課題となり，いろいろな数値解法が考案されてきました．

1.3.6.1 QR 分解

実正則行列 A の QR 分解 $QR = A$ を求めます．ここに R は上三角行列，Q は実直交行列 $Q^TQ = QQ^T = I$ です．

```
[Q, R, P] = qr(A)
```

Octave の QR 分解では，連立一次方程式を解く際に交換行列 P を最後に作用させると解ベクトルの要素の順番が元に戻ります．すなわち，x = P*(R\(Q\b)) = P*(R\(Q'*b)) とします．次の実行例は，LU 分解の例題と同じ 3 元連立一次方程式を解いています．また，最後に Q の直交性 $Q^TQ = I$ を確かめています (有理数近似表現関数 rats() で単純化していますが)．

第 1 章 基礎

```
octave:1> A = pascal(3);
octave:2> [Q R P] = qr(A)
Q =
   0.14744    0.86106   -0.48666
   0.44233    0.38269    0.81111
   0.88465   -0.33486   -0.32444
R =
   6.78233    1.47442    3.68605
   0.00000    0.90889    0.62187
   0.00000    0.00000    0.16222
P =
Permutation Matrix
   0   1   0
   0   0   1
   1   0   0
```

```
octave:3> b = [1 2 1]';
octave:4> x = P*(R\(Q\b))
x =
  -2.0000
   5.0000
  -2.0000
octave:5> rats(Q'*Q)
ans =
       1       0       0
       0       1       0
       0       0       1
```

QR 分解は元々以下のような行列の固有値問題を解く方法として考えられたものです.

$$A\bm{x} = \lambda \bm{x} \tag{1.3}$$

行列 Q, R を用いて，**QR 変換**すなわち以下の相似変換（固有値は変化しない）を繰り返すと，

$$A_k = Q_k R_k \tag{1.4}$$
$$A_{k+1} = R_k Q_k = Q_k^{-1} A_k Q_k = Q_k^T A_k Q_k \tag{1.5}$$

$k \to \infty$ の極限で A_k は上三角行列となり，その対角要素が固有値となるはずです．次のスクリプトで確かめましょう．

```
if (nargin > 0)
  km = str2num(argv(){1});
else
  km = 5;
endif
A = pascal(3);
format compact
output_precision(8);
for k = 1 : km
  [Q R P] = qr(A);
  A = Q'*A*Q
endfor
ev = eig(A)
```
demo_QR.ovs

```
$ octave demo_QR.ovs
A =
   7.8478261e+00   4.0908011e-01  -7.1754731e-02
   4.0908011e-01   1.0205950e+00  -6.2080824e-02
  -7.1754731e-02  -6.2080824e-02   1.3157895e-01
（中略）
A =
   7.8729833e+00   1.0787698e-04  -4.8809730e-09
   1.0787698e-04   1.0000000e+00  -1.5081910e-05
  -4.8809729e-09  -1.5081910e-05   1.2701665e-01
ev =
   7.8729833e+00
   1.0000000e+00
   1.2701665e-01
```

比較のために，最終行では固有値を eig() を用いて算出しました．変換 1 回目であまあま固有値に近い値が対角線に並びますが，5 回の繰り返しで 8 桁の精度が得られています．上三角と呼ぶにはもう少し繰り返しが必要です（スクリプトの起動コマンドの引数に 20 を与えてみてください）．

1.3.6.2 LU 分解

行列 A の LU 分解 $A = LU$ を求めます．ここに，L は対角成分が 1 である下三角行列，U は上三角行列です[*2]．すると，連立一次方程式 $Ax = b$ は 2 つの行列方程式

$$\begin{cases} Ly = b \\ Ux = y \end{cases} \tag{1.6}$$

に分けられます．具体的には，第 1 の式から $y = L^{-1}b$ を左除算 y = L\b により求め，さらに第 2 式から

$$x = U^{-1}y$$

を左除算 x = U\y により求めます．

```
[L, U, P] = lu(A)
```

結果は，置換行列 P に従って並べ替えられています．行列式で示せば，

$$PA = LU, \quad PAx = Pb \tag{1.7}$$
$$\therefore Ux = L^{-1}Pb, \quad x = U^{-1}L^{-1}Pb \tag{1.8}$$

したがって，第 1 の左除算では b の代わりに b' = Pb を用いなければなりません．すなわち，x = U\(L\(P*b)) としなければなりません．その際，L, U が三角行列であることからそれぞれの行列計算は単純になります．特に，A が大規模な疎行列である場合や，同じ A に対して b だけが異なる繰り返し計算の場合に効率的であるといわれます．例えば，縦ベクトル b_i を横に並べた行列 B に対して同じ手続きを行えば，解ベクトル x_i を横に並べた解行列 X が得られます．B を単位行列にとれば，解行列は A の逆行列となります．Pascal 行列を係数行列とする連立一次方程式を LU 分解法を利用して解く例題を示します．

[*2] U の対角成分が 1 という定義もあります

```
octave:1> A = pascal(3)
A =
   1   1   1
   1   2   3
   1   3   6
octave:2> [L U P] = lu(A)
L =
   1.00000   0.00000   0.00000
   1.00000   1.00000   0.00000
   1.00000   0.50000   1.00000
U =
   1.00000   1.00000   1.00000
   0.00000   2.00000   5.00000
   0.00000   0.00000  -0.50000
P =
Permutation Matrix
   1   0   0
   0   0   1
   0   1   0
```

```
octave:3> b = [1 2 1]';
octave:4> y = L\(P*b), x = U\y
y =
   1
   0
   1
x =
  -2
   5
  -2
octave:5> A*x
ans =
   1
   2
   1
```

1.3.6.3 特異値分解

$n \times m$ 行列 A に対して，$n \times n$ と $m \times m$ の直交行列 U, V を用いて，以下の特異値分解 (singular value decomposition) を求めます．

$$USV^T = A$$

ここに S は特異値行列と呼ばれる一般対角行列です．その主対角成分に大きさの順に並ぶ特異値 σ_i は，行列 A^TA または AA^T の固有値の平方根となります．$C = A^TA$ は正値対称行列となりますから，C に対する Schur 分解とみることもできます．

```
S = svd(A)
[U, S, V] = svd(A)
```

Pascal 行列に列ベクトルを加えた非正方行列に対する実行結果を示します．

```
octave:1> A = [pascal(3), rand(3,1)]
A =
   1.000000   1.000000   1.000000   0.930034
   1.000000   2.000000   3.000000   0.012984
   1.000000   3.000000   6.000000   0.751822
octave:2> [U S V] = svd(A)
U =
  -0.204226   0.959666   0.193217
  -0.467141   0.077915  -0.880743
  -0.860274  -0.270130   0.432387
S =
Diagonal Matrix
   7.91744         0         0         0
         0   1.15820         0         0
         0         0   0.63490         0
V =
  -0.19345   0.66262  -0.40186   0.60168
  -0.46976   0.26343  -0.42701  -0.72635
  -0.85473  -0.36899   0.22887   0.28442
  -0.10645   0.59614   0.77704  -0.17176
```

```
octave:3> eig(A*A')
ans =
    0.40310
    1.34143
   62.68584
octave:4> eig(A'*A)
ans =
  -4.7243e-16
   4.0310e-01
   1.3414e+00
   6.2686e+01
octave:5> diag(S).^2
ans =
   62.68584
    1.34143
    0.40310
...

U*U', V'*V, U*S*V' の
結果は省略.
```

1.3.6.4 擬似逆行列

特異値分解により，非正方行列の擬似逆行列（pseudo-inverse）を求めることができます．つまり，$n \times m$ の行列 M に対して，擬似逆行列 $\mathcal{M}^{-1}$ は，

$$\mathcal{M}^{-1}M = I_m \ (n < m) \quad \text{または} \quad M\mathcal{M}^{-1} = I_n \ (n > m) \tag{1.9}$$

を満たす行列として算出できます．この一般化によって，未知数よりも方程式の数の方が合わない場合の線形連立方程式に対しても，正方行列と同じく，右辺の定数 b に擬似逆行列を左からかけるという形式解 $\mathcal{M}^{-1}b$（実際の計算上は左除算）で表現されるようになります．なお，擬似逆行列は pinv() により求められます．

1.3.6.5 Cholesky 分解

正値対称行列 A の Cholesky 分解 $R^T R = A$ を求めます．

```
[R, [P]] = chol(A)
[L, [P]] = chol(A, 'lower')
```

ここに R は上三角行列です．出力にスカラーのフラグ P の返却を要請した場合，与行列の正値性の検査結果を，分解が成功した場合には 0 として，失敗した場合に正の値として返します．入力引数に 'lower' を指定すると，下三角行列を返却します．一般に疎行列では下三角行列へ分解する方が格段に速くなるとのことです．Pascal 行列を分解してみましょう．

```
octave:1> A = pascal(3)
A =
   1   1   1
   1   2   3
   1   3   6
octave:2> C = chol(A)
C =
   1   1   1
   0   1   2
   0   0   1
```

```
octave:3> C'*C
ans =
   1   1   1
   1   2   3
   1   3   6
```

Cholesky 分解は LU 分解の一種ですから，正値対称行列を係数とする連立一次方程式の解を求めることが可能です．もちろん，わざわざこの分解を行うのは，LU 分解よりも演算回数が少なく効率的であるからです．

1.3.6.6 Schur 分解

上三角行列 S とユニタリ行列 U を用いて，正方行列 A に対して以下の Schur 分解を求めます．

$$USU^* = A$$

```
S = schur(A)
[U, S] = schur(A, [opt])
```

Pascal 行列に対する実行結果を示します．

```
octave:1> A = pascal(3)
A =
   1   1   1
   1   2   3
   1   3   6
octave:2> [U S] = schur(A)
U =
  -0.19382  -0.81650   0.54384
  -0.47225  -0.40825  -0.78123
  -0.85989   0.40825   0.30646
S =
   7.87298   0.00000  -0.00000
   0.00000   1.00000  -0.00000
   0.00000   0.00000   0.12702
```

```
octave:3> U*S*U'
ans =
   1.0000   1.0000   1.0000
   1.0000   2.0000   3.0000
   1.0000   3.0000   6.0000
octave:4> rats(U*U')
ans =
       1        0        0
       0        1        0
       0        0        1
```

1.3.6.7 Hessenberg 分解

P をユニタリ行列として，正方行列 A についての，以下のような Hessenberg 分解を求めます．

$$PHP^* = A$$

H は主対角より 1 つ下の対角成分より下の成分が全て 0 であるような行列 ($i \geq j+1$ に対して $h(i,j) = 0$) で Hessenberg 行列と呼ばれます.

$$H = \begin{pmatrix} h_{11} & h_{12} & \cdots & \cdots & h_{1n} \\ h_{21} & h_{22} & & & \vdots \\ 0 & h_{32} & \ddots & & \vdots \\ 0 & 0 & \ddots & \ddots & \vdots \\ 0 & 0 & 0 & h_{n,n-1} & h_{n,n} \end{pmatrix}$$

Hessenberg 行列の固有値は少ない計算回数で求めることができます. したがって, A の代わりにユニタリ行列 P による相似変換 (固有値は不変) で得られる $H = P^*AP$ について固有値を求める方が効率的であるとされています. Hessenberg 行列と三角行列の積は Hessenberg 行列になります.

```
H = hess(A)
[P, H] = hess(A)
```

```
octave:1> A = pascal(3)
A =

   1   1   1
   1   2   3
   1   3   6
octave:2> [P H] = hess(A)
P =

   1.00000   0.00000   0.00000
   0.00000  -0.70711  -0.70711
   0.00000  -0.70711   0.70711

H =

   1.00000  -1.41421   0.00000
  -1.41421   7.00000  -2.00000
   0.00000  -2.00000   1.00000
```

```
octave:3> P*H*P'
ans =

   1.0000   1.0000   1.0000
   1.0000   2.0000   3.0000
   1.0000   3.0000   6.0000
octave:4> rats(P*P')
ans =

        1        0        0
        0        1        0
        0        0        1
```

1.3.7 その他

1.3.7.1 ノルム

教科書上は行列 A のノルム $\|A\|$ は次式で表されるとなっています.

$$\mathrm{norm}(A) \equiv \|A\| = \max_{\bm{x} \neq 0} \frac{\|A\bm{x}\|}{\|\bm{x}\|} \left(\text{ユークリッドなら} \max_{\bm{x} \neq 0} \sqrt{\frac{\bm{x}^T A^T A \bm{x}}{\bm{x}^T \bm{x}}} \right) \tag{1.10}$$

$$\text{または} = \max_{\|\bm{x}\|=1} \|A\bm{x}\| \tag{1.11}$$

これらの定義より, 行列のノルムも算出に用いるベクトルのノルムの定義によって異なることが判ります. したがって, `norm(A,[P])` はその種類を 2 番目のオプション指定 P で

明らかにする必要があります（P の既定値は 2 です）．ベクトルに対する定義を表 1.6 に，行列に対しての定義は表 1.7 に整理しました．

表 1.6　ベクトル v のノルム．パラメータ P 指定と定義

P	定義
Inf，"inf"	最大値ノルム：$\|v\|_\infty \equiv \max(\|v_i\|)$
-Inf	最小値ノルム：$\|v\|_{-\infty} \equiv \min(\|v_i\|)$
"fro"	フロベニウスノルム (ユークリッドノルム)：$\|v\|_2 \equiv \sqrt{\sum_i \|v_i\|^2}$
0	ハミングノルム：非 0 要素の数
p > 1	p 次平均ノルム：$\|v\|_p \equiv \left(\sum_i \|v_i\|^p\right)^{1/p}$

表 1.7　行列 A のノルム．パラメータ P 指定と定義

P	定義
1	A の列ベクトル毎の絶対値の和の中の最大値：$\|A\|_1 = \max_{1\leq j\leq n} \sum_{i=1}^{m} \|a_{ij}\|$
2	最大特異値
Inf,"inf"	A の行ベクトル毎の絶対値の和の中の最大値：$\|A\|_\infty = \max_{1\leq i\leq m} \sum_{j=1}^{n} \|a_{ij}\|$
"fro"	フロベニウスノルム：$\|A\|_F \equiv \sqrt{\sum_{i=1}^{m}\sum_{j=1}^{n}\|a_{ij}\|^2} = \sqrt{\text{tr}(A^*A)}$
p > 1	p 作要素ノルム：$\max_v \|Av\|_p = \max_v \left(\sum_{i=1}^{m}\sum_{j=1}^{n}\|a_{ij}v_j\|^p\right)^{1/p}$ $\left[v \text{ は } \|v\|_p=1 \text{ を満たすベクトル}\right]$

整数の乱数行列のノルムを定義に基づいて計算した結果と，norm(A,P) で算出した結果を比較してみましょう．

```
octave:1> A = round(8*(rand(3)))
A =
   4   1   6
   6   5   8
   4   3   3
```

```
octave:2> [
> norm(A,1), max(sum(abs(A)));
> norm(A,2), max(svd(A));
> norm(A,Inf), max(sum(abs(A),2));
> norm(A,'fro'), sqrt(trace(A'*A))
> ]
ans =
   17.000   17.000
   14.323   14.323
   19.000   19.000
   14.560   14.560
```

行列の p–ノルムは場合によっては正しい答えを返さないことがあります．例えば，A=magic(3) 行列に対して，norm(A,P) による計算値 N_p と，$v_s = (v,v,v)^T$，$v = (1/3)^{1/p}$

に対する $N_s = \|Av\|_p$ を比較する次のスクリプトを走らせますと，ほんの僅かの差ですが，$N_p \le N_s$ となってしまいます．すなわち，N_p はこの $\|v\|_p = 1$ を満たす単純な特定のベクトル v_s に対する値を探索せずに得られた結果であることが明らかです．

```
A = magic(3);

for p = [1.5 2.5 3]
  v = (1/3)^(1/p)*ones(3,1);
  printf("p = %.1f\n%.12f\n%.12f\n",...
         p, norm(A,p), norm(A*v,p) );
endfor
```
check_norm.ovs

```
$ octave check_norm.ovs
p = 1.5
14.999999996138
15.000000000000
p = 2.5
14.999999991724
15.000000000000
p = 3.0
14.999999990763
15.000000000000
```

1.3.7.2 行列の条件数

A を係数行列とする連立線形方程式の不良条件（係数の微小な変化で解が大きく変わってしまうような条件）の指標である，**条件数** $\kappa(A)$ を推定する関数があります．条件数は，

$$\|A\| \, \|A^{-1}\| \tag{1.12}$$

で定義されます．すなわち推定に行列のノルムが用いられるために，ノルムの測り方について指定をする必要があります．

■ cond()　cond(*A,P*) は，行列 A の p-ノルム上の条件数を推定する関数です．ノルム *P* を指定しない場合には *P*=2（最大特異値）が使われます．他には *P*={1,Inf,inf,'fro',**1 より大きい数**} が指定可能です．微妙に結果が異なります．

```
octave:> M = magic(5);
octave:> [cond(M), cond(M,1), cond(M,Inf), cond(M,'fro'), cond(M,4)]
ans =
   5.4618   6.8500   6.8500   9.6792   5.2581
octave:> [norm(M,1)*norm(inv(M),1), norm(M,'fro')*norm(inv(M),'fro')]
ans =
   6.8500   9.6792
```

定義式 (1.12) に基づいて列和ノルムとフロベニウスノルムについて検算すると一致していることが判ります．

■ rcond()　rcond(*A*) は LAPACK のルーチン ZGECO を用いて，1-ノルム上の行列 A の条件数の逆数を推定します．これは `sparse matrix` 型の疎行列には使えません．rcond(full(*A*)) とするか，condest(*A*) を使います．

■ condest()　行列 A の 1-ノルム（列和ノルム）上の条件数を `onenormest()` を使って推定します．オプション *T* で反復行列の列数を設定します．

$$[\mathit{EST, V}] = \mathtt{condest}(\mathit{A, [T]})$$

推定された条件数 κ_e とその時の試行ベクトル v は以下の関係を満たすものとして，返却されます．

$$\|Av\|_1 = \|A\|_1 \|v\|_1 \kappa_e$$

アルゴリズムの心臓部は，『反復法により A^{-1} 自身を計算せずに $\|A^{-1}\|$ を見積もることにある』のだそうです [26].

■ onenormest()　行列の1-ノルム（列和ノルム）を推定します．

$$[\mathit{EST, V, W, ITER}] = \mathtt{onenormest}(\mathit{A, T})$$

オプション T で反復行列の列数を設定します．推定された条件数 κ_e とその時の試行ベクトル v, w は以下の関係を満たすものとして，返却されます．

$$\|w\|_1 = \|v\|_1 \kappa_e$$

反復回数は 10 に制限されていますが最低 2 回は実行されます．

■ normest()　べき乗展開によって行列の2-ノルム（最大特異値）を推定します．出力の第2変数(省略可)には収束に要した反復回数が返されます．既定の許容誤差 1×10^{-6} に代えて相対誤差 TOL を指定できます．

$$[\mathit{N, [ITER]}] = \mathtt{normest}(\mathit{A, [TOL]})$$

1.3.8　非0要素の検出

find() は行列内の 0 でない要素を見つけて，行優先に並べた列ベクトルを生成し返却します．

```
octave:1> X = triu(reshape(1:16, 4, 4),1)
X =
   0   5   9  13
   0   0  10  14
   0   0   0  15
   0   0   0   0
```

```
octave:2> find(X)
ans =
    5
    9
   10
   13
   14
   15
```

1.3.8.1　積

行列積 AB や要素毎の積 A.*B 以外にも，ベクトルの内積・外積，行列の直積（クロネッカー積）など掛け算の範疇に入る演算があります．

■ **内積** dot(*X*,*Y*,[*DIM*]) は内積を計算します．同じ大きさのベクトル（向きは任意）を与えた場合の定義は，以下のとおりです．

$$\boldsymbol{a} \cdot \boldsymbol{b} = \sum_{i=1}^{n} a_i b_i \tag{1.13}$$

同じ大きさの行列 *X*,*Y* が与えられた場合には，列の対ごとに内積を算出して行ベクトルが返却されます．*DIM* に 2 を設定すると，行の対ごとの内積を算出します．

■ **外積** cross(*X*,*Y*,[*DIM*]) は 3 次元ベクトルの外積を計算します．デカルト座標系では，基本ベクトルを $\boldsymbol{e}_x, \boldsymbol{e}_y, \boldsymbol{e}_z$ とおいて，以下のように定義されたベクトルをさします．

$$\boldsymbol{a} \times \boldsymbol{b} = (a_y b_z - a_z b_y)\boldsymbol{e}_x + (a_z b_x - a_x b_z)\boldsymbol{e}_y + (a_x b_y - a_y b_x)\boldsymbol{e}_z \tag{1.14}$$

もし，同じ大きさの行列が与えられた場合には列の対ごとに算出して行ベクトルを返します．列の長さが大きい場合には最初の 3 項が計算に用いられます．*DIM* に 2 を設定した場合には，行の対ごとに算出します．

■ **クロネッカー積** kron(*A*,*B*,[*DIM*]) はクロネッカー積を生成します．クロネッカーの（直）積とは，2 つの行列 A(大きさ $M \times N$), B(大きさ $P \times Q$) を元に，小行列 $a_{ij}B$ を並べた $MP \times NQ$ の大きさの行列です．定義から明らかに，2 つの行列の大きさに制約はありません．また，一般に $A \otimes B \neq B \otimes A$ です．

$$A \otimes B = \begin{pmatrix} a_{11}B & a_{12}B & \cdots & a_{1n}B \\ a_{21}B & a_{22}B & \cdots & a_{2m}B \\ \vdots & \vdots & \ddots & \vdots \\ a_{m1}B & a_{m2}B & \cdots & a_{mn}B \end{pmatrix}$$

2×3 行列と 2×2 行列のクロネッカー積を計算した例を示します．

```
octave:> A = [1 2 3; 4 5 6]; B = [0 1; 2 3]; kron(A,B), kron(B,A)
ans =
    0    1    0    2    0    3
    2    3    4    6    6    9
    0    4    0    5    0    6
    8   12   10   15   12   18
ans =
    0    0    0    1    2    3
    0    0    0    4    5    6
    2    4    6    3    6    9
    8   10   12   12   15   18
```

1.4 数 (スカラー)

Octave において，スカラーは 1×1 の行列であると捉えれば特別視する必要はないかもしれませんが，スカラーだけに適用される関数もありますので，普通のプログラミング言語のように最も基本的なオブジェクトとして説明します．

1.4.1 複素数，倍精度実数

特に断りなく数値を記述すると，倍精度実数として扱われます．複素数は虚数単位がなんと 4 種類も定義されており，

```
i j I J
```

のいずれもが使えます．すなわち，以下のように記号を混ぜて使っても構いません．

```
octave:> 1+2i + 3+4I + 0.1j + 7J
ans =    4.0000 + 13.1000i
```

ただし，当然ながら虚数単位と虚数値の間に空白を入れてはいけません．

```
octave:> 1+2i + 3+4I + 0.1j + 7 J
parse error:
  syntax error
>>> 1+2i + 3+4I + 0.1j + 7 J
                             ^
```

文法上も，語句解析上も間違いであると叱られました．これらの数値の四則演算は一般のプログラミング言語における演算記号と同様の演算記号を用いて書くことができます．さらに**べき乗**がハット'^'記号あるいはアスタリスク記号2つ'**'を用いて表現できます（表 1.8）．演算の優先順位を明示するには小括弧を使います．中括弧，大括弧は使えません．

表 1.8　スカラーの算術演算

演算	記法	例
$x + y$	x + y	1 + 3i + 4
$x - y$	x - y	3 - (2 + 4j)
$x \times y$	x * y	(3 + 4I)*(3 - 4I)
$x \div y$	x / y	1/(2 + 3J)
x^y	x^y または x**y	e^(-I*pi), 2**4

■ complex()　実数の組み合わせで複素数を形成する関数があります．確実に複素数を生成するとか一括して生成するには便利かもしれません．

```
complex(x)
complex(re, im)
```

1.4 数 (スカラー)

■ cplxpair()　引数に与えられた数値を，複素共役の対として，実数部の値が小さい順に並べるという奇妙な関数です．虚部がある場合には，複素共役が含まれてないとエラーとなります．

演算子ではありませんが表 1.9 に複素数に特有の基本関数をあげておきましょう．

表 1.9　複素数 $z = x + iy$ を扱う上での基本関数

演算・意味	記法	例
実数部 $\text{Re}[z] = x$	real(z)	real(3 + 4i)
虚数部 $\text{Im}[z] = y$	imag(z)	z = 3 + 4j; imag(z)
複素共役 $\bar{z} = x - iy$	conj(z)†	z = 4 - 5I; conj(z)
絶対値 $|z| = \sqrt{x^2 + y^2}$	abs(z)	abs(3 + 4j)
偏角 $\text{Arg}(z) = \arctan(y/x)$	arg(z), angle(z)	arg(1 - i)

† 行列の複素共役転置 z' としても同じ結果が得られます．

数学関数について，m ファイルで定義される一般関数を表 1.10，ソース mappers.cc に記載されている組み込み関数を表 1.11 に一覧しておきます．また，特殊関数を表 1.12 にまとめています．関数は一般に複素数 z について定義されてますが，引数が x のものは実数についてのみ定義されています．

表 1.10　m ファイルで定義されている数学関数

名前	定義・内容	
acot	逆余接	$\cot^{-1}(z)$
acotd	度単位の逆余接	
acoth	逆双曲余接	$\coth^{-1}(z)$
acsc	逆余割	$\text{cosec}^{-1}(z)$
acscd	度単位の逆余割	
acsch	逆双曲余割	$\text{cosec}^{-1}(z)$
asec	逆正割	$\sec^{-1}(z)$
asecd	度単位の逆正割	
asech	逆双曲正割	$\sec^{-1}(z)$
asin	逆正弦	$\sin^{-1}(z)$
asind	度単位の逆正弦	$\sin^{-1}(z)$
atand	度単位の正接	$\tan^{-1}(z)$
cot	余接	$\cot(z)$
cotd	度単位の余接	$\cot(z)$
coth	双曲余接	$\coth(z)$
cosd	度単位の余弦	$\cos(z)$
csc	余割	$\text{cosec}(z)$
cscd	度単位の余割	$\text{cosec}(z)$
csch	双曲余割	$\text{cosech}(z)$

名前	定義・内容	
sec	正割	$\sec(z)$
secd	度単位の正割	$\sec(z)$
sech	双曲正割	$\text{sech}(z)$
sind	度単位の正弦	$\sin(z)$
nextpow2	$2^n \geq |z|$ を満たす最小の整数 n	
nthroot(z,n)	n 乗根	$z^{1/n}$
atan2(z,w)	逆正接	$\tan^{-1}(w/z)$
pow2	2 の z 乗	2^z
pow2(z,w)	z と 2 の w 乗の積	$z 2^w$
reallog	実数の対数	$\log x$
realpow(x,y)	実数のべき乗	x^y
realsqrt(x,y)	実数の平方根	$\sqrt{x}$
rem(x,y)	fix(x/y) による剰余．$x - y \times \text{fix}(x/y)$	
mod(x,y)	floor(x,y)による剰余．$x - y \times \text{floor}(x/y)$	
cbrt(x)	実数の立法根	$\sqrt[3]{x}$

第 1 章 基礎

表 1.11　ソース mappers.cc に記載のある数学関連関数

名前	定義・内容		名前	定義・内容	
fix†	小数点以下を切り捨てる		acos	逆余弦	$\cos^{-1}(z)$
floor†	床	$\lfloor z \rfloor$	asin	逆正弦	$\sin^{-1}(z)$
ceil†	天井	$\lceil z \rceil$	atan	逆正接	$\tan^{-1}(z)$
round†	丸め（四捨五入）		acosh	逆双曲線余弦	$\cosh^{-1}(z)$
roundb†	丸め（banker の）		asinh	逆双曲線正弦	$\sinh^{-1}(z)$
isinf	無限の検出		atanh	逆双曲線正接	$\tanh^{-1}(z)$
isfinite	有限の検出		cos	余弦	$\cos(z) \equiv \dfrac{e^{iz}+e^{-iz}}{2}$
isna	未定 (missing) の検出		sin	正弦	$\sin(z) \equiv \dfrac{e^{iz}-e^{-iz}}{2i}$
isnan	非数（nan）の検出		tan	正接	$\tan(z)$
sign	符号　複素数の場合は $\dfrac{z}{|z|}$		cosh	双曲線余弦	$\cosh(z) \equiv \dfrac{e^z+e^{-z}}{2}$
erf	誤差　$\mathrm{erf}(x) = \dfrac{2}{\sqrt{\pi}}\int_0^x e^{-t^2}\,dt$		sinh	双曲線正弦	$\sinh(z) \equiv \dfrac{e^z-e^{-z}}{2}$
erfc	相補誤差　$1-\mathrm{erf}(x)$		tanh	双曲線正接	$\tanh(z)$
erfcinv	逆誤差　$\mathrm{erf}(y)=x$		exp	指数	e^z
erfcx	スケーリング相補誤差　$e^{z^2}\mathrm{erfc}(z)$		expm1		$e^z - 1$
erfi	虚数誤差関数　$-i\,\mathrm{erf}(iz)$		log	（自然）対数	$\log z$
dawson	ドーソン関数　$\dfrac{\sqrt{\pi}}{2}e^{-z^2}\mathrm{erfi}(z)$		log2	底が 2 の対数	$\log_2 z$
gamma	ガンマ　$\Gamma(x) = \int_0^\infty t^{x-1}e^{-t}\,dt$		log10	常用対数	$\log_{10} z$
lgamma	対数ガンマ　$\log\Gamma(x)$		log1p		$\log(1+z)$
			sqrt	平方根	

† 丸め関数の引数が複素数である場合には，実数部・虚数部毎に作用します

表 1.12　その他の特殊関数

名前	定義・内容
airy (k, z, opt)	第 1 種第 2 種エアリ関数およびその導関数（k により指定する）．
besselj (ν, z, opt)	第 1 種ベッセル関数　$J_\nu(z) = \left(\dfrac{z}{2}\right)^\nu \sum_{k=0}^{\infty} \dfrac{\left(-\dfrac{z^2}{4}\right)^k}{k!\,\Gamma(\nu+k+1)}$
	opt が与えられると $e^{-|\mathtt{imag}(z)|}$ 倍されます．
bessely (ν, z, opt)	第 2 種ベッセル関数　$Y_\nu(z) = \dfrac{J_\nu(z)\cos(\nu\pi) - J_{-\nu}(z)}{\sin(\nu z)}$
	opt が与えられると $e^{-|\mathtt{imag}(z)|}$ 倍されます．
besseli (ν, z, opt)	第 1 種変形ベッセル関数　$I_\nu(z) = \left(\dfrac{z}{2}\right)^\nu \sum_{k=0}^{\infty} \dfrac{\left(\dfrac{z^2}{4}\right)^k}{k!\,\Gamma(\nu+k+1)}$
	opt が与えられると $e^{-|\mathtt{real}(z)|}$ 倍されます．
besselk (ν, z, opt)	第 2 種変形ベッセル関数　$K_\nu = \left(\dfrac{\pi}{2}\right)\dfrac{I_{-\nu}(z) - I_\nu(z)}{\sin(\nu\pi)}$

1.4 数 (スカラー)

		opt が与えられると e^z 倍されます.
besselh (ν, k, z, opt)		ハンケル関数 $H_\nu^{(1)}(z) = J_\nu(z) + iY_\nu(z)$, $H_\nu^{(2)}(z) = J_\nu(z) - iY_\nu(z)$
beta (a,b)		ベータ関数 $B(a,b) = \dfrac{\Gamma(a)\Gamma(b)}{\Gamma(a+b)}$
betainc (x,a,b)		不完全ベータ関数 $\dfrac{1}{B(a,b)}\int_0^z t^{a-1}(1-t)^{b-1}dt$
betaincinv (y, a, b)		不完全ベータ関数の逆関数
betaln (x,y)		対数ベータ関数
bincoeff (n,k)		2項係数 ${}_nC_r = \begin{pmatrix} n \\ k \end{pmatrix} = \dfrac{n!}{(n-k)!k!}$
commutation_matrix (n,m)		任意の $M \times N$ 行列 A に対して Octave の記述方式では K(m,n)* vec(A) = vec(A') となる，$MN \times MN$ 行列 (vec() は p.37 参照)
duplication_matrix (n)		任意の対称行列 A に対して，Octave の記述方式では Dn * vech(A) = vec(A) となる，$n^2 \times \dfrac{n(n+1)}{2}$ 行列. (vec() は p.37 参照)
ellipke (m)		第1種（第2）種完全楕円積分 $K(m)$, $E(m)$. $E(m)$ を取得するには [K E] = ellipke(m) と呼び出す. $K(m) = \int_0^1 \dfrac{dt}{\sqrt{(1-t^2)(1-mt^2)}}$, $E(m) = \int_0^1 \sqrt{\dfrac{1-mt^2}{1-t^2}}dt$
ellipj (z,m)		第1種楕円積分関数の逆関数であるヤコビの楕円関数 $\operatorname{sn} z$ および，$\operatorname{cn} z \equiv \sqrt{1-\operatorname{sn}^2 z}$, $\operatorname{dn} z \equiv \sqrt{1-m\operatorname{sn}^2 z}$ の値を同時に取得する関数. [sn cn dn err] = ellipj(z,m) と呼び出す.
erfinv (z)		誤差関数の逆関数
expint (x)		積分指数関数 $\mathrm{E}_1(x) = \int_x^\infty \dfrac{e^{-t}}{t}dt$. この定義は MATLAB にあわせたものであり，一般には $\mathrm{Ei}(x) = \int_{-x}^\infty \dfrac{e^{-t}}{t}dt$ と定義される.
gammainc (x, ν)		規格化不完全ガンマ関数 $\dfrac{1}{\Gamma(\nu)}\int_0^z e^{-t}t^{\nu-1}dt$
legendre (n, x)		ルジャンドル関数（p.280 参照）
nchoosek (n, k)		2項係数 ${}_nC_r$ (小さい場合には，bincoeff() よりも高速)

■ **座標系の変換** 直角直交座標系 (x, y, z) と，平面曲座標系 (r, θ)・円筒座標系 (r, θ, z)・球座標系 (r, θ, ϕ) との間で座標を変換する関数があります.

```
[θ, r] = cart2pol(x, y)
[θ, r, z] = cart2pol(x, y, z)
[x, y] = pol2cart(θ, r)
[x, y, z] = pol2cart(θ, r, z)
[θ, φ, r] = cart2sph(x, y, z)
[x, y, z] = sph2cart(θ, φ, r)
```

1.4.2 精度

基本的にOctaveは計算を倍精度実数で行っています．C言語でソースが書かれていますから，32bitマシンならば約15桁の精度です．例えば有名な「整数」（一見整数のように計算されてしまう例です）

$$e^{\pi\sqrt{163}} = 262537412640768744 \tag{1.15}$$

を計算させてみましょう．

```
octave:> format long g;
octave:> output_precision(18);
octave:> e^(pi*sqrt(163))
ans =      2.62537412640767712
```

output_precision()関数で表示する桁数を18に設定したので，確かに18桁の整数と表示されましたが，任意精度計算ツールで30桁の精度で計算した場合の値とは最後の4桁が違っていて精度は14桁です．それでも整数とみなして表示しているところが面白いです．

■ output_precision()　計算結果の表示の桁数を表示・変更する関数がoutput_precision()です．引数なしで呼び出すと，現在の表示桁数が表示されます．表示桁は任意の正整数に変更できますが，マシンの精度を越えた桁の数値は無意味です．

1.4.3 整数

バージョン2では，数の型は基本的には倍精度実数（とその組み合わせとしての複素数）だけだったのですが，ビット数でサイズ指定した整数型と単精度実数が加わりました．数を普通に記述すると，倍精度実数，複素数と解釈されますから，それ以外の型を持たせるには以下のような変換関数を用います．

```
int8() int16() int32() int64()
uint8() uint16() uint32() uint64() single()
```

倍精度実数や複素数に変換する関数も必要ですからdouble() complex()があります．Octaveのような高級言語において格納されるメモリ領域のサイズというような低レベルの構造を扱うことにどんな意味があるのか俄には解りませんが，確かにsizeof()でバイトサイズが異なることを確認できます．

```
octave:> sizeof(int8(1))
ans =  1
octave:> sizeof(uint64(1))
ans =  8
octave:> sizeof(single(1))
ans =  4
octave:> sizeof(double(1))
ans =  8
```

また，臨時に型を変えるための cast 関数も実装されています．

1.4.4 整数演算

Octave には本当の意味の整数はありませんでした．演算は実数で行われ，場合によって表示のみ整数のように見せていたのです．しかし，整数型が導入された結果，C 言語とは逆に一つでも整数型が式中にあれば結果は整数に変換されることになりました．すなわち，

```
octave:> uint32(2)/3, uint32(2)/3 + 5/3
ans = 1
ans = 3
octave:> 2/3, 2/3 + 5/3
ans =  0.66667
ans =  2.3333
```

のような結果となります．行列に対しても同様の作用があるので注意が必要です．

1.4.5 異なる型を持つ変数間の演算結果の型

異なるデータ型 (double, float, int*) の変数 (scalar, array) の積の演算結果は次の規則に従って決まります．

1. 変換される方向はスカラー，行列ともに double -> float -> int*であり，C 言語とは逆．従って，情報落ちが生ずる．
2. 異なる整数型スカラー間の積は不可．
3. 行列と行列の積は片方が整数型では不可．

実際に確かめるためのスクリプトと実行画面を示します．single は長くなるので省略しました．

```
    d = cell(5,2);
    d{1,1} = double(2.0);    d{1,2} = 'double';
    d{2,1} = int8(8);        d{2,2} = 'int8';
    d{3,1} = int64(64);      d{3,2} = 'int64';
    d{4,1} = double(eye(2)); d{4,2} = 'dbarray';
    d{5,1} = int8(eye(2));   d{5,2} = 'i8array';
    for k = 1: 5
      for m = 1: k
        try
         res = class(d{k,1} * d{m,1});
        catch
          res = cstrcat("\n  ",lasterr());
        end_try_catch
        disp(cstrcat(d{k,2}, ' * ', d{m,2}, ' -> ', res))
      endfor
    endfor
```
check_impcast.ovs

```
$ octave check_impcast.ovs
double * double -> double
int8 * double -> int8
int8 * int8 -> int8
int64 * double -> int64
int64 * int8 ->
  binary operator '*' not implemented for 'int64 scalar' by 'int8 scalar' operations
int64 * int64 -> int64
dbarray * double -> double
dbarray * int8 -> int8
dbarray * int64 -> int64
dbarray * dbarray -> double
i8array * double -> int8
i8array * int8 -> int8
i8array * int64 ->
  binary operator '*' not implemented for 'int8 matrix' by 'int64 scalar' operations
i8array * dbarray ->
  binary operator '*' not implemented for 'int8 matrix' by 'matrix' operations
i8array * i8array ->
  binary operator '*' not implemented for 'int8 matrix' by 'int8 matrix' operations
```

積 A * B に替えて和 A + B について調べた結果は，異なる整数同士が不可となるだけで他は積についての規則1に従って変換されました．

1.4.5.1 uint64()

Octaveは今のところ多倍長精度演算が実装されてません．しかしながら，64ビットの整数演算が扱えるようになった（32bitのOSの上でも）ということなので，それを確かめてみましょう．

1.4 数 (スカラー)

```
octave:> x = uint64(2^62), x + 10, 2*x, x/2, uint64(2^80)
x = 4611686018427387904
ans = 4611686018427387914
ans = 9223372036854775808
ans = 2305843009213693952
ans = 18446744073709551615
```

扱える範囲は $0 \sim 2^{64} - 1$ です．越えた場合には $2^{64} - 1$ となっています．したがって，計算も途中で越えないようにしないといけません．

```
octave:> uint64(2^63) - 1 + uint64(2^63)
ans = 18446744073709551615
octave:> uint64(2^63) + uint64(2^63) -1
ans = 18446744073709551614
```

2 番目の演算は左から実行していくと，最初の足し算が $2^{64}-1$ を越えるので $2^{64}-1$ に評価されてしまいます．そこからさらに 1 を減じた結果となっています．

1.4.6 有理数近似表現

数値を許容誤差範囲内の有理数（あるいは文字列として）で表現する関数があります．help rat, help rats で示される π の有理数近似表現はあまりにも過激ですが，分数計算には便利かもしれません．

```
octave:> rats(pi)
ans =     355/113
octave:> rats(1/2+1/3), rats(-1/15*3/4)
ans =        5/6
ans =      -1/20
```

なお，rats の返却値は文字列ですから，それを用いて計算を続行することはできません．どうしてもというならば str2num(*str*) という手があります．

1.4.7 ユーティリティ関数

1.4.7.1 素数

素数の並びを返却する関数が 2 つあります．primes(*N*) は，整数 *N* までの素数を返します．list_prime([*N*]) は最初から *N* 個の素数を返します．*N* が省略された場合は 25 個となります．なお，isprime(*N*) は素数であるかどうかを判別する関数です．

第1章 基礎

```
octave:> primes(100)
ans =
 Columns 1 through 15:
    2    3    5    7   11   13   17   19   23   29   31   37   41   43   47
 Columns 16 through 25:
   53   59   61   67   71   73   79   83   89   97
octave:> list_primes(10)
ans =
    2    3    5    7   11   13   17   19   23   29
octave:330> isprime(101:2:120)
ans =
    1    1    0    1    1    0    1    0    0    0
```

1.4.7.2 素因数分解

`factor()`は，整数 Q の素因数分解（重複を許した素数の並び）を返却します．

> `[P, [N]] = factor(Q)`

出力が 2 変数であった場合には，重複のない素数のリストとそれぞれの冪乗数のリストが返されます．$3780 = 2^2 \times 3^3 \times 5 \times 7$ について以下に例示します．

```
octave:> factor(3780)
ans =
    2    2    3    3    3    5    7
octave:> [P N] = factor(3780)
P =
    2    3    5    7
N =
    2    3    1    1
```

これと関連して，`prod(X)`は，ベクトルの全ての要素の積を算出します．X が行列の場合には，列ベクトル毎に積を算出して行ベクトルとして返却します．また，`factorial(N)`は N の階乗 $N!$ を計算します．ただし，整数表示されるのは uint64() で扱える範囲内，すなわち $20! = 2432902008176640000$ までで，それ以上は実数表示となります．

1.4.7.3 最大値・最小値

`max()`, `min()`はベクトル内の最大（最小）値を探索します．

> `[W, [IW]] = max(X, [Y])`

X が行列ならば，列ベクトル毎の結果を行ベクトルとして返却します．同じ大きさの行列 X,Y もしくは行列とスカラー（行列に拡大解釈される）が与えられた場合には，**pairwise**（行列内の同じ位置同士への作用）の結果が返却されます．出力が 2 変数の場合，2 番目の変数には最大（最小）値をもたらした位置が返却されます．

```
octave:> A = ceil(rand(2,12)*30)
A =
    1   10    3    7   27   24    2    7   27   17    9   25
   30   28   15   23   24   28    7   11   18   27    9   24
octave:> max(A)
ans =
   30   28   15   23   27   28    7   11   27   27    9   25
octave:> [W IW] = max(A)
W =
   30   28   15   23   27   28    7   11   27   27    9   25
IW =
    2    2    2    2    1    2    2    2    1    2    1    1
octave:> min(A,15*ones(size(A)))
ans =
    1   10    3    7   15   15    2    7   15   15    9   15
   15   15   15   15   15   15    7   11   15   15    9   15
octave:> B = ceil(rand(2,12)*30)
B =
   20   18   20   26   11   13   17   25   16   26   19   19
   19   28    8   16   16    5   28    7    9   21   20    5
octave:> max(A,B)
ans =
   20   18   20   26   27   24   17   25   27   26   19   25
   30   28   15   23   24   28   28   11   18   27   20   24
```

cummax(), cummin() は作用の累積結果（ある要素位置までの結果）をベクトルとして返却します．行列が与えられた場合には列優先に作用します．

| [W, [IW]] = cummax(X, [DIM])

DIMに2が与えられると，行優先で作用します（1で列優先）．

```
octave:> cummin(A)
ans =
    1   10    3    7   27   24    2    7   27   17    9   25
    1   10    3    7   24   24    2    7   18   17    9   24
octave:> cummin(A,2)
ans =
    1    1    1    1    1    1    1    1    1    1    1    1
   30   28   15   15   15   15    7    7    7    7    7    7
```

1.4.7.4 最小公倍数・最大公約数

中学校の数学を思い出します．lcm(X) は最小公倍数，gcd(X) は最大公約数を算出します．Xに同じ大きさの行列の並びを与えると，それぞれの行列内の同じ位置にある数に関して作用した (pair-wise) 結果が返却されます．

```
octave:> [lcm(5,7), lcm([5 6],[7 9])]
ans =
   35   35   18
octave:385> gcd([12 21; 121 111],[42 28; 99   777])
ans =
    6    7
   11  111
```

gcd() の例では，12 と 42，21 と 28，121 と 99，111 と 777 の組それぞれに対する最大公約が算出されています．

1.4.7.5 整数への丸め

小数を整数に丸める関数には種類があります．fix() は単に，小数点以下を削除します．floor() はその値以下の最大の整数，ceil() はその値以上の最小の整数．round() はいわゆる『四捨五入』で近い整数に丸めますが，半整数の場合には 0 から遠い側の値を取ります．正整数（お金の計算など）の場合，この四捨五入方法では整数に丸めてからの和が実数の和よりも必ず大きくなってしまいます．そこで roundb()(banker's rounding) では，半整数は偶数に丸めます．

```
octave:> M = [-0.7 -0.5 -0.4 0.4 0.5 0.7 1.2 1.5 1.7];
octave:> [fix(M); floor(M); ceil(M); round(M); roundb(M)]
ans =
  -0  -0  -0   0   0   0   1   1   1
  -1  -1  -1   0   0   0   1   1   1
  -0  -0  -0   1   1   1   2   2   2
  -1  -1  -0   0   1   1   1   2   2
  -1  -0  -0   0   0   1   1   2   2
```

1.4.7.6 微分・勾配

■ **差分** diff() はベクトル $x = (x_i)$ に対して，前進差分 $\Delta x_i = x_{i+1} - x_i$ を返却します．

> diff(X, [K, [DIM]])

オプション K に非負の整数を与えると返却値は K 次の差分になります．行列に対しては列優先に作用します．

1.4 数 (スカラー)

```
octave:38> X = reshape(1:9, 3,3).^2
X =
    1   16   49
    4   25   64
    9   36   81
octave:39> diff(X)
ans =
    3    9   15
    5   11   17
```

```
octave:3> diff(X,2)
ans =
    2   2   2
octave:4> diff(X,1,2)  <-  行優先指定
ans =
   15   33
   21   39
   27   45
octave:5> diff(X,3)
ans =
    0   0
```

■ **勾配** 差分関数 `diff()` は差分を取った次元の要素数が 1 減ってしまいます．それに対して `gradient()` は，同じ大きさの配列を戻します．両端は単純差分で勾配を算出し，内部の点については次のように中央差分で勾配を算出します．

$$y'(x) = \frac{y(i+1) - y(i-1)}{x(i+1) - x(i-1)} \tag{1.16}$$

分母は，与えられなければ要素間の間隔を 1 とみなして 2 で計算します．また，分母の要素間隔を指定するオプションをスカラー値で設定することができます．全ての次元に同じ値を指定する場合は 1 つのスカラー値 `S` を，一方，次元毎に指定するには次元分のスカラー値 `HX,HY,HZ,...` を指定します．

```
DX = gradient(M)
[DX, DY, DZ, ...] = gradinet(M, [S])
[DX, DY, DZ, ...] = gradinet(M, HX, HY, HZ, ...)
```

MATLAB にはない機能ですが，第 1 引数に関数を指定することができます．第 1 引数に 1 変数の関数 $f(x)$ の名前あるいは関数ハンドル，第 2 引数にベクトルを与えた場合には，その要素の位置での勾配を中央差分で算出します．

$$f'(x_i) = \frac{f(x_i + h) - f(x_i - h)}{2h} \tag{1.17}$$

幅 h は，全ての要素に共通に指定する場合には 1 つのスカラー値で与えます．

```
[...] = gradient(F, X0)
[...] = gradinet(F, X0, S)
[...] = gradinet(F, X0, X, Y, ...)
```

多変数関数に対応する 3 番目の形式については，変数が 2 つの $F(x,y)$ に対してのテストコードが，`gradient.m` に含まれています．それをみると，`X0` には 1 行に点 (x,y) を記した，$N \times 2$ の行列を与えています．`DX,DY` には，中央差分で算出した $F_x(x,y), F_y(x,y)$ が返却されるようになっています．テストコードを参考にした以下のスクリプトで確認できます．

```
xy = reshape (1:10, 5, 2);
f = @(x,y) x.^3.*y.^2;
df_dx = @(x, y) 3*x.^2.*y.^2;
df_dy = @(x, y) x.^3.*(2*y);
fdx = df_dx (xy (:, 1), xy (:, 2));
fdy = df_dy (xy (:, 1), xy (:, 2));
[dx, dy] = gradient (f, xy);
[fdx dx fdy dy]
[dx, dy] = gradient (f, xy, 0.1);
[fdx dx fdy dy]
```
test_gradient.ovs

```
ans =
     108    144     12     12
     588    637    112    112
    1728   1792    432    432
    3888   3969   1152   1152
    7500   7600   2500   2500
ans =
    108.000    108.360     12.000     12.000
    588.000    588.490    112.000    112.000
   1728.000   1728.640    432.000    432.000
   3888.000   3888.810   1152.000   1152.000
   7500.000   7501.000   2500.000   2500.000
```

$F(x,y) = x^3 y^2$, $F_x = 2x^2 y^2$, $F_y = 2x^3 y$ として，解析的な値と gradient() による数値勾配を，幅を指定しない（1 が使われる）場合と幅を 0.1 に指定した場合を順に表示させています．F_y に含まれる y は線形ですから，幅に関係なく正確な値が算出されます．

■ **ラプラシアン** 2 変数関数 $u(x,y)$ の 2 次元ラプラシアンの 1/4 を del2() は数値計算します．

$$\frac{1}{4}\Delta u = \frac{1}{4}\left(\frac{\partial^2}{\partial x^2} + \frac{\partial^2}{\partial y^2}\right)u \tag{1.18}$$

```
del2(M)
del2(M, H)
del2(M, HX, HY)
```

gradient() と同じく，幅 1 の格子間隔を想定していますので，それを変更する場合には，追加オプション *H*（x,y 方向共通）または *HX, HY*（x,y 方向別々）を指定します．例として，$u(x,y) = x^3 y^2$ の値を，x 方向が 0.5, y 方向が 2 の間隔の格子上で求めた行列 *M* を作成し，さらに del2(*M*) で算出した数値ラプラシアン行列 (の 4 倍) と，$\Delta u = 6xy^2 + 2x^3 = 2x(x^2 + 3y^2)$ を格子上で直接計算して得た行列を比較してみましょう．なお，横が x 軸，縦が y 軸とした時の関数値となるように行列を生成します．

```
x = 0:0.5:2;
y = 1:2:7;
[XX YY] = meshgrid(x, y);
Lf = @(x,y) 2*x.*(x + 3*y.^2);
M = (y.^2)'*(x.^3);
del2M = 4*del2(M)
LM = Lf(XX,YY)
del2M_hxhy = 4*del2(M, 0.5, 2)
```
test_del2.ovs

```
$ octave test_del2.ovs
del2M =
   0.00000    1.75000    9.50000   29.25000   67.00000
   0.00000    7.75000   21.50000   47.25000   91.00000
   0.00000   19.75000   45.50000   83.25000  139.00000
   0.00000   37.75000   81.50000  137.25000  211.00000
LM =
   0.00000    3.50000    8.00000   13.50000   20.00000
   0.00000   27.50000   56.00000   85.50000  116.00000
   0.00000   75.50000  152.00000  229.50000  308.00000
   0.00000  147.50000  296.00000  445.50000  596.00000
del2M_hxhy =
   0.00000    3.25000    8.00000   15.75000   28.00000
   0.00000   27.25000   56.00000   87.75000  124.00000
   0.00000   75.25000  152.00000  231.75000  316.00000
   0.00000  147.25000  296.00000  447.75000  604.00000
```

格子間隔の補正を 0.5, 2 と与えると，内部の点はかなり精度があがりました．

1.4.7.7 無限大と非数

数値計算においては，結果が無限大（Infinite）あるいは非数（Not a Number）となってしまったことを明示的に表すことが必要とされます．Octave では，例えば 0 以外の数を 0 で割った場合には無限大であることを表す記号 Inf が，0 を 0 で割った場合には NaN が表示されます．その他気になる $0^0, \infty^0, 0^\infty, 1^\infty$ なども計算させてみましょう．

```
[1/0 Inf+Inf Inf*Inf]
[0/0 Inf-Inf Inf/Inf 0*Inf]
[0^0 Inf^0 0^Inf 1^Inf]
```
inf.ovs

```
$ octave inf.ovs
ans =
   Inf   Inf   Inf
ans =
   NaN   NaN   NaN   NaN
ans =
   1   1   0   1
```

紙面の都合で省きましたが，実際の表示画面には 0 除算が起こったという警告が発せられます．

1.5 文字列

文字列定数は，**単引用符**『'』もしくは**二重引用符**『"』で括った文字の並びのことです．単引用符は行列の転置の記号としても用いられるので，文字列を表現するなら二重引用符を使う方が紛れがないでしょう．C 言語と同様に文字列とは文字配列のことですから，行列で表現した場合には要素は文字単位となります．すなわち，

```
STR = ["abc"]   ⇒ STR(1) = a, STR(2) = b, STR(3) = c
STR = ["abc", "xyz"] ⇒ STR(4) = x, STR(5) = y, STR(6) = z
```

文字列単位（行列単位）で扱う場合には，構造体やセルを用いましょう．

1.5.1 文字の種類
1.5.1.1 エスケープ文字

単引用符で括られた文字列 (sq_string) と二重引用符で括られた文字列（string）では，通常文字の扱いに差はないのですが，バックスラッシュの扱いに差がでます．string 内ではバックスラッシュは**エスケープ文字**として扱われ，表 1.13 にあげた**制御文字**などを表現するのに用いられます．

表 1.13 二重引用符中のエスケープされた文字

\文字	内容	ASCII
\\	バックスラッシュ文字	92, 0x5c
\"	二重引用符文字	34, 0x22
\'	単引用符文字	39, 0x27
\0	nul	0, 0x00
\a	ベル	7, 0x07
\b	バックスペース	8, 0x08
\f	改頁	12, 0x0c
\n	改行	10, 0x0a
\r	復帰	13, 0x0d
\t	水平タブ	9, 0x09
\v	垂直タブ	11, 0x0b

sq_string 内では，文字としての単引用符を表すために単引用符をエスケープとして用います．すなわち，単引用符を二つ並べて単引用符文字を表すものです．

```
octave:> 'I don''t know.\n'
ans = I don't know\n          <- '' で一つの単引用符文字
octave:> "I don''t know\n"
ans = I don''t know           <- '' はそれぞれ単引用符文字
                              <- \n は改行コードと解釈される
octave:29>
```

1.5.1.2 文字列クラス関数

文字列は数字，制御文字などいくつかの種類（クラス）に分類されますが，is で始まる，クラスへの帰属を判定する関数があります（表 1.14 参照）．以下の実行例は isalpha() を使ってアルファベットであるかを，また isalnum() を使ってアルファベットもしくは数字であるかを判別しています．アルファベットと数字以外であるかを判別するには，ispunct() が有効です．

```
octave:> isalpha("01ASDfgh.,;+*/-^!=><")
ans =
  0 0 1 1 1 1 1 1 0 0 0 0 0 0 0 0 0 0 0 0
octave:> isalnum("01ASDfgh.,;+*/-^!=><")
ans =
  1 1 1 1 1 1 1 1 0 0 0 0 0 0 0 0 0 0 0 0
octave:> ispunct("01ASDfgh.,;+*/-^!=><")
ans =
  0 0 0 0 0 0 0 0 1 1 1 1 1 1 1 1 1 1 1 1
```

表 1.14　文字列の帰属判定関数の一覧

関数	帰属クラス
isalnum()	アルファベットか数字
isalpha()	アルファベット
isascii()	ASCII（0 から 127）
iscntrl()	制御文字 (\r\n\t\v\f\b\a)
isdigit()	数字
isgraph()	印字できる文字（空白文字は除く）
isletter()	アルファベット
islower()	アルファベットの小文字
isprint()	印字可能な文字（空白文字も含む）
ispunct()	句読点（アルファベットと数字以外のほとんど）
isspace()	空白文字 (space, tab, \r\n\t\v\f)
isupper()	アルファベットの大文字
isxdigit()	16 進数 (0123456789ABCDEFabcdef)

■ isstrprop()　文字クラスの帰属を判定する汎用の関数です．

> isstrprop(*str, pred*)

pred には以下の文字クラスを指定できます．

```
"alpha", "alnum", "alphanum", "ascii", "cntrl", "digit", "graph",
"graphic", "lower", "print", "punct", "space", "wspace", "upper",
"xdigit"
```

1.5.2　数値との相互変換
1.5.2.1　文字列から数値

　文字列を数値に変換する str2num(*s*)，数値を文字列に変換する num2str(*x*, [*format*], [*precision*]) という関数があります．実数に特化した変換（複素数には変換できません）の関数 str2double(*s*) は，倍精度実数への変換に失敗した場合に，その部分だけ NaN を返します．また，出力側には変換の成否，分離された文字列のセル配列を得ることもできます．

```
octave:> str2num(["1,pi";"e,sin(1)"])
ans =
   1.00000   3.14159
   2.71828   0.84147
octave:> str2double(["1,pi";"e,sin(1)"])
ans =
   NaN
   NaN
octave:> str2num("1.2, 3.4e-10, 4d8, 1+2i, love")
ans = [](0x0)
octave:> [X S C] = str2double("1.2, 3.4e-10, 4d8, 1+2i, love")
X =
   1.2000e+00   3.4000e-10        NaN        NaN        NaN
S =
   0   0  -1  -1  -1
C =
{
  [1,1] = 1.2
  [1,2] = 3.4e-10
  [1,3] = 4d8
  [1,4] = 1+2i
  [1,5] = love
}
```

C言語に慣れているならば，*scanf()，*printf()系の関数もありますのでご自由に．

1.5.2.2 数値から文字列

数値行列から文字列への変換関数 mat2str(X,N) があります．この関数は，eval の引数として適した形式の文字列を返却します．行列であることを示すためにブラケット [ ] が先頭と末尾に付きます．また，表示は1行なので行替えはセミコロンで表現されます．N は表示桁の指定で，既定値は17桁です．'class' オプションを指定すると，class名関数を作用させたような文字列が生成されます．

```
octave:> mat2str([1.2 sin(1) pi])
ans = [1.2,0.8414709848078965,3.1415926535897931]
octave:> s = mat2str([1.2 sin(1) e^(2+3i)],4)
s = [1.2+0i,0.8415+0i,-7.315+1.043i]
octave:> typeinfo(s)
ans = string
octave:> sc = mat2str([1.2 sin(1) e^(2+3i)],4,'class')
sc = double([1.2+0i,0.8415+0i,-7.315+1.043i])
```

1.5.2.3 2進数，10進数，16進数

10進数値をn**進数を表現する文字列** ($n \leq 36$) に変換する関数 dec2base(n, b, len) をまず使ってみましょう．逆に，文字列をn進数と解釈して10進数を返却する関数 base2dec(s, b) もあります．

```
octave:> x = dec2base(7, 7), typeinfo(x)
x = 10
ans = string
octave:> x = dec2base(16, 17)
x = G
```

17進数で10進数値$16_{(10)}$を表すためには文字Gが必要です．10進数値と2進数表現文字列や16進数表現文字列との変換に特化した関数が，dec2bin()，dec2hex()，bin2dec()，hex2dec() です．

```
octave:> dec2bin(255)
ans = 11111111
octave:> dec2hex(255)
ans = FF
octave:> hex2dec("FFFFFFF")
ans =   268435455
octave:> bin2dec("1111111111111111111111111111")
ans =   268435455
```

```
octave:> dec2bin(11:16')
ans =
01011
01100
01101
01110
01111
10000
```

1.5.3 文字列の補完

サイズの異なる数値ベクトルを行列内に並べようとするとサイズが合わないという警告が出て失敗します．文字列は横に並んでる横ベクトルとして扱われますが，もし，異なる長さの文字列（横ベクトル）を縦に並べようとすると，どうなるでしょうか．答えは，『文字を補って長い文字列に合わせた行列が生成される』です．補完する文字は**スペース文字**ですが，それでは補完されているのかどうか見分けがつかないので，string_fill_char(a) 関数で，補完する文字をクエスチョンマークに変更して実行した例を示します．

```
octave:> string_fill_char('?');
octave:> S1 ='A '; S2 ='brown '; S3='fox jumps over ';
octave:> STR = [S1; S2; S3;]
STR =
A ?????????????
brown ?????????
fox jumps over
octave:> size(STR(1,:))
ans =
    1   15
```

この機能は，行数の異なる文字列行列に対しては働きません．

第1章 基礎

```
octave:> [["魚";"野菜"], ["> fish"]]
error: number of rows must match (1 != 2)
octave:> [["魚";"野菜"], ["> fish";"> fruits"]]
ans =
魚  > fish
野菜> fruits
```

最初の試みは，行の数が違うという理由で失敗してしまいました．

■ `blanks(n)` 関数　空白だけの文字列は数えるのが大変で長さをよく間違えます．長さ n の空白文字列を生成する `blanks(n)` 関数は便利な小物です．C言語でも欲しい関数です．

1.5.4 文字列の連結

文字列の連結の基本は，行列の行内で並べたときに得られる結果に示されるよう，水平に連結することです．文字列を垂直に並べるには，行列内であればセミコロンで区切ります．このように括弧を用いた記号的な演算で連結する方法以外に，文字列を連結する関数 `char()`，`strvcat()`，`strcat()`，`cstrcat()` があります．これらの関数は連結する方向が異なります．すなわち，`strcat(x)`，`cstrcat(x)` は文字列を水平に連結しますが，`char(x)`，`strvcat(x)` は文字列を垂直に連結します．引数に複数行の行列やセル配列を与えた場合の連結の結果を表 1.15 にまとめました．

表 1.15　文字列変数 s11="s11 ", s12="s12 ", s21="s21 ", s22="s22 " の並び（文字列，行列，セル）を引数に与えたときの文字列連結関数の結果

引数	関数		
	char strvcat	strcat	cstrcat
s11,s12,s21,s22	s11 s12 s21 s22	s11s12s21s22	s11 s12 s21 s22
[s11;s21],[s12;s22]	s11 s21 s12 s22	s11s12 s21s22	s11 s12 s21 s22

{s11,s21},{s12,s22}	s11
	s21
	s12
	s22
		{
		[1,1] = s11 s12
		[1,2] = s21 s22
		}
			error
			(引数にセルは不可)

{s11;s21},{s12;s22}	s11
	s21
	s12
	s22
		{
		[1,1] = s11 s12
		[2,1] = s21 s22
		}
			error
			(引数にセルは不可)

微妙に異なりますのでじっくり確認してください．strcat() は末尾の余分な空白文字を削除してしまいますが，cstrcat() はそのまま何もしません．

1.5.5 文字列の比較

文字列は char の行列ですから，比較演算子を用いると要素毎の比較演算が行われます．文字列全体としての比較をするには，C 言語と同様の strcmp(), strncmp() を用います．strncmp() は比較する文字数を指定できる関数です．大文字小文字を区別しないなら strcmpi, strncpmi を用います．

> strcmp(*s1, s2*)
> strncmp(*s1, s2, n*)
> strcmpi(*s1, s2*)
> strncmpi(*s1, s2, n*)

s1,s2 は要素数が等しい文字列のセル配列であれば，要素の文字列ごとの比較結果を返します．片方が単独の文字列で他方が文字列のセル配列の場合には，単独の文字列とセル配列の文字列要素を比較した結果を返却します．

```
octave:> strcmp({"qwe","asd","zxC"}, {"qWe","asd","zxc"})
ans =
   0   1   0
octave:> strcmp({"qwe","asd","zxC"}, "qwe")
ans =
   1   0   0
octave:> strncmp({"qwe","asd","zxC"}, {"qWe","asd","zxc"}, 2)
ans =
   0   1   1
octave:19> strcmpi({"qwe","asd","zxC"}, {"qWe","asd","zxc"})
ans =
   1   1   1
```

1.5.6 その他の文字列操作

くどいようですが，文字列は単なる char の行列ですから行列に対する通常の操作が効きます．次の例は，アンダースコアを空白に変更する操作を関数を用いずに，行列に対する記号演算だけで実行できることを示しています．

```
octave:> example = "The_quick_brown_fox_jumps_over_the_lazy_dog.";
octave:> example(example == "_") = " "
example = The quick brown fox jumps over the lazy dog.
```

しかし，記号演算では不可能な操作は関数として提供されています．

■ **deblank()** 文字列 *s* の末尾の空白などを除去します．*s* が行列ならば，最も長い文字列（行）に合わせて末尾の空白を除去します．*s* がセル配列ならば，再帰的に末尾の空白除去

を行います.

```
deblank(s)
```

■ strtrim()　文字列の先頭から空白を除去し更に末尾からも空白を除去します．行列やセル配列に対する作用は deblank() と同じです．

```
strtrim(s)
```

```
octave:> strtrim("    qwer    ")
ans = qwer
octave:> strtrim([' qwer '; ' asd '; ' zxc '])
ans =
qwer
 asd
zxc
```

■ strtrunc()　文字列 s を長さ n に切り詰めます．

```
strtrunc(s, n)
```

■ findstr()　二つの文字列のうち，長い方の中で短い方の文字列が始まる位置を全て見つけ出します．オプション $overlap$ が 0 以外のときには，見出された文字列が重なることが許されます．なお findstr() は廃棄される予定であり，strfind() を使ってくださいとのことです．

```
findstr(s, t, [overlap])
```

```
octave:> findstr("qwq", "qwqwqwqwq")
ans =
   1   3   5   7
octave:> findstr("qwqwqwqwq", "qwq", 0)
ans =
   1   5
```

■ strfind()　文字列 s の中の $pattern$ が始まる位置を見つけ出します．s がセル配列である場合には，セル配列が返却されます．

```
strfind(s, pattern)
```

■ strchr()　文字セット $chars$ に含まれる文字が，文字列 str の中に含まれる場合にその位置を見つけ出します．オプション n は見つけ出す数の最大値，$direction$ に 'first' を指定すると，最初の n 個，'last' を指定すると最後の n 個を返却します．

```
strchr(str, chars, [n], [direction])
```

■ index()　文字列 *s* の中で文字列 *t* が始まる位置を一つだけ返却します．オプション *direction* に'first' を指定すると最初の位置，'last' を指定すると最後の位置を返却します．省略時の既定は'first' です．

 | index(*s, t, [direction]*)

■ rindex()　文字列 *s* の中で文字列 *t* が見出される最後の位置を返します．すなわち，index(s,t,'last') に同じです．

 | rindex(*s, t*)

■ strmatch()　文字列の並び *a* の文字列ごとに，文字列 *s* と一致するかどうかを判定し，何番目の文字列が一致したかを返却します．オプション"exact"が指定されなければ，一致は *s* の長さまでで終了します．

 | strmatch(*s, a*, ["exact"])

■ strtok()　文字列 *str* を，区切り子文字セット *delim* が現れるまでの文字列 *tok* と残り *rem* に分割し，*tok* を返します．出力引数が2つ指定されると，2番目に *rem* を返します．*delim* が省略された場合には空白文字を区切り子とします．

 | [*tok*, [*rem*]] = strtok(*str*, [*delim*])

```
octave:> [tok rem] = strtok("to be or not to be")
tok = to
rem =  be or not to be
octave:> [tok rem] = strtok("3.14*2+5", "+-*/")
tok = 3.14
rem = *2+5
```

■ strsplit()　ある文字列 *p* を区切り子のリスト *del* を用いて分割し，セル配列として返却します．*del* が指定されなかった場合には，空白文字集合 {" ", "\f", "\n", "\r", "\t", "\v"} を区切り子に用います．

 | *c* = strsplit(*p*, [del])

```
octave:> STR = "To be,\n or not to be."
STR = To be,
 or not to be.
octave:> strsplit(STR)
ans =
{
  [1,1] = To
  [1,2] = be,
  [1,3] = or
  [1,4] = not
  [1,5] = to
  [1,6] = be.
}
```

```
octave:> strsplit(STR, {","," "})
ans =
{
  [1,1] = To
  [1,2] = be
  [1,3] = or
  [1,4] = not
  [1,5] = to
  [1,6] = be.
}
```

■ strrep()　文字列 s の中の文字列片 x を文字列片 y に置換します．

> strrep(s, x, y)

■ substr()　文字列 s の $offset$ 番目から始まる長さ len の部分文字列を返却します．この結果は s(offset:offset+len-1) としても得られます．

> substr(s, $offset$, len)

■ regexp()　文字列 str に対して正規表現 pat との一致を調べ，その開始位置などを返します．

> [s, [e, te, m, t, nn]] = regexp(str, pat)
> [...] = regexp(str, pat, $opts$,...)

オプション出力引数にはそれぞれ以下の追加情報がこの順に渡されます．出力する順番を変更するには，入力オプション $opts$ で指定します．詳しくはヘルプを参照してください．

表 1.16　regexp 関数でオプション指定により，返却値に追加される情報．

出力	指定 $opts$	内容
s	'start'	一致の開始位置を記した行ベクトル
e	'end'	一致の終了位置を記した行ベクトル
te	'tokenExtents'	pat に含まれる (...) で指定したトークンと一致した文字列の開始位置と終了位置を記したセル配列
m	'match'	一致文字列全てのセル配列
t	'tokens'	pat で指定した各トークンに一致した文字列のセル配列からなるセル配列
nm	'names'	pat の中で?<name>で定義された名前付きトークンに一致した文字列と名前をフィールドとする構造体．

■ regexpi()　大文字小文字を区別しない正規表現との一致を調べます．

■ regexprep()　正規表現への一致を調べて文字列を置換します．

| regexprep(*str, pat, repstr, [options]*)

置換文字列には'$i'を含めることができます．これは，$i$番目の括弧による表現に一致した内容を表します．

```
octave:> regexprep("Fisrtname Familyname", '(\w+) (\w+)', '$2, $1')
ans = Familyname, Fisrtname
```

■ regexptranslate()　文字列を正規表現の中で用いることができる表現に変換します．

| regexprep(*op, str*)

op には，"wildcard"と"escape"を与えます．前者は，ワイルド文字'.'，'*'，'?'をワイルドカードに，後者は文字'$'，'.'，'?'，'[]'をリテラルとして扱うように変換します．

1.6　コンテナー

　行列は同じ型のデータしか内部に持つことができません．C 言語においては，異なる型のデータを含めことができる構造体があります．Octave にも，索引として**フィールド名を用いる構造体**と索引に**添字を用いるセル**があります．両者は，構造体とセルを含めてあらゆる型のデータを内部に持つことができます．

1.6.1　構造体

　Octave の構造体は C 言語の構造体ととてもよく似ています．フィールドには構造体やセルといったデータコンテナを含めてあらゆるタイプの値を持つことができます．例えば，以下のように，構造体 s のフィールドとして，スカラー age，行列 mat，文字列 name をピリオドをつけて宣言（同時初期化）します．

```
octave:> s.age = 55
s =
{
  age =  55
}
octave:143> s.name = '松田'
s =
{
  age =  55
  name = 松田
}
```

```
octave:> s.mat = [1 2; 3 4]
s =
{
  age =  55
  name = 松田
  mat =
     1   2
     3   4
}
octave:> s.name
ans = 松田
octave:> s.age
ans =  55
```

ただし，**フィールド名に漢字は使えません**．後にいくらでもフィールドを追加できるところが C 言語では考えられない柔軟さです．C 言語と同じく複写もできます．調子にのって階層をどんどん深くしてしまうと，表示しきれなくなり，深い階層の要素はタイプ情報のみで具体的な値の表示が略されてしまいますから程々にしましょう．その深さを設定する関数もあります．

> struct_levels_to_print([*NEW_VAL*])

1.6.1.1 構造体の配列

構造体の配列もまた簡単に生成できます．

```
octave:155> sa(1).age = 55; sa(1).name = '松田';
octave:156> sa
sa =
{
  age =  55
  name = 松田
}

octave:157> sa(100) = sa(1)
sa =
{
  1x100 struct array containing the fields:

    age
    name
}
```

```
octave:> sa(1),sa(2)
ans =
{
  age =  55
  name = 松田
}
ans =
{
  age = [](0x0)
  name = [](0x0)
}
octave:> sa.age
ans =  55
ans = [](0x0)
ans = [](0x0)
...(以下略)...
ans = 55
```

sa(1).age と sa(100).age 以外が不定 [](0x0) というのが気持ち悪いのであれば，何かで初期化したくなります．それには一つ一つ複写すればよいのですが，ちょっと馬鹿馬鹿しい．そこで，sa(1).age, sa(2).age,... をそれぞれ独立したパラメータとしてみれば deal() 関数が使えます．

```
octave:> [sa.age] = deal(0);
octave:> sa.age
ans = 0
ans = 0
ans = 0
...(以下略)...
```

このように，Octave では変数は「初期化ができる」＝「必要になった時に宣言する」よう考えられています．取り敢えず変数だけを確保するのはむしろ難しくできています（無関係な値で初期化することに抵抗がなければ別ですが）．

■ struct()　ピリオド '.' を用いて構造体を構成する方法に加えて，フィールド名と値の対を与えて struct('*fieldname*', *value*, ...) 関数により，構造体を生成することがで

きます．

```
octave:> s = struct('age', 55, 'name', "松田")
s =
{
  age =  55
  name = 松田
}
```

フィールド値をセルで与えて，構造体の配列を作成することも可能です．

```
octave:> sa = struct('age', {55, NaN}, 'name', {"松田", "竹下"})
sa =
{
  1x2 struct array containing the fields:
    age
    name
}
octave:> sa(2)
ans =
{
  age = NaN
  name = 竹下
}
```

■ setfield()　構造体 s にフィールド f とその値を設定します．フィールドがなければ追加されます．

> setfield(s, f, v)

```
octave:> s = struct('age',55,'name',"松田");
octave:> s = setfield(s, 'age', 20)
s =
{
  age =  20
  name = 松田
}
```

```
octave:> s = setfield(s, 'weight',78)
s =
{
  age =  20
  name = 松田
  weight =  78
}
```

中括弧で囲った値は，その左隣のセル配列の要素位置を指定することになります．マニュアルに掲載されている例を示します．

```
octave:> oo(1,1).f0 = 1;
octave:> oo = setfield (oo, {1,2}, "fd", {3}, "b", 6);
octave:> oo(1,2).fd(3).b == 6
ans =  1
```

■ getfield()　構造体 s からフィールド f の値を取り出します．構造体の配列では中括弧で要素を指定する必要があります（範囲指定は使えません）．

```
octave:> sa = struct('age', {55, NaN}, 'name', {"松田", "竹下"});
octave:> getfield(sa, 'name')
ans = 松田
octave:> getfield(sa, {2}, 'name')             <- 2 番目のセルのフィールド値
ans = 竹下
```

■ rmfield()　構造体 s からフィールド f を削除します．構造体の配列にも作用します．

■ orderfields()　構造体 s のフィールド名を辞書順に並べ替えた構造体を返却します．二番目の引数 $fieldlist$ を与えた場合，そのリスト順に従って並べ替えます．

> orderfields(s, [$fieldlist$])

```
octave:> s.weight = 78; s.name = '松田'; s.age = 55
s =
{
  weight =  78
  name = 松田
  age =  55
}
octave:> orderfields(s)
ans =
{
  age =  55
  name = 松田
  weight =  78
}
octave:> orderfields(s, {'name', 'age', 'weight'})
ans =
{
  name = 松田
  age =  55
  weight =  78
}
```

■ fieldnames()　構造体 s のフィールド名のセルリストを返却します．

■ isfield()　構造体 s に名前 $name$ のフィールドがあるか判定します．

> isfield(s, $name$)

1.6.2　セル配列

　セル配列は構造体と同様に，数値や文字列，さらには行列，関数，データコンテナなど何でも混在させて格納でき，かつ**添字で要素を指定**できる点が構造体よりも使いやすいかもしれません．**何でもありの行列**と考えるのがいいかもしれません．生成するには，行列と

同様に，要素をカンマで区切って並べ，セミコロンで改行して，全体を中括弧（ブレース）{ }で囲みます．要素へのアクセスは，添字を用いますが，小括弧（パーレン）を用いるとセルとして取り出し，中括弧を用いると要素の内容そのものを取り出します．

```
octave:> C = {1, "fox", [0:0.1:0.3], @sin}
C =
{
  [1,1] =  1
  [1,2] = fox
  [1,3] =
     0.00000   0.10000   0.20000   0.30000
  [1,4] =
sin
}
octave:> C{3}                        <- 3番目のセルの内容は
ans =
    0.00000   0.10000   0.20000   0.30000   <- 行列
octave:> C(3)                        <- 3番目の要素は
ans =                                <- セル
{
  [1,1] =
     0.00000   0.10000   0.20000   0.30000
}
octave:> [typeinfo(C(3)), ',' , typeinfo(C{3})]
ans = cell, matrix
octave:> C{4}(pi/4)
ans =  0.70711
```

構造体の生成関数 struct() と同様に，cell() 関数を用いるとセルを生成することが簡単にできます．しかも，サイズだけを指定することが可能です．また，行列の扱いと同様に，定義域を越えた代入操作をするとセル自身が拡張されます．

```
octave:> c = cell(2,2)
c =
{
  [1,1] = [](0x0)
  [2,1] = [](0x0)
  [1,2] = [](0x0)
  [2,2] = [](0x0)
}
```

```
octave:> c(1,3) = 'strings'
c =
{
  [1,1] = [](0x0)
  [2,1] = [](0x0)
  [1,2] = [](0x0)
  [2,2] = [](0x0)
  [1,3] = strings
  [2,3] = [](0x0)
}
```

このような振る舞いは行列と一緒です．また，cell 関数を用いれば，3 次元以上の構造を持つセルも生成できます．

1.6.2.1 範囲指定を用いたセル要素への代入

セル配列 C の要素への代入は，C(n,m) と小括弧で囲って指定したものにでも C{n,m} と中括弧で囲って指定したものにでも，どちらでも代入操作ができますが．範囲指定ができ

るのは小括弧で囲った場合だけです．なぜなら，中括弧の中で範囲指定を使った場合には，範囲が展開されたセルリストになってしまうからです．

```
octave:> c = cell(2,2);
octave:> c(:,:) = 0         <- 小括弧（:,:）では範囲指定を用いた代入も可能
c =
{
  [1,1] = 0
  [2,1] = 0
  [1,2] = 0
  [2,2] = 0
}
octave:> c{:,:} = 10        <- 中括弧{:,:}では範囲指定を用いた代入は失敗
error: invalid assignment to cs-list outside multiple assignment.
error: assignment to cell array failed
error: assignment failed, or no method for 'cell = scalar'
```

1.6.2.2 セルを用いたデータのファイル入出力

数値だけのデータならば，標準の load，save で扱えますが，文字列が含まれる場合にはこれらの標準関数ではなす術がありません．文字列は二重引用符で囲み，数値と区別してあるデータであれば，セルに格納することは可能です．すなわち，データが CSV 形式で保存されている場合，io パッケージをインストールすれば，

> csv2cell(*file*, [*sep*, [*prot*]])

という関数によって，数値と文字列（引用符で囲まれているフィールド）が区別された2次元セルを得ることができます．ここに *sep* はフィールドの区切り子（デフォルトはカンマ','），*prot* は文字列を囲む保護記号（デフォルトは二重引用符'"'）．この関数を用いれば Excel を代表とする表計算ツールとのデータのやりとりが格段に楽になります．金属元素の原子番号・元素記号（文字列）・名前（文字列）・融点・電気伝導率・熱伝導率を記した以下のような CSV ファイル

```
3,"Li","Lithium",453.69,1.08E7,84.7
4,"Be","Beryllium",1551,3.13E7,201
11,"Na","Sodium",370.96,2.1E7,141
12,"Mg","Magnesium",921.95,2.26E7,156
13,"Al","Aluminium",933.52,3.77E7,237
19,"K","Potassium",336.8,1.39E7,102.4
20,"Ca","Calcium",1112,2.98E7,201
22,"Ti","Titanium",1933,2.34E6,21.9
 ...（以下略）...
```

を読み込んで，Wiedemann-Franz 則（電気伝導率と熱伝導率が正比例する法則）をプロットする例を示します．

フィールドは添字で管理することになりますが，列ベクトルとして取り出せばよいので見通しのよいプログラムを得ることができます．n 次多項式でフィッティングする関数

polyfit(X,Y,n) を $n=1$ を与えて直線近似を行っています.

```
pkg('load', 'io')
graphics_toolkit("gnuplot");
cellData = csv2cell("element.csv")
EC = cellData{:,5}
TC = cellData{:,6}
P = polyfit(EC,TC,1);
X = linspace(0,7e7,101);
Y = polyval(P,X);
plot(EC, TC,"1o;;","markersize", 6, "linewidth",
    2, X, Y,"-3;;","linewidth",3);
xlabel("電気伝導率 [S/m]", "fontsize", 12,
    "fontname","Ryumin-Light-UniJIS-UTF8-H");
ylabel("熱伝導率 [W/mK]", "fontsize", 12,
    "fontname","Ryumin-Light-UniJIS-UTF8-H");
title("Wiedamann-Franz law", "fontsize", 16);
grid("on");
set(gca, "gridcolor", [0 0.5 0.5]);

print("WiedemannFranz.pdf", "-S400,300");
system("mupdf WiedemannFranz.pdf")
```
demo_csv2cell.ovs

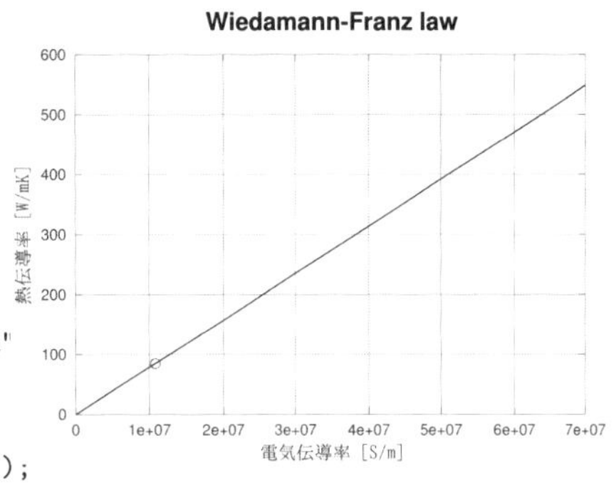

図 1.6　csv2cell() を用いて金属元素のデータを CSV ファイルから読み込み，Wiedemann-Franz 則（電気伝導率と熱伝導率が比例すること）を確かめたプロット.

もちろんセル配列型のデータ c を CSV ファイルに保存する関数

```
cell2csv(file, c, [sep, [prot]])
```

もあります．

1.6.2.3　行列とセル配列の変換

行列や多次元配列とセル配列との間でデータを変換する関数が用意されています．

■ mat2cell()　行列や多次元配列 a を指定ベクトルに従って格子状の配列に分割したセル配列を作成します．

```
c = mat2cell(a, m, n)
c = mat2cell(a, d1, d2, ...)
c = mat2cell(a, r)
```

a が 2 次元配列ならば，その列方向（次元 1）の分割を m，行方向（次元 2）の分割を n で指定します．従って，size(a,1) は sum(m) に等しく，size(a,2) は sum(n) に等しくなります（図 1.7 参照）．a が 3 次元以上の配列の場合も，各次元方向の分割をベクトルで指定します．従って，size(a,i) は sum(di) に等しくなければいけません．

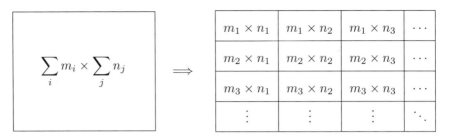

図 1.7 mat2cell による 2 次元配列の分割の様子. 返却されたセル配列の ij 要素は $m_i \times n_j$ の大きさの小行列となります.

最後の書式を用いると，次元 2 以降の分割指定をしないため，元の配列の大きさがそのまま保たれます（つまり次元 2 以降の方向については分割しないということです）．2 次元配列の分割と 3 次元配列の分割例を示します．デフォルトでは 3 次元以上の複雑なセル配列はその構造の情報しか表示されません．そこで celldisp() を用いて内容を表示させています．

```
octave:> a = reshape(1:12, 4,3)
a =
    1    5    9
    2    6   10
    3    7   11
    4    8   12
octave:> mat2cell(a, [3 1],[1 2])
ans =
{
  [1,1] =
     1
     2
     3
  [2,1] = 4
  [1,2] =
     5    9
     6   10
     7   11
  [2,2] =
     8   12
}
```

```
octave:> a = reshape(1:18, 3, 3, 2);
octave:> c = mat2cell(a, 3, [1 2], [1 1]);
c = {1x2x2 Cell Array}
octave:> celldisp(c)
c{1,1,1} =
   1
   2
   3
c{1,2,1} =
   4   7
   5   8
   6   9
c{1,1,2} =
   10
   11
   12
c{1,2,2} =
   13   16
   14   17
   15   18
```

■ num2cell()　行列や多次元配列 *m* を（要素の配置が同じ）セル配列に変換します．オプション *dim* が与えられた場合には，その次元の大きさを 1 にして，配列を分割します．

```
c = num2cell(m, [dim])
```

```
octave:> num2cell(eye(2,3))
ans =
{
  [1,1] =  1
  [2,1] = 0
  [1,2] = 0
  [2,2] =  1
  [1,3] = 0
  [2,3] = 0
}
```

```
octave:> num2cell(eye(2,3),2)
ans =
{
  [1,1] =
     1   0   0
  [2,1] =
     0   1   0
}
```

■ cell2mat()　セル配列の要素を全て連結して hyperrectangle（多次元長方形）に仕立て，配列に変換します．

■ cellslices()　ベクトル x を下限値ベクトル lb と上限値ベクトル ub で定めた範囲に切り取ったベクトルを要素とするセル配列を作成します．lb,ub は同じ長さでなければなりません．

> sl = cellslices(x, lu, ub)

```
octave:> cellslices([1:16], [6 1 5], [12 4 16])
ans =
{
  [1,1] =
      6    7    8    9   10   11   12
  [1,2] =
     1   2   3   4
  [1,3] =
     5    6    7    8    9   10   11   12   13   14   15   16
}
```

1.6.2.4　構造体とセル配列の変換

■ struct2cell()　構造体をセル配列に変換します．構造体の配列も扱うことができて，セル配列の配列に変換されます．

```
octave:> st = struct('name',' 松田七美男', 'age', 54, 'weight', 77)
st =
{
  name = 松田七美男
  age =  54
  weight =  77
}

octave:> struct2cell(st)
ans =
{
  [1,1] = 松田七美男
  [2,1] =  54
  [3,1] =  77
}
```

■ cell2struct()　セル配列を構造体に変換します．当然ながらこの場合，構造体のフィールド名を補わなければなりませんし，構造体のフィールドがセルのどの次元に並んでいるかを *dim* で指定する必要があります．

> cell2struct(*c, fields, dim*)

```
octave:> sta = cell2struct({' 松田',' 竹下',' 梅本'; ' 魚',' 肉',' 果物'},
> {'name','favorites'}, 1)
sta =
{
  3x1 struct array containing the fields:

    name
    favorites
}
octave:> sta(2)
ans =
{
  name = 竹下
  favorites = 肉
}
```

1.6.2.5　その他

■ iscellstr()　セルのすべての要素が文字列であるかを判定する関数です．

■ celldisp()　3次元以上のセル配列は，内容を表示すると一般に煩雑となってしまうため，その大きさの情報しか表示されなくなります．内容を表示させる場合にこの関数を用います．

> celldisp(*c, [name]*)

オプション *name* に文字列を指定すると，セルの変数名 *c* を *name* に替えて表示します．

■ cellidx()　文字列のリスト *listvar* 中から，文字列のリスト *strlist* に含まれる文字列と完全に一致するものを検出し何番目にあるかを表示します．一致するものがなかった場合には 0 が表示されます．完全に一致する文字列が複数あった場合には最初のものだけが表示されます．

> cellidx(*listvar, strlist*)
> [*idx*, [*err*]] = cellidx(*listvar, strlist*)

```
octave:76> cellidx({"eq","abc","qe","abcde","qe"}, {"qe","abc"})
warning: Duplicate signal name qe (5,3)　　<- listvar に重複があると警告
ans =
   3
   2
octave:> [i e] = cellidx({"eq","abc","qe","abcde","qe"}, {"qe","ab"})
warning: Duplicate signal name qe (5,3)
i =
   3
   0
e = Did not find ab                      <- 'ab' が見つからないという警告だけ
octave:> i = cellidx({"eq","abc","qe","abcde","qe"}, {"qe","ab"})
warning: Duplicate signal name qe (5,3)
error: Did not find ab                   <- 'ab' が見つからないのでエラー
error: called from:
error:    /usr/local/share/octave/3.2.4/m/general/cellidx.m at line 93, column 2
```

出力変数が指定されなかった場合インデックスベクトルが表示されます．出力変数が 2 つ指定された場合には，インデックスベクトルが表示され，一致する文字がなかった場合のみエラーメッセージも表示されます．これら 2 つの場合，関数自体はエラーとなりません．しかし，出力変数が 1 つしか指定されておらず，*varlist* に一致する文字列が見出せない文字列が *strlist* の中に 1 つでもあった場合には，エラーとなります．

■ cellfun()　関数の引数に行列は渡せてもセルを渡すことはできません．cellfun() は，関数にセルの要素を評価させる関数です．

> cellfun(*name, c, [d,...]*)

```
octave:> cellfun(@sin, {pi/6, pi/4, pi/3})
ans =
   0.50000   0.70711   0.86603
octave:> cellfun(@quad, {@cos; @(x)exp(-x)}, {0; 0}, {1; 2})
ans =
   0.84147
   0.86466
```

2 番目の例のように，*name* に複数の引数を渡すにはセルを用いてその順に並べます．すなわち，quad は，関数名と積分区間の 3 つの引数が必要で，上記のように記述して

quad(@cos, 0, 1), quad(@(x)exp(-x), 0, 2) を評価することができます.

1.7 制御文

Octave には，プログラミング言語で必要とされる**条件分岐**if, switch や**繰り返し**while, do-until, for に加えて，**例外処理**のための unwind_protect, try が導入されています.

1.7.1 try 文

言うまでもなく，プログラムは最後まで正常に走り切って欲しいものです．しかし，予期せぬエラーが発生しプログラム全体が中断してしまうことはよくあります．例えば **0 除算**は，以前にはその時点でプログラムが中断してしまうエラーであり，長い計算の末にこのエラーで泣かされたことは誰でも 1 度は経験していることでしょう．今日ではプログラム全体の中断を避けるために，例えば Inf として値を返し，Inf となった場合の処理を記述して対処するのが普通です．

このようにある実行文がエラーになるかどうかを試し，エラーになった時の処理（catch ブロック）を指定し対処することができます（これはエラーの発生を予測しているので，予期せぬエラー対策とは言えないかもしれませんが）．構文は以下のようになっています.

```
try
    body
catch
    cleanup
end_try_catch
```

try で試される実行文 *body* でエラーが発生した場合にはその状態を lasterr() で捕捉することができます．もちろん，エラー発生直後でなければ意味がありませんから，catch ブロック *cleanup* に含めるべきでしょう．なお，もし catch ブロック内でエラーが発生してしまったら，プログラム全体の実行は中断されてしまいます.

標準の m ファイルでは，エラーを捕捉したらその旨のメッセージを表示するという処理に使われています．try-catch でなければならないという例題とはいえない（実際，ismatrix(x) を条件に if 文で置き換えるほうがスッキリしているかもしれません）のですが，スクリプトと実行画面例を示します.

1.7 制御文

```
function ret = sqr(x)
  try
    x.^2
  catch
    disp(">>>>>>>>>>>>>>>>>>>>>>>>");
    disp("引数が行列ではありません");
    x
    disp("<<<<<<<<<<<<<<<<<<<<<<<<");
  end
end

format compact
cx = {[1 2; 3 4]};
sqr(cx)
sx.a = [1 2; 3 4];
sqr(sx)
mx = [1 2; 3 4];
sqr(mx)
```

demo_try.ovs

```
$ octave demo_try.ovs
>>>>>>>>>>>>>>>>>>>>>>>>
引数が行列ではありません
x =
{
  [1,1] =
     1   2
     3   4
}
<<<<<<<<<<<<<<<<<<<<<<<<
>>>>>>>>>>>>>>>>>>>>>>>>
引数が行列ではありません
x =
{
  a =
     1   2
     3   4
}
<<<<<<<<<<<<<<<<<<<<<<<<
ans =
    1    4
    9   16
```

1.7.2 for 文

C 言語の for 文に比べて Octave の for 文はループ変数の与え方が大変柔軟です．構文は以下のようなものですが，任意の *expression* を与えることが可能です．

```
for var = expression
  body(varを用いた処理)
endfor
```

```
octave:> for x = 1:3   x3 = x^3   endfor
x3 =  1
x3 =  8
x3 =  27
octave:> for x = [1 2; 4 5]   x3 = x.^3   endfor
x3 =
     1
    64
x3 =
     8
   125
```

数値でループするつもりならば，範囲や行列が適切でしょうが，文字列や行列などをループ変数にするつもりならば，むしろリストやセルを用いることになるでしょう．

```
octave:61> for x = {"abe", "cat", "hexa"}  findstr(x{1,1},"a")  endfor
pos =  1
pos =  2
pos =  4
octave:66> for x = {[1 2;3 4], [5 6;7 8]}  x{1,1}^2  endfor
ans =
     7   10
    15   22
ans =
    67   78
    91  106
```

実行例の 2 番目 2×3 の行列を与えた場合には，2×1 の行列がループ変数の値となっています．

1.7.3 if 文

条件分岐は他の言語とほぼ一緒の書式です．単純な if 文，if〜else 文に加えて，if〜elseif 文も使えます．

```
if (condition)
    then-body
[else
    else-body ]
endif
```

```
if (condition)
    then-body
elseif (condition)
    elseif-body
[else
    else-body ]
endif
```

注意しなければならないのは，*condition* に行列に対する評価が含まれる場合です．行列の場合には**要素に 1 つでも false(=0) があれば false と評価されます**．次の実行例で確認してください．

```
octave:> if ([1 1 1]) disp("True") else disp("False") endif
True
octave:> if ([1 0 1]) disp("True") else disp("False") endif
False
```

1.7.4 switch 〜 case 文

多重分岐の構文としては，switch 〜 case 文があります．Octave では，case 式同士は完全に**排他的**です．したがって，switch 文から脱出させるために break を記述する必要がありません．また，case にリストを与えて**複数の値を評価する**ことができます．

```
switch (var)
case {comparison list}      <- 複数の要素との比較可
    body_1                  <- break は不要
case {comparison list}
    body_2
...
otherwize
    body_other
endswitch
```

簡単な例を示します．リスト内の複数の要素との比較は大変便利な機構です．

```
for X = {"yes", "no", "Y", [1 2], "A"}
  switch (X{1,1})
    case {"yes", "Yes", "y", "Y"}
      disp("そうその通り！");
    case { "no", "NO", "n", "N"}
      disp("違うでしょ. ");
    case {[1 2]}
      disp("[1 2] ですか？");
    otherwise
      disp("判りません. ");
  endswitch
endfor
```
demo_switch.ovs

```
$ octave demo_switch.ovs
そうその通り！
違うでしょ.
そうその通り！
[1 2] ですか？
判りません.
```

1.7.5 while 文

もっとも基本的な繰り返し文で，条件が真である限り本体を繰り返します．本体に制御変数を調整する式の記述が必要となり，繰り返し制御と繰り返し処理が未分化であるという短所は，他のプログラミングと同様です．

```
while (condition)
    body
endwhile
```

unit64() で $2^{64} - 1 = 18,446,744,073,709,551,615$ までの大きな整数が扱えるようになったので，Collatz の $3n+1$ 問題

『自然数 n から出発して，偶数ならば 2 で割り，奇数ならば 3 倍して 1 を足すという操作を繰り返すと，有限回の操作後に必ず 1 となる．』

を考えるためのスクリプトを組んでみましょう．この問題は証明されていませんが，数

第1章 基礎

値計算上は否定されていないというものです．任意の整数を入力すると，2^{32} を足して（uint32() で表せない数に変換して）から検証を開始します．3桁毎にカンマを入れた文字列に変換する関数 comma3.m を自作して，大きな整数が見やすいようにしてみました．

```
n = input("Input a odd number: ");
n = uint64(2^32) + n;
n0 = n
iter = 0;
nmax = n0;
while n > 1
  if rem(n,2) == 0
    n = n/2
  else
    n = 3*n + 1
  endif;
  if nmax < n nmax = n endif;
  iter++;
endwhile;
printf("Collatz_3(%s) -> 1\n", comma3(n0));
printf("after %d iterations with nmax = %s.\n",\
       iter, comma3(nmax));
```
collatz.ovs

```
function ret = comma3(n)
  s = sprintf("%u", n);
  fin = length(s);
  r = rem(fin, 3);
  ret = '';
  for k = 1 : fin
    ret = strcat(ret, sprintf("%c",s(k)));
    if rem(k - r, 3) == 0
      ret = strcat(ret, sprintf(","));
    endif;
  endfor
  ret(end)='';
endfunction
```
comma3.ovs

```
$ octave collatz.ovs
Input a number: 15
n0 = 4294967311
n = 12884901934
nmax = 12884901934
n = 6442450967
n = 19327352902
nmax = 19327352902
...(中略)...
n = 2
n = 1
Collatz_3(4,294,967,311) -> 1
after 190 iterations with nmax = 43,486,544,032.
```

剰余関数 rem(X,Y) が uint64() で扱う大きな整数に対しても機能することの確認もできました．このスクリプトを関数にして uint64 で扱える大きな整数に対して検証するスクリプトを組むことはそう難しくはないでしょう．ただし，途中 $2^{64}-1$ を越えた場合には警告を発して，continue するような工夫が必要となります．

なお，繰り返し文としては筆者は好んで for 文を用いるのですが，残念ながら uint64 へのサポートが不完全のようで，範囲指定すると実数になる場合があります．

1.7.6 do-until 文

条件が真になるまで (すなわち条件が偽である限り) 本体を繰り返します．「10 まで数える」「今度の土曜日」など，日常会話の論理に近い自然な記述が可能です．until 文は他のプログラム言語ではみかけなくなりました．

```
do
    body
until (condition)
```

```
octave:> k = 0; do printf("%2d ", ++k) until(k == 10), disp('');
 1  2  3  4  5  6  7  8  9 10
```

■ **break と continue**　for や while などのループから一段外へ脱出する場合には **break**，ループの途中でそれ以降を無視してループ先頭に戻ってループを継続する場合には **continue** を用います．この無条件分岐命令は C 言語と同じです．

■ **行の継続**　Octave では，改行コードは文の終了を意味します．したがって文が長くなり途中で改行しなければならない場合には，以下の 3 点リーダーもしくはバックスラッシュ記号で次の行が**継続**行であることを指示する必要があります．

```
...
\
```

ただし，関数・行列・セルなどの括弧類の中の改行は対応する括弧が閉じるまで文の終了とみなされませんから，継続の印は不要です．なお MATLAB では 3 点リーダーだけしか使えません．バックスラッシュが継続の印に用いられるのは Unix の伝統です．

1.8　入出力

画面やファイルに対する入出力は，それぞれの特性に応じた関数があります．もちろん，デバイスに依存しない入出力という Unix 系 OS の概念を踏襲した C 言語の標準入出力関数に準じた関数も使えます．非常に細かい制御は C 言語風の関数に頼らざるを得ませんが普段はそこまで必要ないでしょう．

1.8.1　画面出力

Octave では，計算結果などは直ぐに画面へ出力されます．その表示の仕様を変えるコマンドが `format` です．一般に表示の形式は `var = value` ですが，値だけを表示させるには `disp(var)` を用います．もっと細かな調整をしたいなら，C 言語の書式指定付き出力関数

printf() と同名の関数が使えます．

1.8.1.1 format コマンド

disp() および即時に出力される画面表示の書式を設定するコマンドです．

```
format
format options
```

関数として呼び出すこともできますが，その場合にはオプションを引用符で括った文字列で与えなければならず，面倒です．したがって，コマンド形式で使う方が楽です．表 1.17 に多様なオプションの一覧を示します．

表 1.17　format コマンドのオプション一覧

オプション	仕様・例
short （既定）	10 文字幅を使った 5 桁の固定小数点数表示 0.84147, 3.1658 + 1.9596i, 0.17107 0.81564 0.47981
long	20 文字幅を使った 15 桁の固定小数点数表示 0.841470984807897, 3.16577851321617 + 1.959601041142161i
short e long e	浮動小数点数指数表示．指数部分 $\times 10^3$ を e+03 のように表示します．桁数は short が 5 桁，long は 15 桁 8.4147e-01, 8.41470984807897e-01
short E long E	上に同じ．大文字を用いて E+03 のように表示します． 8.4147E-01, 8.41470984807897E-01
short g long g	固定点表示と指数表示を適宜切り替えます．マニュアルには，pi.^(2.^([1:5]))' に対して以下のように出力が変わるという説明が載っています (short g の場合)． 　　　　9.8696 　　　　97.409 　　　　9488.5 　　9.0032e+07 　　8.1058e+15
short G long G	上に同じ．指数記号に大文字の E を使います． 0.000841470984807897, 8.41470984807896E-07
free none	文字幅の設定が解除され，数値が空白 1 文字で区切られて表示されます．また，複素数の表示が，2 つの実数を括弧で括ったものになります． 0.17107 0.81564 0.47981, (3.1658,1.9596)

1.8 入出力

表 1.17　format コマンドのオプション一覧

オプション	仕様・例

+, + CHARS
plus,
plus CHAR
	行列の要素を数値ではなく記号で表示します．既定では，ゼロ要素は空白，非ゼロ要素は + で表現します．CHAR に 3 つの文字を与えた場合，それは順に正の数，負の数，0 を表す記号と解釈されます．これは，大きな疎行列の表示で重宝します．
	format plus "+- " による表示の変化の例
	<pre> 0 -1 -1 0 -0 -1 -- -
	  0 -0 0 1 0 0 ⟹ +
	  1 0 -1 0 -0 1 + - +
	  1 -0 1 -0 -1 -0 + + -</pre>

bank	小数点以下 2 桁の固定小数点数で表示します． 　0.18　0.83　0.59　0.96
native-hex	メモリに格納されている IEEE754 の 64bit バイナリ倍精度数（符号 1bit，指数 11bit，仮数部 52bit）をそのまま（マシンのバイトオーダーのまま）16 進数表示します．
hex	native-hex と同じく 16 進数表示しますが，最上位のバイトが先頭となるように表示します（p.287 付録 A.5 参照）．
native-bit	メモリに格納されている IEEE754 の 64bit バイナリ倍精度数（符号 1bit，指数 11bit，仮数部 52bit）をそのまま（マシンのバイトオーダーのまま）2 進数表示します．
bit	native-bit と同じく 2 進数表示しますが，最上位のバイトが先頭となるように表示します．
rat	有理数近似表現，すなわち値を整数の分数で近似します． format rat; PI = pi とすると PI = 355/113 と表示されます．
compact	空白や列番号などを排除して，1 画面に多くのデータを表示します．
loose （既定）	空行や列番号などを入れて，1 画面上のデータ数は少ないですが読みやすい表示をします．

■ disp()　マニュアルには組み込み関数として以下の書式が載ってます．

```
disp(X)
```

変数 X の値を表示し，必ず改行するという説明がありますが，実はコマンドで用いてもエラーにはなりません．

```
disp strings
```

この場合は，単に文字列 *strings* を表示するだけです．変数名は理解しません．

■ cast(), typecast()　表示関数に絡んで，数値の型変換の関数を説明します．Octave の数値計算は倍精度実数で行われますから，あくまで近似計算であることは肝に銘ずるべきです．ところで整数に関しては厳密な演算が可能です．論理的な扱いをする場合にはデータ

の型変換が必要になる場合もあるでしょう．データの型変換については，**C 言語とは異なる Octave 独自の「暗黙の型変換」**があり（p.57 整数演算参照），筆者は悩まされました．明示的に型変換を行う関数を使うことで多少煩雑ですが厳密な記述が可能になります．

> cast(*val*, *type*)
> typecast(*x*, *type*)

typecast() は，型変換先では範囲外の数値も表そうとします．cast() は範囲内で最も近い値を示しているようです．

```
octave:> typecast(uint16(1), "uint8")'
ans =
   1   0
octave:> typecast(1, "uint8")'
ans =
   0   0   0   0   0   0  240  63
octave:> cast(-1, "uint8"), cast(256, "uint8")
ans = 0
ans = 255
```

実数 1 の uint8 による表現は `format native-hex` 上で 1 を入力した場合と実質が同じです．

1.8.2 書式付き出力関数：printf 系関数

画面出力に限らず，ファイルや文字列への出力，すなわちメッセージを作成する関数は，C 言語でお馴染みの printf(), fprintf(), sprintf() が Octave でも使えます．書式には，数値などを文字列に変換する指示（変換指定子）や，改行やタブなどのレイアウト制御などが含まれます．

1.8.2.1 変換指定子

変換指定子の一覧を表 1.18 に示します．C 言語では有効な (%F),%a,%A,%n は Octave では無効 (invalid) です．%p は，invalid error を出しませんが，何も表示されません．これは，Octave には表面上ポインタがありませんから当然のことかもしれません．

C 言語では，変数と指定子の型が一致しない場合には表示が異常になりますが，Octave では実数を整数変換指定しても，ある程度正常（つまり整数に丸めて）に表示してくれます．もちろん必ずしも成功するわけではありません．

1.8 入出力

表 1.18　Octave の書式付き出力 printf 系関数の変換指定子

指定子	想定対象型	出力
d, i	int	10 進表記
u	unsigned int	10 進表記
o	unsigned int	8 進表記
x, X	unsigned int	16 進表記
e, E	double	10 進の指数表記
f	double	10 進の固定小数点数表記
g, G	double	f 変換か e,E 変換のどちらかに変換する
c	char, int	文字
s	文字列	文字配列
%		文字 % 自身

```
octave:> vk = [15 15 15 15 15 15];        <- 整数を与えて表示を試す
octave:> printf("%d, %i, %u, %o, %x, %X\n", vk)
15, 15, 15, 17, f, F

octave:> printf("%e, %E, %f, %g, %G, %c\n", vk)
1.500000e+01, 1.500000E+01, 15.000000, 15, 15,

octave:> printf("%s, %p\n", vk)
warning: implicit conversion from matrix to string
, octave:>                                <- %p の後の改行コードが行方不明

octave:> vr = pi(1,6)*100;                <- 実数を与えて表示を試す
octave:> printf("%d, %i, %u, %o, %x, %X\n", vr)
314, 314, 314, 472, 13a, 13A

octave:> printf("%e, %E, %f, %g, %G, %c\n", vr)
3.141593e+02, 3.141593E+02, 314.159265, 314.159, 314.159, :

octave:> st = 'AAAAAA';                   <- 文字配列で試す
octave:> printf("%d, %i, %o, %u, %x, %X\n", st)
65, 65, 65, 101, 41, 41

octave:> printf("%e, %E, %f, %g, %G, %c\n", st)
6.500000e+01, 6.500000E+01, 65.000000, 65, 65, A

octave:> printf("%s\n", st)
AAAAAA

octave:> printf("%d, %i, %u, %o, %x, %X\n", -vk)
-15, -15, -15, -15, -15, -15              <- 負の数で試す. %x,%X は %d に切り替わる?
```

変換が正常に実行されなかった場合は以下のようにまとめられます.

1. `error:invalid` 変換指定そのものがない.
2. `error:wrong type` 型が違う.

3. warning:implicit conversion 怪しい変換をした.
4. 警告なしで異なる変換指定の表示をしてしまう.

■ **行列への拡張処理**　Octave では，変換対象に行列を与えることが可能です．書式に従った変換を行列の全ての要素に対して繰り返すようです．あまり実用性はありませんが，実行例を示します．

```
octave:> printf("%8.4E  ",[0:pi/4:pi])
0.0000E+00   7.8540E-01   1.5708E+00   2.3562E+00   3.1416E+00   octave:>
octave:> printf("%8.4E\n",[0:pi/4:pi])
0.0000E+00
7.8540E-01
1.5708E+00
2.3562E+00
3.1416E+00
```

最初の例では改行文コード'\n'を指示しなかったために，プロンプト octave:> が行末に表示されてしまいました．2 番目の例では'\n'を指示したため，当然ながら 1 要素毎に改行されてしまいます．横にベクトルを表示してから改行するには，改行コードを別途指示するしかなさそうです．

■ **sprintf()**　文字列配列への出力 sprintf() は C 言語では取扱い要注意関数の一つです．`int sprintf(char *str, const char *format, ...)` のように出力先の文字配列を第 1 引数に与える仕様となっているからです．もし，この文字配列の大きさを越えた変換結果が生じた場合他の変数領域を書き換える可能性があり，バグを引き起こす要因となるからです．したがって，変換の大きさ制限がついた snprintf() が制定されました．

その事情が判っているのでしょう，Octave では書式が

```
[str] = sprintf(TEMPLATE,...)
```

となっており，必要ならば結果を変数にしまうという安全な仕様です．この関数は，パラメータをグラフのタイトルや凡例などに含めたい場合に，必須の関数です．

それならば，以下のように printf() で変換出力が取り出せるのではないかと疑問に思う方もいらっしゃるでしょう．

```
[str] = printf(TEMPLATE,...)
```

答えはダメ！です．printf() 系の返却値は元々，出力した文字数なのです．したがって，str には整数値しか返ってきません．

1.8.2.2 キー入力

対話モードで操作しているとき，キーボードから値を入力させたいことがあります．C 言語では，悪評高き scanf() 系関数を用いることになってますが，Octave の対話モードではそれは使えません．その代わり，もっと高級な

```
[val] = input(PROMPT, ['s'])
```

が使えます．入力に関するメッセージを PROMPT に指定でき，必要ならば変数に結果を代入すればよいのです．その際に数値か文字列かは自動的に判別されます．オプション's' を指定すると，入力値を文字列として扱います．

```
octave:> x = input("x := "); typeinfo(x)
x := 1.0                                    <- 1.0 をキー入力
ans = scalar
octave:> x = input("x := ", 's'); typeinfo(x)
x := 1.0                                    <- 1.0 をキー入力
ans = string
```

1.8.3 ファイル入出力

ファイルへのデータの読み書きは，独自ヘッダを先頭に付与するデータ構造を主眼においた load, save，ヘッダなしの格子データ構造で扱う dlmread(), dlmwrite() を使うのが簡単です．特殊なデータ構造で扱いたいならば，C 言語に準じた低レベルのファイル関連関数 fopen(), fclose(), fscanf(), fprintf(), fgets(), fputs(), fread(), fwrite(), fseek() などがありますから，これらを駆使することもできます．

1.8.3.1 load, save

まず Octave の保存仕様をみてみましょう．save コマンドを用いて，テキスト形式（既定）で保存すると先頭部分のヘッダーを見ることができます．

```
octave:> x = [0:pi/10:pi]';
octave:> z = [x, sin(x)]
z =
   0.00000   0.00000
   0.31416   0.30902
   ...(中略)...
   3.14159   0.00000
octave:> save ascii.dat z
octave:> type ascii.dat
ascii.dat is the user-defined function defined from: ./ascii.dat
# Created by Octave 3.2.4, Wed Sep 22 10:00:18 2010 JST <matuda@aya>
# name: z
# type: matrix
# rows: 11
# columns: 2
 0 0
 0.3141592653589793 0.3090169943749474
   ...(中略)...
 3.141592653589793 1.224606353822377e-16
```

先頭が#で始まる行がヘッダーですが，そこには，

> name, type, rows, cols

があり，このデータでは変数名 z，データ型 matrix，行数 11，列数 2 と記録されました．このような独自形式データを load で読み込むと，そのヘッダー情報に基づいて変数を確保し初期化する仕組みになっています．以下に実行例を示します．

```
octave:> clear all; whos
octave:> load ascii.dat
octave:> whos
Variables in the current scope:
  Attr Name        Size                     Bytes  Class
  ==== ====        ====                     =====  =====
       z           11x2                       176  double
Total is 22 elements using 176 bytes
```

clear all; whos で全ての変数を消去してから，load でデータを読み込んだ結果，（勝手に）自動的に変数 z が生成されました，なんて便利な．と手離しには喜べません．もし変数 z が存在していたらどうなるのでしょうか？ 答えは，「**何の警告もなく上書きされる**」です．ファイルへの入出力が簡素化されるという恩恵の影で警告なしに上書きされるという落とし穴のある仕様だということをしっかり覚えて，有効活用しましょう．それなら，出力先を指定して load を実行したらいいのではないかという疑問が湧きます．論ずるより産むが易し，実行例をご覧ください．

1.8 入出力

```
octave:> x = load ascii.dat
parse error:
  syntax error
>>> x = load ascii.dat
                ^
octave:> x = load("ascii.dat")
x =
{
  z =
     0.00000   0.00000
     0.31416   0.30902
     ...(中略)...
     3.14159   0.00000
}
```

コマンド形式では2重に怒られてしまいました．関数形式で実行させてやっと返却値を引き取ることができましたが，出力先変数 x には構造体としてデータが引き取られました．データ行列にアクセスするためには x.z を用いなければなりません．いまひとつです．なお，出力先変数を指定した場合にはデータファイルの name:タグにある変数が自動的に生成されることはありません．したがって，プログラマーは都合のよい任意の名前の変数に値を読み込むことができます．実は，データファイルのヘッダーから name:***の項を除いてしまえば，出力先変数なしに起動しても name:タグがないので変数を自動生成することができません．その場合には，自動的に確保される変数名はファイル名から拡張子を除いた先頭部分となります．くどいですが，これも実行例を示します．

```
octave:> system("cp ascii.dat nohead.dat")   <- cp は Unix 系 OS の標準コマンド
ans = 0
octave:> edit nohead.dat                     <- 立ち上がったエディタ上で
octave:> load("nohead.dat")                  # name:z を削除してください
octave:> nohead
nohead =                                     <- 構造体でない変数 nohead
   0.00000   0.00000
   0.31416   0.30902

   3.14159   0.00000
octave:> clear all
octave:> x = load("nohead.dat")
x =
   0.00000   0.00000
   0.31416   0.30902

   3.14159   0.00000
octave:> who
Variables in the current scope:
x                                            <- 変数は x のみ，nohead はなし
```

■ **行列以外のデータ** 散々 save の使いにくさを述べてきましたが，それは構造が単純な行列の場合であって，構造体やセルに対してはファイルに保存するとなった時，一般的な記述方法を想い浮かびません．この場合には，Octave で決められたルールに従う方がずっと楽です．ただし，変数名が自動的に確保されるという危険性は変わりませんから十分に注意する必要はあります．

```
octave:> c = {1, 2, 'str', eye(2)};
octave:> st.x = 1.0; st.q = 'strings';
octave:> st.c = c;
octave:> save complex.dat c st
octave:> clear all
octave:> load complex.dat
octave:> who
Variables in the current scope:
c   st
octave:> typeinfo(st)
ans = struct
octave:> typeinfo(st.x)
ans = scalar
octave:> typeinfo(st.q)
ans = sq_string
octave:> typeinfo(st.c)
ans = cell
```

```
octave:> st
st =
{
  x = 1
  q = strings
  c =
  {
    [1,1] = 1
    [1,2] = 2
    [1,3] = str
    [1,4] =
Diagonal Matrix
     1   0
     0   1
  }
}
```

確かに，構造体 st が再現しています．このときのファイル complex.dat の内容は type complex.dat で見ることができますが，ヘッダが沢山埋め込まれていて変数間の関係を把握するのが難しいです．

1.8.3.2 dlmread(), dlmwrite()

スカラーを含めて行列データ（構造体とセルは不可）を 1 つだけという単純な場合の読み書きなら，dlmraed(), dlmwrite() を使う方がよいでしょう．まずは書き込みから，

> dlmwrite("*file*", A)
> dlmwrite("*file*", A, *delim*, [R, [C]])
> dlmwrite("*file*", A, *key*, *val*...)
> dlmwrite("*file*", A, "-append", ...)

ファイルは，*delim* で指定された区切り子 (既定値はカンマ) で分けられた行データが列をなすというとても素朴な構造を持ちます．"-append" を指定するとファイル末尾に行列データが追加されます．*delim* を明示的に指定して，R には区切り子だけの行を追加する数（行オフセット），C には行の先頭に追加する区切り子の数（列オフセット）を指定することもできます（どんな場合に役立つかは不明ですが）．*key,val* の対には以下の設定が可能です．

  "append" データの追加："on" または "off"，省略時は"on"扱い

"delimiter"	区切り子：任意の文字列, 例えば" "(空白1つ), ただし, dlmread()で正常に読み込ませるには":", ";"のように1文字にすべきです.
"newline"	改行コード："\r\n", "\n"など
"roffset"	行オフセット（データまでの間に挿入する区切り子だけの行の）数：整数値
"coffset"	列オフセット（行のはじめの部分に挿入する区切り子の）数：整数値
"precision"	保存時の実数の有効桁数：整数あるいは printf の書式指定

次に，読み込み関数 dlmread() の書式は以下のとおりです.

```
dlmread("file")
dlmread("file", sep)
dlmread("file", sep, [R0, [C0]])
dlmread("file", sep, range)
```

オプションは dlmwrite() とは若干異なります. sep は区切り子のリストでどの1文字も区切り子と見立てます. したがって, "::" は ":" と同じ意味を持ち, コロンが2つ並んでいる部分を探したりはしません. 何気なく", " などとしてしまうと大間違いで, 空白およびカンマの両方で区切られてしまいます.

```
octave:> z = round(3*randn(3) + 5*randn(3)*i)
z =
  -0 + 9i  -3 + 0i   3 + 3i
   7 - 3i   4 - 2i  -4 + 5i
   3 + 1i  -5 - 0i   2 - 1i
octave:> dlmwrite("dml.dat", z, ", ")         <- 区切り子は", "の2文字を指定
octave:> type dml.dat
dml.dat is the user-defined function defined from: ./dml.dat
-0+9i, -3+0i, 3+3i                            <- 実際", "の2文字が挿入されてます
7-3i, 4-2i, -4+5i
3+1i, -5-0i, 2-1i
octave:> dlmread("dml.dat", ", ")
ans =
  -0 + 9i   0 + 0i  -3 + 0i   0 + 0i   3 + 3i   <- "," およびその後の
   7 - 3i   0 + 0i   4 - 2i   0 + 0i  -4 + 5i       " " でも区切られます
   3 + 1i   0 + 0i  -5 - 0i   0 + 0i   2 - 1i
```

■ csvread(), csvwrite()　カンマを区切り子にしたデータ形式といえば, ご存知 CSV です. csvread(), csvwrite() は内部で dlmread("file", ",", ...), dlmwrite("file", X,",", ...) を呼び出している簡約版関数です. 従って, 数値データだけを読み書きします.

1.9 関数

頻度の高い共通の処理は関数に整理すべきであることはプログラミングの常識です．ユーザーは，関数をスクリプトファイルの中でも，また独立した関数ファイルとしても定義することができます．

1.9.1 関数の定義

関数はキーワード function で始まり，endfunction で定義を終了します．

```
function [返却値] = 名前（入力引数リスト）
本体
endfunction
```

返却値には，**複数の変数を並べる（カンマで区切ることもできます）**ことができます．返却値が1つの場合には括弧は不要です．また返却値がなくても構いません．引数リストは，関数内部で参照する変数名をカンマで区切って並べたリストです．

■ silent_functions() Octave は計算結果を即時に表示し，それを抑制するにはセミコロンで終端する必要があります．silent_functions() は関数内部におけるこの挙動を変更します．すなわち，関数内部に silent_function(1) が記述されるとそれ以降はセミコロンをつけなくても即時表示は抑制されます．

■ inputname() n 番目の入力引数の内容を文字列として表示します．

■ argv() 実行時の引数文字列のセル配列を返却します．C 言語における main(int argc, char **argv) の argv に相当し，

```
argv(){1}
argins = argv(); argins{1}
```

などとして参照します．引数の数は nargin に保存されます．

1.9.1.1 可変数引数

Octave には入力引数および出力引数までも可変である関数が多数あります．C 言語では可変数の入力引数を扱うのは（仕様が変化したせいもあり）煩雑な手続きが必要ですが，Octave では比較的簡単に実現できます．その前に，引数全般について確認しておきます．Octave では，**仮引数**（関数の宣言時の引数）と**実引数**（関数が呼ばれた時に渡される実際の引数）の数が一致しなくてもエラーが起こりません．そして，実引数の個数は nargin, nargout で知ることができます．次のスクリプトと実行結果をみてください．

1.9 関数

```
function [r, s] = fcn(x, y, str)
   disp([nargin nargout])
   s = x.^2;
endfunction

fcn([])
fcn(1)
fcn(1, 3)
fcn(1, 3, 5)
fcn(1, 3, 5, 7)
[r s] = fcn(1, 3, 5)
fcn(1, 3, 5, 7, 8)
```

check_arg.ovs

```
$ octave check_arg.ovs
   1    0
   1    0
   2    0
   3    0
   4    0
   3    2
warning: fcn: some elements in list (折り返し)
of return values are undefined
r = [](0x0)
s =  1
   5    0
```

確かに，定義された仮引数の数と異なる個数の引数を与えて呼び出してもエラーにはなってません．要求された出力引数が未定となった旨の warning は，引数の個数そのものに関してではありません．また，実際に呼び出されたときの出力引数の要求数までもが関数側で nargout として認識されています．空行も実引数として渡せますから，その場合には関数内部で default 値を設定するように設計することも容易です．

仮引数の具体的なリストが未定の場合には可変数引数 varargin, varargout を引数に宣言すると，実引数リストがセル配列として保存されます．図 1.8 は，呼び出し時の出力変

```
function [varargout] = fcn(x, varargin)
   printf("%d,%d\t", nargin, nargout);
   if nargin >=2 disp(varargin{1})
   else disp("")
   endif
   varargout{5}=[];
   if nargout >= 2
      varargout{2} = x;
      if nargin >= 2
         varargout{1} = varargin{1};
      else
         varargout{1} = "default";
      endif
   else varargout{1} = x;
   endif
endfunction

val = fcn(3)
[s val] = fcn(3)
val = fcn(3, "input")
[s val] = fcn(3, "input")
[s val] = fcn(3, "input", "aux")
[s val out] = fcn(3, "input", "aux")
```

check_vararg.ovs

```
$ octave check_vararg.ovs
1,1

val =  3
1,2

s = default
val =  3
2,1 input
val =  3
2,2 input
s = input
val =  3
3,2 input
s = input
val =  3
3,3 input
s = input
val =  3
out = [](0x0)
```

図 1.8 関数における可変数引数 varargin, varargout の利用方法

数の数が 1 の場合は単に x の値，出力変数の数が 2 の場合には，x の値をセットする変数

を 2 番目に変更し，1 番目には入力引数の数に応じて異なる文字列をセットしています．

1.9.1.2　feval()：関数の評価

Octave では，コマンドを評価する関数 eval() に加えて，関数を評価する関数 feval() があります．そこで，関数名あるいは関数ハンドルを引数に宣言すれば，関数の中で引き渡された関数を使うことができます．

> feval(*name*,...)

```
octave:> feval("sin", pi/6), feval(@tan, pi/4)
ans =  0.50000
ans =  1.0000
octave:> f = inline("sin(x)"); feval(f, pi/6)
ans =  0.50000
```

マニュアルにはニュートン法による，1 変数の方程式 $f(x) = 0$ の解を求めるスクリプトが例として載っています．ニュートン法では関数の 1 次微分が必要ですが，このスクリプト（手を加えてあります）では引き渡された関数の数値微分で代替しています．$\sin(x) - 3x/\pi = 0$（解は $x = \pi/6$）を解いてみました．比較のために fsolve() でも解いてみたところ，さすがに fsolve() の方が，繰り返し数が少なく優れていることが判ります．

```
function [varargout] = newtroot (fname, x)
  delta = tol = sqrt (eps); maxit = 100;
  fx = feval (fname, x);
  for i = 1:maxit
    if abs (fx) < tol
      varargout{1} = x;
      if nargout >= 2 varargout{2} = i; end
      return;
    else
      fx_new = feval (fname, x + delta/2);
      deriv = (fx_new - fx) / (delta/2);
      delta = -fx/deriv;
      x = x + delta;
      fx = fx_new;
    endif
  endfor
  varargout{1} = x;
  if nargout >= 2  varargout{2} = i; end
  disp("Sorry! did not converge");
endfunction
```
newtroot.m

```
octave:> fcn=inline("sin(x)-3*x/pi");
octave:> [x i] = newtroot(fcn, pi/3)
x =  0.52360
i =  37
octave:> [x i] = newtroot(fcn, pi)
x = 0.52360
i =  44              <- 繰り返し 44 回
octave:> [x y s i] = fsolve(fcn, pi)
x =  0.52360
y = -4.5789e-10
s =  1
i =
{
  iterations  =  16    <- 繰り返し 16 回
  successful  =  15
  funcCount   =  24
}
```

1.9.1.3　eval()：コマンド文字列の評価

feval() は，第 1 引数が関数名でそれに与える変数値は別引数で設定しますが，与えられた文字列を丸ごとコマンドとして評価する関数が eval() です．

> eval(*try*, [*catch*])

文字列 *try* を評価した際にエラーが発生した場合に備えた処理コマンドを，文字列 *catch* に設定することもできます．

```
octave:> eval("x = realsqrt(2)")
x =  1.4142
octave:> eval("x = realsqrt(-2)")
error: realsqrt: produced complex result
octave:> eval("x = realsqrt(-2)", "disp('argument must be positive.')")
argument must be positive.
```

1.9.2 変数の有効範囲と記憶期間

変数はファイル（メインと関数宣言部）のどの範囲で有効であるかということと，値がいつまで保持されているかという基準を用いると3つに分類されます．表1.20にその種類と性質をまとめます．

Octaveの変数は何も宣言子がつかなければローカル変数となり，関数内部でのみ有効であり，関数の外からは参照できません．また，関数呼び出しごとに新たに初期化されます．関数の内外で参照できる変数はグローバル変数と呼ばれ，キーワード global をつけて，関数の内外両方で宣言する必要があります．この変数は関数の呼び出し毎に初期化されることはありません．最後の persistent 変数は，バージョン3で実装されたもので，関数の内部でのみ有効ですが，関数内部で一度だけ初期化され，それ以降は呼び出し毎に初期化されることはありません．

表 1.20　変数の有効範囲と記憶期間

種類	指定子	宣言位置	有効範囲	記憶期間
ローカル（局所）	なし	関数内部	関数内部のみ	自動
パーシステント*	persistent	関数内部	関数内部のみ	静的
グローバル（大域）	global	関数の内部と外部両方	任意	静的

* 固定変数と訳している例があります．永続するという意味です．

```
function fcn()
 lx = 1; global gx; persistent px = 1;
 printf("関数内：%3d %3d %3d\n", ...
         lx++, gx++, px++)
endfunction

lx = 10; global gx = 10; px = 10;
for k = 1:4
 fcn();
 printf("関数外：%3d %3d %3d\n", ...
         lx+=100, gx+=100, px+=100)
end
```
check_var.ovs

```
$ octave check_var.ovs
関数内：  1  10   1
関数外：110 111 110
関数内：  1 111   2
関数外：210 212 210
関数内：  1 212   3
関数外：310 313 310
関数内：  1 313   4
関数外：410 414 410
```

1.9.3 関数ファイル

Octave では 1 つの関数を 1 つのファイルに収めるのが原則で，それらは**関数ファイル**と呼ばれ，拡張子.m を付けて load path に置くだけで呼び出すことができるようになります．この load path の表示・変更には path() を用います．

関数ファイルは，ファイル名と同じ関数の宣言で始めなければなりません（以下主関数と呼ぶことにします）．スクリプトファイルとは異なり，主関数の内部に**入れ子関数**を宣言できますし，補助的な処理をさせるための**サブ関数**を主関数の後方に置くことも可能です．少し入り組んでいますが，入れ子関数やサブ関数を含むテスト関数 nestfunc.m を対話モードで呼び出してみましょう．サブ関数から関数内部の入れの関数を呼び出すことはできません（Ver.3 では可能でした）．

関数ファイルはコマンドラインから直接呼び出してもエラーになるだけです．また，呼び出し元へは，最初の定義関数を最後まで実行してから返ります．途中で戻すには return コマンドを用います．

```
function ret = nestfunc()
   disp("I'm parent");
   uncle("parent");
   ret = child();
   function ret = child()           <- 関数の入れ子
     disp("I'm child");
     uncle("child");
     ret = grandchild();
     function ret = grandchild()    <- 関数の入れ子
       disp("I'm grandchild");
       uncle("grandchild");
       ret = "Nests end here.";
     endfunction
   endfunction
endfunction

function ret = uncle(fam)           <- サブ関数
   printf("I'm uncle, called from %s.\n", fam);
endfunction
```
nestfunc.m

```
octave:> nestfunc
I'm parent
I'm uncle, called from parent.
I'm child
I'm uncle, called from child.
I'm grandchild
I'm uncle, called from grandchild.
ans = Nests end here.
octave:> quit

$ octave nestfunc.m
parse error near ...
...(以下略)...
```

■ mlock()　一般に clear により変数や動的に呼び出された関数は記憶から抹消されます．mlock(["*fcn*"]) は，現在の関数が抹消されないようにロックをかけます．ロックを解除する munlock(["*fcn*"]) やロックされているかどうかを調べる関数 mislocked("*fcn*") もあります．

1.9.4 匿名関数

Octave のバージョン 3 から導入されたアットマーク@で始まる匿名関数

> @(*argument-list*)*expression*

を，筆者は非常に便利であると感じました．なぜなら，スクリプトファイル内では，キーワード function で始まる通常関数において入れ子宣言が許されません．ところが匿名関数は任意の場所でコンパクトにその場限りに必要な関数を定義できます (基本的には名前がないので他からは参照できません)．また，バージョン 2 までは，非線形方程式の数値解法関数 fsolve() や常微分方程式のソルバー lsode() や定積分***quad() など，関数を引数にとる関数にはパラメータを渡すことができないのでグローバル変数を使わざるをえなかったのですが，バージョン 3 からはパラメータを引数に含まない匿名関数を，パラメータを引数にとる実際の関数のエイリアスに使うことで，実質的にパラメータを渡すことが可能になったのです．例えば，パラメータ a を含む非線形方程式

$$f(x:a) = x^2 - a\tan(x) - 1 = 0$$

の解を fsolve() を使って求めるスクリプトを比べてください．

```
バージョン 2 まで
function ret = f2(x)
  global a;      <- グローバル変数宣言
  ret = x.^2 - a*tan(x) -1;
endfunction

global a;        <- グローバル変数宣言
for a = 1:5
  fsolve("f2", 0)
end
```

```
バージョン 3 以降
function ret = f3(x,a)
  ret = x.^2 - a*tan(x) -1;
endfunction

for b = 1:5
  fsolve(@(x)f3(x,b), 0)
end
```

fsolve() の書式は fsolve(*fcn,x0,[options]*) となっていて，関数名と初期推定値しか引数にとれない仕様であることが，匿名関数の活躍できる原因となっています．

なお，匿名関数はその場限りで使って，他の場所からの呼び出しを想定しないことを原則としますが，この関数ハンドル値を変数に引き取って使うことができます．

```
octave:> af = @(x)x.^2+1
af =

@(x) x .^ 2 + 1
octave:> typeinfo(af)
ans = function handle
octave:> af(1:5)
ans =

   2    5   10   17   26
```

すなわち，次節で説明するインライン関数と同じような使い方ができます．

1.9.5 インライン関数

`inline()` を用いると，スクリプト内の任意の場所で，関数の本体を記述した文字列から関数を生成することができます．独立変数やパラメータを含んだ形式の関数が非常にコンパクトに生成できます．

```
octave:> f1 = inline("exp(-x)*sin(x)")
f1 =
f(x) = exp(-x)*sin(x)
octave:> f2 = inline("exp(-x)*sin(y)")
f2 =
f(x, y) = exp(-x)*sin(y)
octave:> f3 = inline("exp(-z).*sqrt(x.^2+y.^2)")
f3 =
f(x, y, z) = exp(-z).*sqrt(x.^2+y.^2)
octave:> fN = inline("P1*x^2 + P2*x +P3",3)
fN =
f(x, P1, P2, P3) = P1*x^2 + P2*x +P3
octave:21> f1(2), f2(2, 2), f3([-1:1], [-2:0], [1:3]), fN(2, 2, 3, 4)
ans = 0.12306
ans = 0.12306
ans =
    0.822603   0.135335   0.049787
ans =  18
```

生成されたオブジェクトは関数ハンドルと同様に扱われます（データ型は `function handle` ではなく `inline function`）．すなわち，`quad()` の第一引数に引用符で括ることなく与えることができます．また，すでに関数ハンドルと同等ですから，先頭にアットマーク@をつけて関数ハンドルを得ることはできません．

```
function ret = ordinaryfcn(...)  定義   endfunction
inlinefcn = inline(定義)
anonymfcn = @(x) 定義
...
quad("ordinaryfcn",...)    または   quad(@ordinaryfcn,...)
quad(inlinefcn, ...)
quad(anonymfcn, ...)
```

■ vectorize()　インライン関数の四則演算'*', '/' などを，行列に対応する'.*', './' などの形に書き換えます．

■ argnames()　インライン関数中の引数（変数）を並べた文字列をセル配列にして返します．

■ formula()　インライン関数名 *fun* を formula(*fun*) と与えて，定義内容を表示します．char(*fun*) も同等の働きがあります．

■ symvar()　文字列の中の引数（変数）を識別して，個々にセル配列にして返します．

　これらの関数を確かめた実行例を示します．

```
octave:> a = 3; ff = inline("x^2 + y^2 + a", "x,y")
ff =
f(x,y) = x^2 + y^2 + a       <- 実は, x^2 + y^2 + 3
octave:> a = 1000; ff(1,2)
ans =  8                     <- 確かに, 1^2 + 2^2 + 3
octave:> ffv = vectorize(ff)
ffv =
f(x,y) = x.^2 + y.^2 + a
octave:> formula(ff)
ans = x^2 + y^2 + a

（右画面に続く）
```

```
octave:> argnames(ff)
ans =
{
  [1,1] = x,y
}
octave:> symvar(ff)
ans =
{
  [1,1] = a
  [2,1] = x
  [3,1] = y
}
```

インライン関数の中の定数は，定義される時点での確定値が用いられます（この例ではa=3）．パラメータとして用いる意図があるならば，変数として引数に含めるべきでしょう．変数の並び順は既定ではアルファベット順になります．この順が意に沿わないならば，inline() の第2引数で指定して変更することができます．

```
ff = inline("x^2 + y^2 + a")        ->  ff = f(a,x,y)
ff = inline("x^2 + y^2 + a", "x,y,a")  ->  ff = f(x,y,a)
```

1.9.6 オーバーロード関数

　算術演算子 '+,-,*,/' を代表にして全ての演算子や（関数も）オブジェクトのクラスに応じて定義を変えることが可能です．これは**演算子のオーバーロード**と呼ばれ，Cに対するC++の大きな優位性の一つにあげられます．Octave でも新しいクラスを構築して，**オーバーロード関数**によりそのクラスに合わせた演算（実のところは関数）を再定義することができます．

　まず新しいクラス（構造体）を定義することから始めなければなりません．それにはクラ

ス名の先頭にアットマークをつけたディレクトリを検索パスにあるディレクトリの下に作成します．例えば，大きな整数のクラス bigint という名前のクラスを定義するためには，

> （設定済み検索パス）/@bigint

というディレクトリを作成し，関連する関数を全てこのディレクトリに置きます．最初に定義すべき関数は，クラス名と同じ名前を持つコンストラクター関数 bigint.m です．

```
function newobj = bigint(s)
  this.s = s;
  newobj = class(this, "bigint");
endfunction
```
bigint.m

数字の文字列を整数値にみたてるというなんの工夫もない設計方針にしました．この関数があれば，新しいクラス bigint に属するオブジェクト obj を，数字の文字列 $"x"$ を引数に与えて以下のように生成できます．

> obj = bigint($"x"$)

これだけでは，画面表示されないので display.m も作成する必要があります．とても簡単で整数数を表す文字列を表示するだけです．

```
function display(x)
   disp(x.s)
endfunction
```
display.m

これで，大きな整数のクラスのオブジェクトを生成して表示する（といっても単に文字列を表示するだけですが）ことができるようになりました．

```
octave:> a = bigint("123456789012345678901234567890")
123456789012345678901234567890
octave:> b = bigint("1")
1
octave:> class(a)
ans = bigint
```

いよいよ演算子のオーバーロードです．手始めに'+','-'を定義しましょう．それには plus.m, minus.m を再定義する必要があります．手計算と同じく下位の方から 1 桁ごとにそれぞれの和や差をとり，繰り上がりや繰り越し処理を施せば形になります．図 1.9 の中に定義例を示します．その他の雑多な関数，例えば負の符号を付ける演算 uminus.m，文字列の先頭にマイナス'-'があれば負の数であると判定する関数 isminus()，二つの文字列が表す整数の絶対値を比較する関数 bigone()，文字列の先頭から 0 の並びを消す関数

elimzero(), マイナス記号を取り除いて絶対値を表す文字列に変換する関数 bigabs() なども必要になりましたので，明示するほどのこともない簡単なものもありますが，図 1.10, 図 1.11 に列挙します．

```
function ret = plus(x,y)
  cn = 2*isminus(x) + isminus(y);
  switch(cn)
  case{1} y = bigabs(y);
          ret = minus(x, y); return;
  case{2} x = bigabs(x);
          ret = minus(y, x); return;
  case{3} y = bigabs(y); x = bigabs(x);
          ret = uminus(plus(x, y)); return;
  endswitch

  xn = length(x.s);   yn = length(y.s);
  mx = max([xn yn]);
  x.s = [blanks(mx-xn),x.s];
  y.s = [blanks(mx-yn),y.s];
  s = ''; ovf = 0;
  for  k = 1: mx
    nx =_i2num(x.s, mx-k+1);
    ny =_i2num(y.s, mx-k+1);
    nz = nx + ny +ovf;
    if nz >= 10  ovf = 1;
    else ovf = 0;
    endif
    zs = num2str(nz, "%d");
    s = [zs(end),s];
  endfor
  if ovf == 1 s = ["1",s]; endif
  ret = bigint(s);
endfunction

function n = _i2num(s, k)
   n = str2num(s(k));
   if size(n) == 0  n = 0; endif
endfunction
```
plus.m

```
function ret = minus(x,y)
  cn = 2*isminus(x) + isminus(y);
  switch(cn)
  case{1} y = bigabs(y);
          ret = plus(x,y); return
  case{2} x = bigabs(x);
          ret = uminus(plus(x,y)); return
  case{3} x = bigabs(x); y = bigabs(y);
          ret = minus(y,x); return
  endswitch

  if bigone(x,y) == -1
    gs = y.s; ls = x.s; mflag = 1;
  else
    gs = x.s; ls = y.s; mflag = 0;
  endif
  mx = length(gs);
  ls = [ blanks(mx - length(ls)), ls ];
  s = ''; ovf = 0;
  for  k = 1 : mx
    ng = _i2num(gs, mx-k+1);
    nl = _i2num(ls, mx-k+1);
    nz = 10 + ng - nl - ovf;
    if nz < 10 ovf=1; else ovf = 0; endif
    zs = num2str(nz, "%d");
    s = [zs(end),s];
  endfor
  x = bigint(s); s = elimzero(x);
  if mflag == 1 s = ["-",s]; endif
  ret = bigint(s);
endfunction

function n = _i2num(s, k)
   n = str2num(s(k));
   if size(n) == 0  n = 0; endif
endfunction
```
minus.m

図 1.9　大きな整数のクラスの加減算のためのオーバーロード関数ファイル (1)：plus.m, minus.m

```
function ret = uminus(x)
  if x.s(1) == '-'
    x.s(1) = [];
  else
    x.s = ['-',x.s];
  endif
  ret = bigint(x.s);
endfunction
```
uminus.m

```
function ret = isminus(x)
  if x.s(1) == '-'
    ret = true;
  else
    ret = false;
  endif
endfunction
```
isminus.m

図 1.10　大きな整数のクラスの加減算のためのオーバーロード関数ファイル (2)：uminus.m, isminus.m

```
function ret = bigone(x,y)
  xn = length(x.s);   yn = length(y.s);
  ret = 1;
  if yn > xn
    ret = -1;
  elseif yn == xn
    for k = 1 : xn
      xk=str2num(x.s(k)); yk=str2num(y.s(k));
      if xk == yk ret = 0; continue
      elseif  xk > yk ret = 1; break
      else ret = -1; break
      endif
    endfor
  endif
endfunction
```
bigone.m

```
function ret = elimzero(x)
  s = x.s;
  for k = 1: length(s) - 1
    if s(1) == '0' s(1) = []; continue
    else break;
    endif
  endfor
  ret = s;
endfunction
```
elimzero.m

```
function ret = bigabs(x)
  s = x.s;
  if s(1) == '-'
    s(1) = [];
  endif
  ret = bigint(s);
endfunction
```
bigabs.m

図 1.11 大きな整数のクラスの加減算のためのオーバーロード関数ファイル (3)：`bigone.m`, `elimzero.m`, `bigabs.m`

以下は上記の続きの実行例です．

```
octave:> c = a + b
12345678901234567890123456789l
octave:> class(c)
ans = bigint
octave:> b - a
-12345678901234567890l234567889
```

その他の演算子のオーバーロードも，表 1.21 に示す演算に対応する関数を再定義することで実現できます．

■ methods()　あるクラスのメソッド関数の一覧を表示します．自分でこしらえた新しいクラスの場合，ディレクトリを作成しましたが，その中の`*.m`ファイル名をリストアップするだけのようです．

```
octave:> methods('bigint')
Methods for class bigint:
bigabs     bigone    elimzero   isplus     plus       uplus
bigint     display   isminus    minus      uminus
```

既存のクラスに対して，例えば`methods('double')`などとしても何も情報が表示されません．

1.9 関数

表 1.21　演算子と演算を定義する関数の対応

演算子	関数	名前
`a + b`	plus (a, b)	Binary addition
`a - b`	minus (a, b)	Binary subtraction operator
`+a`	uplus (a)	Unary addition operator
`-a`	uminus (a)	Unary subtraction operator
`a .* b`	times (a, b)	Element-wise multiplication operator
`a * b`	mtimes (a, b)	Matrix multiplication operator
`a ./ b`	rdivide (a, b)	Element-wise right division operator
`a / b`	mrdivide (a, b)	Matrix right division operator
`a .\ b`	ldivide (a, b)	Element-wise left division operator
`a \ b`	mldivide (a, b)	Matrix left division operator
`a .^ b`	power (a, b)	Element-wise power operator
`a ^ b`	mpower (a, b)	Matrix power operator
`a < b`	lt (a, b)	Less than operator
`a <= b`	le (a, b)	Less than or equal to operator
`a > b`	gt (a, b)	Greater than operator
`a >= b`	ge (a, b)	Greater than or equal to operator
`a == b`	eq (a, b)	Equal to operator
`a != b`	ne (a, b)	Not equal to operator
`a & b`	and (a, b)	Logical and operator
`a	b`	or (a, b)	Logical or operator
`!b`	not (a)	Logical not operator
`a'`	ctranspose (a)	Complex conjugate transpose operator
`a.'`	transpose (a)	Transpose operator
`a : b`	colon (a, b)	Two element range operator
`a : b : c`	colon (a, b, c)	Three element range operator
`[a, b]`	horzcat (a,b)	Horizontal concatenation operator
`[a; b]`	vertcat (a,b)	Vertical concatenation operator
`a(s_1,..., s_n)`	subsref (a,s)	Subscripted reference
`a(s_1,..., s_n) = b`	subsasgn (a, s, b)	Subscripted assignment
`b(a)`	subsindex (a)	Convert to zero-based index
`"display"`	display (a)	Commandline display function

113

1.10 システム関数

時間やファイルシステム情報などシステムを利用する上での関数は，上手に使うと作業効率が高まります．

1.10.1 時間関数

C 言語のライブラリに準じた時間に関する関数が随分と用意されています．よく使う関数をいくつか説明し，残りは名前だけ列挙します．

■ tic, toc　Octave の Benchmark などで実行時間を計測するための関数です．tic で計測を開始し，toc はそれからの実行時間を返却します．

```
octave:> tic; pause(10); toc
Elapsed time is 10.0002 seconds.
```

■ cputime()　tic, toc は経過時間の差を計測するだけで，CPU が計算に消費した時間，すなわち本当の計算時間を計測するには cputime() を用います．

```
octave:7> t = cputime(); pause(1); cputime() - t
ans = 0
octave:8> t = cputime(); for k = 1:100000  endfor; cputime() - t
ans =  0.14999
octave:9> t = cputime(); for k = 1:1000000  endfor; cputime() - t
ans =  1.4832
```

for ループを回して時間稼ぎをするのは，pause() と比べて CPU の無駄遣いであることが判ります．

■ pause()　プログラムの実行を与えられた時間，秒単位で中断する関数です．ただし，CPU にほとんど負荷はかかりません．

> pause(*seconds*)
> pause()

引数なしで呼んだ場合は，（無期限停止で）文字がキー入力されるまで中断します．

■ calendar()　カレンダーを表示します．引数なしならば当月，日付を指定，あるいは年・月を指定することもできます．

> calendar()
> calendar(*d*)
> calendar(*y, m*)

```
octave:> date
ans = 11-Sep-2019
octave:> uint64(time)
ans = 1568180169
octave:> calendar
                 Sep 2019
    S     M    Tu     W    Th     F     S
    1     2     3     4     5     6     7
    8     9    10   *11    12    13    14
   15    16    17    18    19    20    21
   22    23    24    25    26    27    28
   29    30     0     0     0     0     0
    0     0     0     0     0     0     0
```

■ **time**　epoch と呼ばれる 1970 年 1 月 1 日の零時からの経過を秒単位を返す関数です．Unix 互換の OS ではこの epoch からの経過時間を中心に，時間に関する関数群が構成されています．

■ **date**　日付を表示する関数です．

■ **その他**　名前だけを列挙します．詳細は，help や doc で眺めてください．

> strftime(), strptime(), localtime(), gmtime(), mktime(), ctime(), now, asctime(), etime(), clock, datenum(), datestr(), datevec(), weekday(), is_leap_year(), addtodate(), eomday()

1.10.2　カレントディレクトリに関する関数

カレントワーキングディレクトリに関する情報は時々チェックしたくなります．

■ **pwd**　カレントディレクトリを表示する関数です．

■ **ls**　カレントディレクトリにあるファイルのリストを表示します．関数呼び出しでは

> ls("*options directory*")

となりますが，コマンド風の記述

> ls *options directory*

の方が馴染みがあります．

■ **dir**　MS-DOS では，ls よりは dir が使われます．

■ **cd**　カレントディレクトリを変更する関数です．

第1章 基礎

```
octave:> PWD = pwd
PWD = /home/matuda/Octave/Seigi
octave:> cd ~/; pwd
ans = /home/matuda
octave:> cd(PWD); pwd
ans = /home/matuda/Octave/Seigi
```

1.10.3 サブプロセス制御

Octave をプロセスとして実行中に外部コマンドなどのサブプロセスを起動させることができます．これも大方のプログラミング言語が備えているものです．

■ system()　system() は C 言語と同名のシステム関数で，本書でも多用しています．

> system(*strings*, [*return_output*, [*type*]])
> [*status, output*] = system(*strings*, [*return_output*, [*type*]])

strings にコマンドインタラプターが理解するコマンド文字列（引用符で括ること）を与えます．返却値はプロセスの終了状態です（成功なら 0 ですから要注意）．通常，system() はサブプロセスの出力を標準出力に送りますが（Octave の画面に割り込んで表示されます），変数に引き取らせることもできます．2 つの出力引数が与えられた場合，第 1 引数にはサブプロセスの終了状態，第 2 引数にサブプロセスからの出力が渡されます．

type に"async"を与えると，サブプロセスの終了を待たずにサブプロセスの id を返して終了します．すなわち，次の（Octave の）コマンドの実行に移ることができます．滅多にはないでしょうが，firefox などのブラウザーを Octave の中から立ち上げたくなったら，以下のように入力すればよいことになります．

```
octave:> system("firefox 2>/dev/null",1,"async");   <- "async"をつけると
octave:>                                            <- すぐに次のコマンド待ち
```

なお，"firefox 2>/dev/null"としているのは，標準エラー出力（番号 2）からのメッセージで画面を汚したくない場合に用いる Unix 互換 OS での常套手段です．すなわち，あるプロセス（この場合は firefox）から標準エラー出力に実行には支障のない程度の警告メッセージがしばしば出てしまう場合があるのですが，ターミナルでは表示を抑制することができないので，標準エラー出力（2）をヌルデバイス（/dev/null）にリダイレクトして，メッセージを捨て去ることができるのです．"sync" もしくは省略された場合には，サブプロセスの終了を待ちます（この場合の返却値はプロセスの終了状態となります）．

string 以外の引数（*return_output* か"async"，あるいはその両方）が与えられた場合には，サブプロセスの出力結果が標準出力に送られなくなります．この場合も出力引数を 2 つ与えれば第 2 引数に出力を引き取ることができます．

1.10 システム関数

```
octave:> system("uname -srmo")
Linux 4.4.110-2vl6 x86_64 GNU/Linux    <- 標準出力への割り込み
ans = 0                                 <- system()の返却値
octave:> system("uname -srmo", 1)
ans = 0                                 <- 標準出力への割り込みが抑制
octave:> [s t] = system("uname -srmo", 1)
s = 0
t = Linux 4.4.110-2vl6 x86_64 GNU/Linux
```

■ unix()　OS が Unix 互換の場合に system() 関数とほぼ同じに働きます．それ以外の OS では何もしません．

> unix(*command*)
> [*status, output*] = unix(*command*, "-echo")

出力引数を 2 つ与えて，*command* の出力を標準出力から引き取った場合にも，オプション "-echo"を与えれば標準出力にも結果が送出されます．

```
octave:> [s t] = unix("whoami");        <- 標準出力から変数 o に振替
s = 0
t = matuda

octave:119> t
t = matuda                              <- 変数 t の中身の確認
octave:> [s t] = unix("whoami", "-echo");
matuda                                  <- 標準出力にもエコー

s = 0
t = matuda
```

■ dos()　OS が MS-Windows 互換の場合に system() 関数とほぼ同じに働きます．それ以外の OS では何もしません．オプション等の仕様は unix() と同じです．

■ isunix, ispc, ismac　Octave が稼働している OS が「Unix 互換・MS-Windows 互換・Mac OS X」のいずれかを個々に調べる関数があります．

■ perl()　もはや老舗といってよいスクリプト言語 **perl** のスクリプトファイル名を指定して，それを実行する関数です．

> [*output, status*] = perl(*scriptfile, argument, ...*)

結果は *output* に引き取られます．

■ python()　今大流行のスクリプト言語 **python** のスクリプトファイル名を指定して，それを実行する関数です．書式は perl() と同じです．

■ popen()　サブプロセスとパイプで接続して通信を行うというのは，Unix 互換 OS の大きな特徴です．C 言語にも同じ名前のシステム関数があります．

> FID = popen(*command, mode*)

popen() は，読み込み専用"r"か書き込み専用"w"のモードでしか開設することができません．返却されたファイル識別子 FID には通常の FID と同等にアクセスが可能で，読み込みを行う場合には，

　　　fprintf(FID, ...), fgets(FID, ...), fread(FID, ...)

を使います．書き込みを行うには，

　　　fscanf(FID, ...), fputs(FID, ...), fwrite(FID, ...)

を使います．gnuplot を起動して命令を送りつける例を示します．

```
octave:> GPLT = popen("gnuplot","w")
GPLT =   10                              <- FID は整数値です．
octave:> fprintf(GPLT,"plot sin(x)\n");  <- 命令したのに図が現れません．
octave:> fflush(GPLT);                   <- これで sin(x) のグラフが現れます．
octave:> pclose(GPLT);                   <- お作法を守りましょう．
```

一般に出力はバッファリングされるので，場合によっては（この例も同様に）fflush(FID) を用いて蓄えているデータを吐き出させる必要があります．

■ pclose()　fopen() で開いたファイルは，必ず fclose() で閉じなければなりません．popen() で開いた場合には pclose() を用います．

> pclose(*fid*)

■ popen2()　popen() は，通信が一方向しか確保できませんが，双方向を確保してくれるとても便利な関数が popen2() です．

> [*in, out, pid*] = popen2(*command, args*)

in はサブプロセスの入力の FID，*out* はサブプロセスの出力の FID，*pid* はサブプロセス自身の FID です．*command* にはコマンド名だけを記述し，オプションなどは *args* に含めます．

　Octave では整備が遅れているシンボリック計算を補うために **Maxima** を起動して，シンボリック計算を行わせるための自作関数 call_maxima.m とその利用例を示します．この関数は popen2() のマニュアルにあったスクリプト例を参考にして作成したものです．

1.10 システム関数

```octave
% send a command to maxima and get a result from it.
function ret = call_maxima(cmd)
   [TO, FROM, MXM] = popen2("maxima", "--very-quiet");
   fputs(TO, cmd);
   fclose(TO);
   msg = [];
   EAGAIN = errno("EAGAIN");
   done = false;
   do
     s = fgets(FROM);
     if (ischar(s))
       msg = [msg, s];
       fclear(FROM);
     elseif(errno() == EAGAIN)
       sleep(0.3); fclear(FROM);
     else
       done = true;
     endif
   until(done)
   ret = msg;
   fclose(FROM);
   waitpid(MXM);
endfunction
```

`call_maxima.m`

```
octave:> s = call_maxima("block([fpprec:40],bfloat(%pi));")
s =                     3.141592653589793238462643383279502884197b0
octave:> s = call_maxima("integrate(1/(1+x^2),x);")
s =                                    atan(x)
octave:> F = str2func(strrep(strtrim(s),"(x)",""));
octave:> F(1)-F(0)
ans =  0.78540
octave:> quad(@(x)1/(1+x.^2),0,1)
ans =  0.78540
octave:129> s = call_maxima("block([fpprec:40],bfloat(%e^(%pi*sqrt(163))));")
s =                 2.625374126407687439999999999992500725972b17
```

Maxima の文法はここで細かには説明しませんが，混乱しそうな点だけ補足します．

- C 言語と同じく「文はセミコロンで終る」ので注意してください．
- また，文をまとめて実行させる場合には `block()` で囲う必要があります．
- 任意精度が指定できる実数 bigfloat の数値の最後に"bk"などあるのは 10 のべき乗 $\times 10^k$ を表しています．

この例で示したことは，$1/(1+x^2)$ の母関数が $\arctan(x)$ であると Maxima から文字列情報を得た上で Octave 側で `str2func` で処理して関数ハンドルを取得し，その母関数を計算に用いることができます．16 桁精度では整数にみえる $e^{\pi\sqrt{163}}$ の値も，40 桁の計算で間

違っていることが明らかになります．以上，ちょっと工夫して Maxima を利用することで，Octave で扱える範囲がかなり拡大します．

1.10.4 その他

■ EXEC_PATH()　外部プログラムを検索するディレクトリを設定あるいは表示する関数です．

val = EXEC_PATH()
EXEC_PATH(new_val)

あまりいじる必要はないと思いますが，例えばカレントディレクトリを加える例を示します．まず，有名な"Hello World!"を表示するプログラムをカレントディレクトリに作成しておきます．

```
octave:> epath = EXEC_PATH()
epath = /usr/libexec/octave/5.1.0/site/exec/x86_64-unknown-linux-gnu:...
(結構長いディレクトリリスト)...:/opt/teTeX/bin
octave:10> system("hello")
sh: hello: command not found        <- hello というコマンドが探せない
ans =  127
octave:> EXEC_PATH([epath,":./"])   <- カレントディレクトリ ./ の追加
octave:> EXEC_PATH()
ans = /usr/libexec/octave/5.1.0/site/exec/x86_64-unknown-linux-gnu:...
(結構長いディレクトリリスト)...:/opt/teTeX/bin:./
octave:7> system("hello")
Hello World!                        <- hello を見つけて実行
ans = 0
```

一般にカレントディレクトリは実行ファイルの検索パスには入ってませんから，`system()` で呼び出すことができません．カレントディレクトリ"./"を検索パスに追加すれば呼び出すことができます．

■ 諸々　サブプロセス関連の関数は他にもありますが，有効活用するには名前を見ただけで働きが想像できる程度の深い知識が必要ですので，列挙に留めます．

　　　`fork, exec(), pipe, dup2(), waitpid(), kill(), fcntl(), SIG`

1.11 集合

Octave は，図 1.12 に示すような集合に関する演算をいくつか実装しています．集合という型を特に設けてませんので，集合自身はベクトルやセル配列で表現することになります．

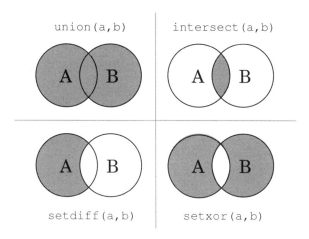

図 1.12 2 つの集合 A, B の演算とその関数.

■ unique()　集合内の要素は重複していては困ります．unique() はデータの集合から重複を取り除き，昇冪の順（文字なら辞書順，数字なら小さい方から大きい方）に整列させた行ベクトルを返却します．

```
unique(x, ["rows"])
[y, i, j] = unique(...)
```

オプション"rows"が指定されると，列ベクトルが返却されます．主力引数に y, i, j が指定されると，$y(k) = x(i(k)), \quad x(m) = y(j(m))$ を満たすインデックスベクトル i, k が渡されます．

```
octave:> x = ceil(rand(1,9)*6)
x =
   3  1  1  6  4  5  5  2  5
octave:> unique(x)
ans =
   1  2  3  4  5  6
octave:> [y i j] = unique(x)
y =
   1  2  3  4  5  6
i =
   3  8  1  5  9  4
j =
   3  1  1  6  4  5  5  2  5
```

```
octave:> x = ['octave matlab maple'];
octave:> unique(x)
ans = abcelmoptv
octave:> x = {'octave','matlab','maple'};
octave:> unique(x)
ans =
{
  [1,1] = maple
  [1,2] = matlab
  [1,3] = octave
}
```

■ ismember()　行列 a の要素について，s の要素に同じものがあるかどうかを判定します．

```
ismember(a, s)
[tf, s_idx] = ismember(a, s, ["rows"])
```

出力の第2引数 *s_idx* は，一致した要素があった場合の *s* での位置を受けとります．*a, s* がともにセル配列も可です．オプション"rows"を指定すると，列毎の検査を行います．この場合には *a, s* の列数は等しくなければいけません．

```
octave:> a = [2, 8, 13];
octave:> s = [1:50];
octave:> [tf idx] = ismember(a,s)
tf =
   1  1  1
idx =
   2  8  13
```

```
octave:> a = {'as', 'zz'};
octave:> s = {'zz', 'abc', 'xyz', 'as'};
octave:> [tf idx] = ismember(a,s)
tf =
   1  1
idx =
   4  1
```

■ union()　*a, b* のどちらかに含まれる要素の集まり（つまり和集合）を昇冪の順に整列して返却する関数です．

> union(*a, b,* ["rows"])
> [*c, ia, ib*] = union(*a, b*)

オプション"rows"が指定されると，列ごとに和集合がとられます．なお，セル配列では"rows"は無効です．出力引数に *c, ia, ib* が指定されると，$a(k) = c(ia(k))$, $b(m) = c(ib(m))$ を満たすインデックスベクトル *ia, ib* が渡されます．

```
octave:> union([5 1 3], [6 2 3])
ans =
   1  2  3  5  6
octave:> union([5 1 3], [6 2 3], "rows")
ans =
   5  1  3
   6  2  3
```

```
octave:> union({'b','a'}, {'f','hh','b'})
ans =
{
  [1,1] = a
  [1,2] = b
  [1,3] = f
  [1,4] = hh
}
```

■ intersect()　*a, b* に共通な要素の集合（つまり積集合）を抽出します．出力引数に *c, ia, ib* が指定されると，$c(k) = a(ia(k)) = b(ib(k))$ を満たすインデックスベクトル *ia, ib* が渡されます．

> intersect(*a, b*)
> [*c, ia, ib*] = intersect(*a, b*)

```
octave:> [c ia ib] = intersect([5 1 3],[6 2 3])
c = 3
ia = 3
ib = 3
```

■ complement()　*x* の中には含まれていない *y* の要素をあげます．

> complement(*x, y*)

```
octave:> complement([5 1 3],[6 2 3 8 1])
ans =
   2   6   8
```

■ setdiff()　b の中には含まれていない a の要素をあげます．a, b がともに列ベクトルであれば結果は列ベクトルとなります．

> setdiff(a, b)
> [c, i] = setdiff(a, b)

出力引数に c, i が指定されると，$c(k) = a(i(k))$ を満たすインデックスベクトル i が渡されます．

■ setxor()　a, b の排他的論理和（どちらか一方にしか属さない要素）を出力します．出力引数に c, ia, ib が指定されると，$a(k) = c(ia(k))$, $b(m) = c(ib(m))$ を満たすインデックスベクトル ia, ib が渡されます．

> setxor(a, b, ["rows"])
> [c, ia, ib] = setxor(a, b)

```
octave:> setxor([5 1 3], [6 2 3 8 1])
ans =
   2   5   6   8
```

1.12 疎行列

　Octave は行列全般に関しては，最も信頼できる数値計算ライブラリ LAPACK を利用していますが，疎行列についても SuitSparse に含まれるパッケージを利用できるようになりました．だからといって，ユーザーは疎行列を扱うために計算の記述を変更する必要はありません．単に，通常の matrix 型から sparse matrix 型に変換するだけで自動的に適切な処理が選ばれ，計算速度や安定性が向上します．

1.12.1　sparse matrix 型行列の生成

　sparse matrix 型と普通の matrix 型は互いに，full(), sparse() で変換できます．sparse matrix 型がどのようなものかをまず見てみましょう．

```
octave:> sparse(eye(5))
ans =
Compressed Column Sparse (rows = 5, cols = 5, nnz = 5 [20%])

  (1, 1) ->  1
  (2, 2) ->  1
  (3, 3) ->  1
  (4, 4) ->  1
  (5, 5) ->  1
```

非ゼロ要素の位置とその値だけを記憶するものであることが判ります．従って，その情報を例えば，ベクトルで与えれば sparse matrix 型が生成できることになります．

```
octave:> sparse([1:5], [2:6], 1+[5:9]*i)
ans =
Compressed Column Sparse (rows = 5, cols = 6, nnz = 5 [17%])

  (1, 2) ->  1 + 5i
  (2, 3) ->  1 + 6i
  (3, 4) ->  1 + 7i
  (4, 5) ->  1 + 8i
  (5, 6) ->  1 + 9i
```

上記の書式では，第 1,2 引数に非ゼロ要素の行位置と列位置を表すベクトル，第 3 引数に要素値のベクトルを与えて sparse matrix 型の行列を生成しています．

■ sparse()　　sparse matrix 型行列を生成する汎用関数です．

> sprase(A)
> sprase(i, j, s, [$nzmax$])
> sprase(i, j, s, n, m)
> sprase(n, m)

第 1,2 の書式については例を示しました．ただし，第 2 の書式の最後の引数 $nzmax$ は，MATLAB との互換性のため残してあり Octave では無視されます．第 3 の書式は生成される行列の大きさを m,n で指定するものです．m,n の値はそれぞれ，$max(i), max(j)$ 以上でなければなりません．m,n が省かれると（第 2 の書式），行と列の大きさは $m = \max(i)$, $n = \max(i)$ と解釈されます．第 4 の書式は，単に大きさ $m \times n$ の sparse matrix 型の行列を生成するもので，sparse([], [], [], m, n, 0) と同等であるとマニュアルに記載されています．

第 2,3 の書式を用いた場合に，もし要素の位置を重複して指定してしまった場合にはどうなるかというと，加算されてしまいます．オプション"unique"の指定により，最後の値が残るようになります．既定の加算を明示するオプションは"sum"または"summation"です．

■ spconvert()　　定義行列 Z に基づいて実数あるいは複素数行列を生成します．内部で sparse() を呼び出しています（type spconvert.m とすると判ります）．

> spconvert(Z)

Z の第 1 列に行位置，第 2 列に列位置，第 3 列に要素値の実数部，第 4 列に要素値の虚数部が記されたものと解釈されます．第 4 列目は省略できます．

■ spalloc()　中身がない大きさ $r \times c$ の sprase matrix 型の行列を生成します．nz は MATLAB との互換性のためのもので Octave では無視されます．

> spalloc(r, c, [nz])

一般行列での行列の確保と同じにみえますが，大きく異なる点があります．それは，実際には，非ゼロ要素が確定してないので値そのものを保存する領域は確保されていないということです．あとで非ゼロ要素を代入するたびにメモリの確保をやり直すことになる（非常に処理速度が低下します）ので，注意が必要です．すなわち，**非ゼロ要素を確定した状態で sparse matrix 型行列は生成すべき**ということです．簡単な例で確かめてみましょう．

```
format compact
N = 10000;
tic
A = spalloc(N,N);
for i = 1:N;   A(i,i) = i; endfor
toc

tic
B = sparse([1:N], [1:N], [1:N]);
toc

tic; C = diag(1:N); toc

whos
```
zero2nonzero.ovs

```
$ octave zero2nonzero.ovs
Elapsed time is 0.403509 seconds.
Elapsed time is 0.000807047 seconds.
Elapsed time is 6.29425e-05 seconds.
Variables in the current scope:

  Attr Name        Size          Bytes  Class
  ==== ====        ====          =====  =====
       A           10000x10000   240008 double
       B           10000x10000   240008 double
       C           10000x10000    80000 double
       N           1x1                8 double
       i           1x1                8 double

Total is 300000002 elements using 560032 bytes
```

同じ行列を生成するのに要した時間が 500 倍も異なりました．最後の full な対角行列はさらに生成時間が少なくなってますが，消費バイトをみると A,B の 1/3 で，特別な保存の仕方をしていることが推測されます．実際，C の非対角成分に要素を代入する操作を行うと，消費バイト数は一気に増えて，定義通りの $80{,}000{,}000 = 10000 \times 10000 \times 8$ となります (代入操作を 1 回付け加えた場合の実行時間は，0.36 秒となります)．

1.12.1.1　sparse matrix 型の一般行列生成関数

この他に，良く用いられそうな一般行列生成については最初から sparse 型で生成する関数がありますので，表 1.22 にまとめて示します．

また，sparse matrix 型行列に対して特に有効な関数を表 1.23 に名前と概要だけをまとめます．

第 1 章 基礎

表 1.22 sparse matrix 型の行列を生成する関数

関数名	内容
speye $(m,[n])$	単位行列
sprand (m,n,d)	密度 d の一様乱数行列
sprandn (m,n,d)	密度 d の正規乱数行列
sprandsym (n,d)	密度 d の対称行列
spdiags $(a,...)$	対角行列（ diag() の一般化 ）
spones (s)	非ゼロ要素を全て 1 に変更した行列

表 1.23 sparse matrix 型の行列についての関数

関数名	内容
nnz (a)	非ゼロ要素の数を返します．
spfun (f,x)	x の非ゼロ要素の関数値 $f(x)$ からなる，x と同じ構造の疎行列を返します．
svds $(a, [k])$	いくつかの特異値を算出します．
luinc $(a,\text{'0'})$	不完全 LU 分解を実行します．主力引数 $[l, u, p, q]$ を指定します．
sprank (s)	構造化ランクを算出します．
bicgstab (A, b)	正定対称行列 A に対する $Ax=b$ を，双共役勾配安定化法で解きます．
cgs (A, b)	正定対称行列 A に対する $Ax=b$ を，共役勾配二乗法で解きます．
pcg $(A, b, ...)$	正定対称行列 A に対する $Ax=b$ を，前処理付き共役勾配法で解きます．
pcr $(A, b, ...)$	正定対称行列 A に対する $Ax=b$ を，前処理付き共役残差法で解きます．
spaugment (A, C)	最小 2 乗拡大行列を生成します．
spstats (S)	疎行列の列毎の，非ゼロ要素数，平均値，分散を算出します．
vertcat $(A1,A2,...)$	複数の疎行列を縦方向に連結します．
horiztcat $(A1,A2,...)$	複数の疎行列を横方向に連結します．

対角成分が 0 でない疎な下三角行列 L を用いて，sparse matrix 型の正値対称行列 $S = LL^T$ を生成し，成分が全て 1 の縦ベクトル $\mathbf{1}$ に対する連立線形方程式 $S\boldsymbol{x} = \mathbf{1}$ を解いてみましょう．

```
octave:> L = tril(sprand(1000,1000,0.001) + 0.1*speye(1000));
octave:> S = L*L';
octave:> b = ones(1000,1);
octave:> [M1 M2] = lu(S);
octave:> x = cgs(S, b, 1e-6, 20, M1 ,M2);
octave:> (S*x)(1:3)
ans =
   1.00000
   1.00000
   1.00000
octave:> x = S\b;
octave:> (S*x)(1:3)
ans =
   1.00000
   1.00000
   1.00000
```

第 2 章

グラフィクス

　計算結果を図に表して眺めることは全体の挙動の直感的理解に役立ち効果的です．いわゆる可視化（visualize）が簡単に行えるようになっていることは数値計算ツールの大きな特徴の一つです．Octave はバージョン 2 までは独自のグラフィクス描画のライブラリを持たずに，基本的には外部ツールへデータを渡して描画させるという姿勢を取っていました．特に，プロットを請け負う外部ツールは，筆者愛用の gnuplot でした．しかし，MATLAB 互換を実現するために gnuplot から脱却する試みが続けられ，バージョン 3.8 からは Qt ライブラリや FLTK（軽量な OpenGL 互換ライブラリ）を用いたグラフィクスエンジンが実装され，バージョン 4 からは Qt が既定となりました．なお，MATLAB には toolbox があり，対話的に確認しながらプロットの属性を編集できますが，Octave には今のところそのような GUI は完成してません．従って，図の仕上がりを細かく調整するためのコマンドを使わなければならずかなり面倒です．

■ **グラフィクスのデモ**　Octave を起動して以下のようなコマンドを実行すると，グラフィクスのデモを見ることができます．

```
rundemos("/usr/share/octave/5.1.0/m/plot/draw")
```

draw が含まれるパスはご自分のインストール状況に合わせて替えてください（不明な場合には path() で表示されるリストの中を探してください）．

グラフィクスオブジェクト

　具体的な描画関数の紹介の前に，Octave のグラフィクスの扱いについて簡単に説明します．Octave は MATLAB に合わせたグラフィクス管理を行っています．つまりグラフィクスをグラフィクスオブジェクトとして階層的（parent, children）に管理しているのです．階層は大雑把な説明とともに，元から並べて以下のようになっています．

1. **root window**：スクリーン画面のことです

2. **figure**：スクリーン画面上の個々の窓
3. **axes**：figure に領域を設定し line などのオブジェクトを位置づけます
4. **line, text, image, patch, surface**：名前から直感的に理解できますが，patch は色で塗られた多角形のことです．

グラフィクスオブジェクトは handle という数値で相互に参照され，plot() 関数などいくつかのオブジェクト生成関数はこのハンドルが返却値となっています．また，一つの親オブジェクトと複数の子オブジェクトを持つことができます．

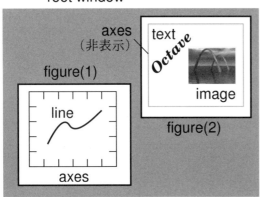

図 2.1　MATLAB 互換なグラフィクスオブジェクトの階層構造の概念．root window は子に 2 つの figure オブジェクトを持ち，figure はそれぞれ子に axes オブジェクトを持っています．さらに axes はそれぞれ子に line, image, text などのオブジェクトを持っています．

オブジェクトには数多くの属性があり，そのうちのいくつかは set() 関数を用いて変更することができますが，極めて煩雑な操作となります．オブジェクトはその名前，例えば figure(),axes(),line() を呼ぶことで新規生成することができますし，axes オブジェクトの属性を簡単に変更する関数 axis() なども用意されています．しかし一般には，雑多なグラフィック属性を一々指定せずに，体裁の整ったプロットを描いてくれる描画関数が使えれば大体間に合います．もちろん，必要ならば（凝りたいならば）属性設定関数で微調整する手段もあるということは今までの説明でお判りいただけたと思います．

さて，以下グラフィクスの機能を 2 次元，3 次元のプロット，イメージの順にできる限り細かく紹介したいと思います．

2.1 2Dプロット

色々な種類のプロットがありますが，大雑把に線グラフ，棒グラフ，面グラフと分類して説明します．

2.1.1 線グラフ

データの座標位置に記号を描き折れ線で繋いで表現するプロットです．記号だけ，折れ線だけを指示することも可能です．plot を例にすると，書式は以下のようになっています．

```
plot(y, [fmt], [property, value, ...])
plot(x, y, [fmt], [property, value, ...])
```

x,y にデータのベクトルや行列を与えます．fmt は記号や色や線種の書式指定で 1 つのデータ組に 1 つだけ設定します．$property$ は線の太さや既定外の色指定などの種々の属性，$value$ は属性値を指定するものです．表 2.1 および表 2.2 には，線グラフの書式指定の種類や設定可能な属性の一覧をまとめました．また，図 2.2 には線種や記号の見本を描きました．

表 2.1　書式指定の種類と内容

オプション名・記号	内容
'-'　'--'　':'　'-.'	実線，破線，点線，一点鎖線を引く
'm' (m = . + * o x ^ v > < d h p s)	記号 (ドット，十字，米印，中空丸，バツ印，上三角，下三角，中空上三角，中空下三角，菱形，中空菱形，中空四角，四角) を描く．ただしドットは小さくて（サイズも変更不可）PostScript ではほとんど見えない．
'm-'　'-m'	線と記号の両方を描く
'n'　($n = 0, \cdots, 6$)	色 (黒，赤，緑，青，赤紫，シアン，白)
'c'　(c = k r g b m c w y)	色 (黒，赤，緑，青，赤紫，シアン，白，黄)
';$title$;'	凡例の文字列
'-m n c の混合'	線，記号，色を指定して描く．同種のオプションを重複した場合，最後の指定が有効． 例】'v2o' →赤，中空丸，'k+3v' →青，下三角

$property$-$value$ 対は複数設定できます．基本的には，同じ長さの x 座標のベクトル x と y 座標のベクトル y を与えて 1 本のプロットを描きます（ベクトルの縦横は違っていても構いません）．しかし，それ以外にも以下のようなデータの与え方があります．

- x ベクトルしか与えられなかった場合には，それは y 軸データとして扱われ，x 軸には 1 から始まる整数が用いられます．

表 2.2　line オブジェクトの主な属性と内容

属性名	書式	内容
color	$[R, G, B]$	RGB 色
linewidth	$width$	線幅 (1 が既定とマニュアルにはあるが，実際は 0.5)
markersize	$size$	記号の大きさ
linestyle	$style$	"-"：実線，"--"：破線，":"：点線，"-."：一点鎖線．

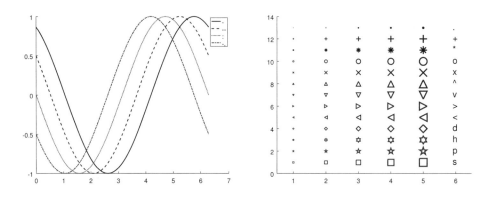

図 2.2　線種や記号の見本．

- x 行列しか与えられなかった場合には，それは列ベクトル毎に y 軸データとして扱われ，x 軸には 1 から始まる整数が用いられます．
- ベクトル x と行列 y が与えられた場合，まず行列は列ベクトル毎に y 軸データと解釈され，共通の x 軸を持つ複数のプロットが描かれます．ベクトル x の大きさと行列 y の列ベクトルの長さ（つまり行数）が一致しなかった場合には，y 行列を行ベクトルの並びとして解釈を試みます（列数との一致）．どちらも一致しなかった場合にはエラーとなります．
- 行列 x とベクトル y が与えられた場合も前項と同じように解釈を試みます．すなわち，ベクトルと大きさが同じであるか，行数，列数の順に調べて一致したとき，共通の y 軸を持つ複数のプロットが描かれます．どちらも一致しなかった場合にはエラーとなります．
- 同じ大きさの行列 x と行列 y が与えられた場合，両方の行列は列ベクトル毎に x, y 軸データと解釈され，複数のプロットが描かれます．この場合には，y を転置して x と大きさが一致するかどうかは試しません．

線グラフの種類を表 2.3 に示します．線形軸，対数軸は Octave では異なるプロット命令となっています．等高線プロットは，本来 3 次元の情報を 2 次元へ投影したものですがここに含めました．

2.1 2Dプロット

表 2.3　2次元の線プロットの種類

関数名	概要
plot	縦横とも線形軸．方眼
semilogx	横が対数軸で縦が線形軸．片対数
semilogy	横が線形軸で縦が対数軸．片対数
loglog	縦横とも対数軸．両対数
stairs	隣接するデータを直接結ばず横線と縦線で結び階段状に表現
contour	等高線
plotyy	2つの異なる xy 軸が設定できる描画関数
fplot	関数を引数に plot を行う
ezplot	陰関数をも含めた関数の描画を行う

どのようなグラフが描けるのか，サンプルを図 2.3 に示します．また，これらの図を作成するためのスクリプトの例を以下に示します．

```
x = linspace(0,3*pi,100);
plot(x, cos(x)+1.5, '-', "linewidth",2, "color",[0 0.75 0.5])
title("Plot", "fontsize", 18)
xlabel("X (italic)", "fontsize",14, "fontangle","italic")
ylabel("Y (bold)", "fontsize",14, "fontweight","bold")
grid on;
axis([0,10, 0, 3])

print("fig_plot.pdf", "-S400,300")
system("evince fig_plot.pdf")
```
fig_plot.ovs

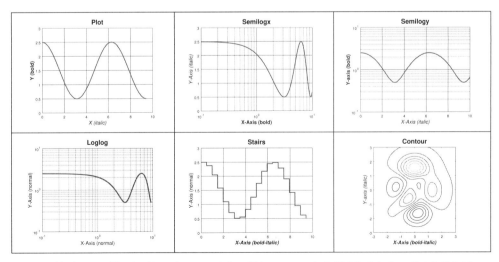

図 2.3　線グラフの例．タイトルと xy ラベルに種々のフォントを指定しました．どのようなフォントが使えるかはシステムの設定に依存します．

第 2 章 グラフィクス

　このスクリプトは plot() を用いてますが，それを単に semilogx(), semilogy(), loglog(), stairs() に変更するだけでプロットの種類が変わります．スクリプト中，tiltle(), xlabel(), ylabel() 関数は，読んで字のごとく，タイトル，x 軸名，y 軸名を設定する関数です．これらはグラフィクスオブジェクトのなかの text オブジェクトに属していて，フォントの書体や大きさや色を設定することができます（p.148 表 2.10 参照）．grid() はグリッド線の描画を設定，axis は軸の設定を行う関数です．print() は印刷の関数で，'.pdf' と拡張子を指定すると PDF ファイルを生成します．詳細は後述します．最後の system("evince ...") は，出来上がりを確認するために，PDF ファイルを画面表示する外部コマンド evince を起動させる命令です．もし，evince がお使いのシステムにインストールされてない場合には，他の PDF ファイルを表示させるアプリケーション（例えば acroread 等）に置き換えてください．あるいは，行頭に#記号を追記して，コメントアウト（命令を無効に）してください．

■ plotyy()　$y_1 = f(x), y_2 = g(x)$ を plot(x1,y1,x2,y2) で描画すると共通の x, y 軸にプロットされます．別々の y 軸を持たせたい場合には，plotyy(x1,y1,x2,y2) を用います．軸やプロットの種類は $func1, func2$ に関数ハンドルで指定することが可能です．

```
plotyy(x1, y1, x2, y2, func1, func2)
  func1, func2 = @plot, @stem, @bar, @stairs, @semilogx,
                 @semilogy, @loglog
```

　2 つの関数 $\exp(\sin(x)), |\cos(x)| + 0.5$ を plotyy() で描いてみます．2 つの y 軸の範囲は，それぞれの関数が収まる大きさに自動的に定まります．

```
t = [0.1:pi/100:2*pi]';
y = exp(sin(t));
z = abs(cos(t))+0.5;
[ax h1 h2] = plotyy(t, y, t, z);
set([h1 h2], "linewidth",3);
grid(ax(1), "on");
axis(ax(1), "square");
xlabel(ax(1),"X Linear Axis", "fontsize",14);
ylabel(ax(1),"Y1 Linear Axis", "fontsize",14);
ylabel(ax(2),"Y2 Linear Axis", "fontsize",14);
title("Plotyy", "fontsize", 18);

print("fig_plotyy.pdf", "-S400,300");
system("evince fig_plotyy.pdf");
```
fig_plotyy.ovs

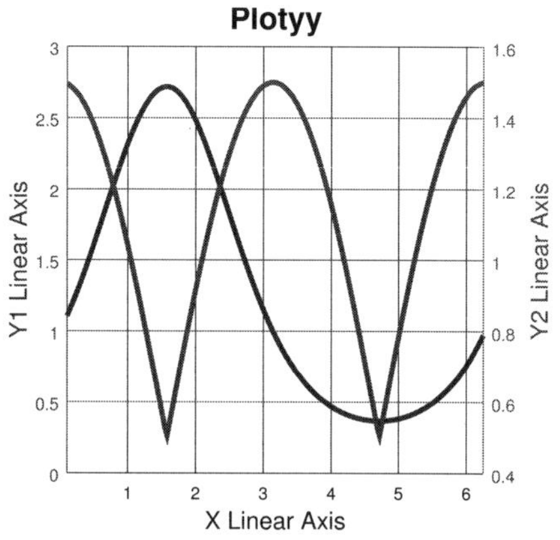

図 2.4　plotyy() で正方形領域に 2 つの y 軸を指定して描いたプロット．モノクロでは判別できませんが，2 つの y 軸の色が対応するプロットと同じ色になっています．

■ ezplot() この描画関数は，関数を指定するだけで，タイトル（既定：関数式）や軸名（既定：変数名）を備えた図を $[-2\pi : 2\pi]$ の描画範囲で作成してくれます．まさに，easy な plot です．もう一つの大きな特徴は $y = f(x)$ という陽な関数（の右辺を与える）ではなく $F(x,y) = 0$ のような陰関数（の左辺を与える）を与えて描くのが可能なことでしょう．ただし，$F(x,y)$ の形式では，60×60 のメッシュを用いるので，若干不正確になることはやむを得ません．高校の微積分の授業で関数形を描くのに苦労した思い出がある読者も多いと思いますが，Descartes の正葉線

$$x^3 - 3axy + y^3 = 0 \quad (a > 0)$$

で $a = 1$ とした場合の図を描いてみましょう．

なお，媒介変数 t による表現 $x = f(t), y = g(t)$ を与えて描くこともできます．この場合は，500 点を用いるのでかなり滑らかな曲線が得られます．

```
H = ezplot(@(x,y) y.^3-3*x.*y+x.^3, [-4 4 -4 4]);
axis("square");
grid on;
set(H, "linewidth",3);

print("fig_ezplot.pdf", "-S300,300");
system("evince fig_ezplot.pdf");
```

fig_ezplot.ovs

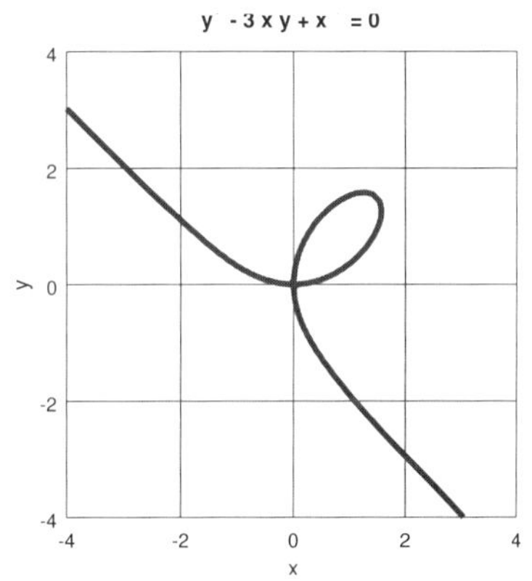

図 2.5 ezplot() を用いて描いた，Descartes の正葉線 $x^3 - 3axy + y^3 = 0$ で $a = 1$ の場合の曲線．

2.1.2 棒グラフ

棒グラフは，棒の高さで値を表現するグラフで，統計やビジネスの世界では非常によく使われます．bar(),barh() では，1 つの変数値に複数のデータが含まれる場合，棒の内部に区分けを入れる（'stacked'）か，細い棒に分割する（'grouped'）かの形状をオプション指定することができます．棒グラフの種類を表 2.4 に示します．

第2章 グラフィクス

表 2.4　2次元の棒グラフの種類

関数名	概要
bar	垂直向きの棒グラフ
barh	水平向きの棒グラフ
hist	ヒストグラム（度数分布）
errorbar	誤差付きの折れ線プロット
stem	マークの下に縦棒がついた花と茎（stem）に似たプロット
pareto	棒グラフと累積の折れ線グラフが組み合わさったグラフ

線グラフと同様にサンプルを図 2.6 に示します．

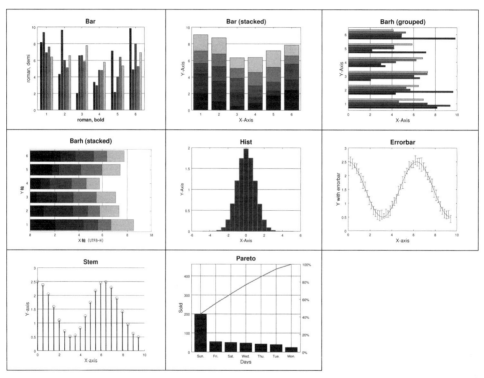

図 2.6　棒グラフの例．タイトルと xy ラベルに種々のフォントを指定しました．PostScript ではシフト JIS，拡張 UNIX，ユニコードいずれの漢字コードの日本語も使えますが，スクリプトファイルの漢字コードとその中で指定する漢字コードを合わせる必要があります．

また，これらの図を作成するためのスクリプトの例を以下に示します．

```
N = 6;
x = linspace(1,N,N)';
bar(x, 4*[cos(x)+1.5, sin(x)+1.5, rand(N,3)+1.0], "grouped");
title("Bar", "fontsize",18);
xlabel("roman, bold", "fontsize",14, "fontweight","bold");
ylabel("roman, demi", "fontsize",14, "fontweight","demi")
axis([0.5, N+0.5, 0, 10]);
set(gca, "ygrid", "on");

print("fig_bar.pdf", "-S400,300");
system("evince fig_bar.pdf");
```

fig_bar.ovs

■ **ヒストグラム** 統計的なデータの度数分布を描く関数 hist() はとても便利な関数です．例えば正規分布に従うデータをランダムに発生させる関数 randn() で，データを X = randn(1000000,1) などとして作成して，単に

```
hist(x)
```

とするだけで，データを処理して 10 区分に分けられ，図が描かれます．出力を指定すると区分の中央値とその度数を取得することもできます．

```
[n, [c]] = hist(x)
```

したがって，度数分布表（図でなく）を簡単に作成できます．

```
octave:> X = randn(1000000,1); [N C] = hist(X); [C' N']
ans =
  -4.1529e+00    1.0000e+02
  -3.1617e+00    3.9590e+03
  ... (以下略) ...
```

■ **Pareto 分布, Pareto 図** 筆者は Pareto 図を知りませんでした．この図は，形状は項目別に出現頻度の大きい順の棒グラフと累積和の線グラフを併記したものですが，元来，所得分布を表わすものとして以下の確率関数で分布をモデル化しているのだそうです．

$$F(x) = 1 - \left(\frac{\alpha}{x}\right)^{\beta}, \qquad [\alpha > 0,\ \beta > 0,\ x \geq \alpha]$$

2.1.3 面グラフ

筆者の独断ですが，色の塗られた面で構成するものを面グラフと分類し，表 2.5 にその種類を示しました．

第2章 グラフィクス

表 2.5　2次元の面グラフの種類

関数名	概要
area	指定した領域（既定は x 軸との間）を色で塗ります
fill	patch オブジェクト（多角形）を指定して色で塗ります
pie	いわゆるパイチャート（円グラフ）
contourf	地図のような等高線図
imagesc	行列の各要素の値を colormap のインデックス範囲に合うようにスケーリングし，要素の位置に色を塗った矩形領域を並べます．左上が原点となるので注意が必要です．image の関数と分類すべきかもしれません．

サンプルを図 2.7 に示します．

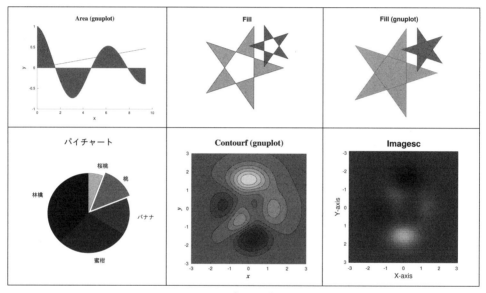

図 2.7　面グラフの描画例．

また，これらの図を作成するためのスクリプト例を2つ説明します．`pie()` を用いて日本語のパイチャートを描くものと `fill()` を用いて星形を描くものです．

まず，パイチャートです．項目（text オブジェクト）に漢字フォントを使うために，text オブジェクトのハンドルを `findobj()` で見つけて，一括して設定しています．PDF に漢字を埋め込むためには，描画エンジンとして gnuplot を使う方が安定した結果が得られます．なお，漢字のフォント名は漢字のエンコードに合わせてください．

```
graphics_toolkit "gnuplot";

Sold = [20 15 8 7 3];
Fruits = {"林檎", "蜜柑", "バナナ", "桃", "桜桃"};
Explor = [0 0 0 0.1 0];

pie(Sold, Explor, Fruits)
title("パイチャート", "fontsize",18, "fontweight","normal")
TH = findobj("type", "text");
set(TH, "fontsize", 12)

print("fig_pie_g.pdf", "-S300,300", ...
      "-FGothicBBB-Medium-UniJIS-UTF8-H")
system("evince fig_pie_g.pdf")
```
fig_pie_g.ovs

次は fill() で星を描く例です．星の頂点座標を与えればよいだけです．こちらは描画エンジンとして gnuplot を用いると全てが塗りつぶしになってしまい，意図した結果が得られません．

```
N = 5;
s = linspace(0, 2*pi, N+1)';
t = s([1 3 5 2 4]);
fill(cos(t), sin(t), [0.5 0.9 1])
hold on;
fill(0.5*cos(t+pi/5)+0.7,0.5*sin(t+pi/5)+0.5, [1 0.5 0])
axis("equal", "off")
title("Fill", "fontsize",18);

print("fig_fill.pdf", "-S400,300");
system("evince fig_fill.pdf");
```
fig_fill.ovs

2.1.4 放射状グラフ

線・棒・面という形状による分類からはずれますが，平面曲座標系の関数

$$r = f(\theta) \tag{2.1}$$

によって描かれるプロットを放射状グラフと呼びます．種類を表 2.6 にまとめました．

第 2 章 グラフィクス

表 2.6　2 次元の放射状グラフの種類

関数名	概要
polar	データを記号，あるいは折れ線で結んで表現します
rose	花びらの形で構成された円グラフ上の度数分布
compass	データ位置まで中心から矢印を引きます．

放射状グラフの描画見本を図 2.8 に示します．

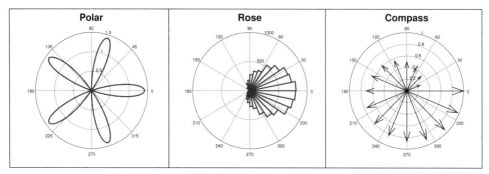

図 2.8　放射状グラフの描画例．

3 種類の放射状プロットのうち，最も基本的な `polar(THETA, RHO)` を用いて五葉線を描くスクリプトを示します．

```
th = linspace(0, 2*pi, 201);
H = polar(th, sqrt(2)*cos(5*th));
title("Polar", "fontsize",18);
set(H, "linewidth",2, "color",[0 0.5 0.75]);
set(gca, "gridlinestyle",":", "rtick",[0.5:0.5:1.5], "ttick",[0:45:315],
        "fontsize",8)

print("fig_polar.pdf", "-S300,300")
system("evince fig_polar.pdf");
```
fig_polar.ovs

半径方向の目盛りは `rtick`，角度方向の目盛りは `ttick` で設定することができます．

2.1.5　その他

線・棒・面という分類にそぐわない一般的な 2 次元プロットや，Octave のマニュアルにある特定の応用分野で用いられる特殊な 2 次元プロットなどの例を表 2.7 に列挙します．

表 2.7　その他の 2 次元プロット. voronoi(), inpolygon() はプロット関数ではなく，データを返却する関数です．描画自体は plot() で行います．

関数名	概要
quiver	ベクトル場を表現するときに用いられる一般的なプロットです．ベクトルを矢印で描きます．
feather	ベクトルを矢印で表現しますが，矢印の始点が x 軸に等間隔に並びます．交流回路理論では電流・電圧などを複素数で表現しますが（feather 表示），feather() を用いれば，振幅と位相の時間変化をベクトルとして同時に表現することができます．
spy	疎行列の非 0 要素を記号で表し，その構造を図形的に表すものです．
scatter	いわゆる分散プロットです．plot() は 1 組のデータに対して大きさも色も同じである 1 つの記号しか指定できませんが，scatter() では記号の種類は 1 つのままですが，大きさを要素毎に指定できますし，また色（colormap 値）も位置情報 (x, y) の関数として指定することができます．
treeplot	いわゆる樹形図を描きます．
triplot	これも計算幾何の重要な事項で，点集合が与えられたとき，点同士をつないで網状の三角形に分割し（Delaunay 三角分割），その網状構造を描きます．関数 delaunay() を用いて三角分割のデータを用意しなければなりません．
voronoi	計算幾何で有名なボロノイ図（Voronoi diagram）の分割線の座標データを返却する関数です．この情報を元に plot() を用いて，図を描きます．
inpolygon	これも計算幾何の分野から．多角形の位置座標と点集合が与えられると，点を多角形の内側と外側に分類する関数です．この情報を元に plot() で内側と外側の点を記号を変えて描きます．

その他のグラフの描画見本を図 2.9，図 2.10 に示します．

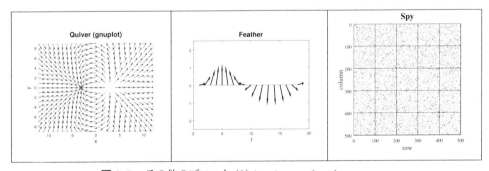

図 2.9　その他のプロット (1)：quiver, feather, spy.

第 2 章 グラフィクス

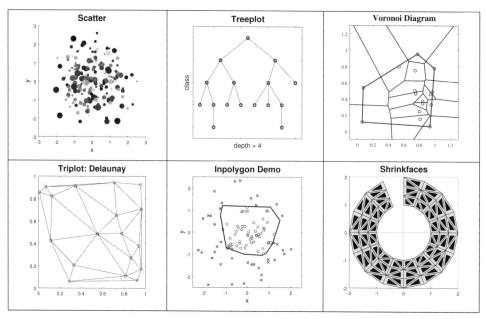

図 2.10 その他のプロット (2)：scatter, treeplot, triplot（delaunay 図），patch（shrinkface），plot（voronoi 図，inpolygon 図）．

■ quiver()　ベクトル場を描く場合によく用いられます．

```
quiver(x, y, u, v)
quiver(u, v)
quiver(..., [s], [style], ['filled'])
```

メッシュグリッド (x,y) に，成分 (u,v) をもつベクトルを描きます（したがって，x,y,u,v は同じ大きさの行列です）．x,y が省略された場合は，自然数値の長方形格子を表す行列と解釈されます．オプション s はメッシュ間隔に対する矢印の大きさをスケーリングします（既定値は 1）．オプション $style$ で矢印を描く線種を設定できますが，記号を指定した場合には，矢印の先ではなくメッシュ点 (x,y) の上に描きます．'filled' がオプション指定されると，記号の内側が塗られます．図 2.9 に示すような，2 次元双極子電場ベクトルの向きだけを描くスクリプトを紹介します．向きだけにした訳は，大きさも含めてしまうと矢印が交差してしまい見苦しいものとなってしまうからです．

```
graphics_toolkit "gnuplot";
[x, y] = meshgrid (-12:12, -9:9);
x0 = 3.0;
dx = (x-x0)./((x-x0).^2 + y.^2).^(1.5) - (x+x0)./((x+x0).^2 + y.^2).^(1.5);
dy = (y)./((x-x0).^2 + y.^2).^(1.5) - (y)./((x+x0).^2 + y.^2).^(1.5);
dd = 2*sqrt(dx.^2 + dy.^2);
quiver (x, y, dx./dd, dy./dd, "linewidth",3, "maxheadsize",0.2);
axis("equal", [-12,12,-9,9]);
title("Quiver (gnuplot)", "fontsize",18);
xlabel("x", "fontsize",14);
ylabel("y", "fontsize",14);

print("fig_quiver_g.pdf", "-S400,300");
system("evince fig_quiver_g.pdf");
```
fig_quiver_g.ovs

　オプションの maxheadsize は，矢印の長さに対する矢尻の大きさの比です（既定値は 0.2）．他に，quiver() に特有の属性としては，showarrowhead が有用です．'off' で矢尻が消えます．

■ feather()　定常状態の交流回路理論で用いられるフェザー表示（複素数表示）$a(t) = Ae^{i\omega t}$ の経時変化を描くのに適している図といえましょうか．

```
feather(u, v, [style])
feather(z, [style])
```

■ spy()　疎行列の構造を視覚的に表現するための図です．テキスト画面での format + なども同じ効果を意図したものです．書式は単に行列を引数に与えるだけです．疎行列でないと描画に時間がかかります．

```
spy(x, [marksize], [line_spec])
```

密度 d，大きさ n の対称な疎行列を発生するテスト関数 sprandsym(n,d) を使って，確認してみてください．

```
octave:> S = sprandsym(500, 0.01);
octave:> spy(S,2); axis("square")
octave:> D = diag([1:500],10);
octave:> spy(D+D',1); axis("square")
```

■ triplot()　三角形の網を描くプロットです．実際には格子点に対するドロネー（Delaunay）三角分割のデータ（格子点から選んだ 3 つの頂点番号を行ベクトルを縦に並べたもの）に基づいて描画するものです．ランダムに発生させた格子点に対する Delaunay 図を描くスクリプトを以下に示します．

第2章 グラフィクス

```
rand("state", "reset"); x = rand(1,18); y = rand(1,18);
tri = delaunay(x, y);
triplot(tri, x, y); hold on; plot(x, y, "ro");
title("Triplot: Delaunay", "fontsize", 18);
axis([0 1 0 1]);
print("fig_delaunay.pdf","-S300,300")
system("evince fig_delaunay.pdf");
```
fig_delaunay.ovs

2.1.6 複数の図を描く

同じページに複数の図を描くには subplot() を用います．ページを等分割した領域を設定してくれますから，そこでプロットを行うと，領域に合わせて縮小された図が描かれます．

```
subplot(rows, cols, index)
subplot(rcn)
```

rows, cols はそれぞれ行と列の分割数です．最後の *index* は，次の図のように左上を 1 として右下に向かって領域につけた通し番号であり，描く領域を指定します．第 2 の書式は，第 1 の書式の数値をカンマなしで並べたものです．もちろん分割数が 1 桁であることが前提です．図 2.11 に例を示します．

```
x = linspace(-pi, pi, 101);
subplot(234)
  plot(x, 1./(1+x.^2), "linewidth",2);
  grid on;
subplot(235)
  semilogy(sin(x), 0.1+abs(x), "-d");
subplot(236)
  peaks(20); axis off;

for k = 1:3
  subplot(2,3,k)
  plot(x, cos(6/k*x), "linewidth",k,
      "color",0.2*[0 k 5-k]);
  xlabel(sprintf("x_{%d}",k))
endfor

print("fig_subplot.pdf", "-S800,600")
system("mupdf fig_subplot.pdf");
```
fig_subplot.ovs

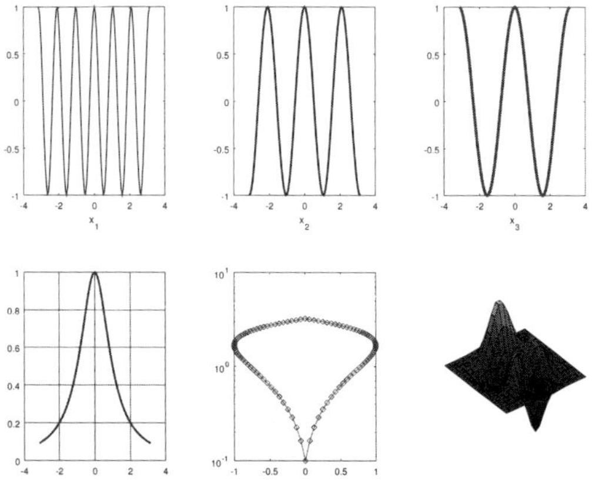

図 2.11 subplot() で 1 ページに複数のグラフを描きました．3 次元グラフも同時に描けます．上の 3 つは for ループを使って，曲線の周期，x 軸名，線の色と太さを変えながら描いたものです．

2.2 軸やタイトル

図を描くことを考えると曲線や曲面以外に，軸やグリッドあるいはタイトルも設定・変更できないと不便です．図を見ながら編集するという MATLAB で実現されている GUI はまだ未構築（将来的には導入される予定）ですが，専用関数があり，比較的簡単に制御できます．

2.2.1 軸範囲と目盛

x, y, z 軸の範囲や目盛線の設定変更を行う関数です．引数なしで呼び出すと，各軸の範囲 $x_{min}\ x_{max}\ y_{min}\ y_{max}\ z_{min}\ z_{max}$ をこの順に記した 6 元の横ベクトルを返します．

```
axis([xmin xmax [ymin ymax [zmin zmax]], [option])
```

軸範囲の設定は空行列 [] を使うことができません．与えられたベクトルの要素を上記の順に評価していきます．従って y 軸を変更する場合にも x 軸に関する記述が必要です．

表 2.8　axis() のオプションで設定変更可能な属性

設定内容	設定値
縦横比	"square"：正方形，"equal"：スケーリングを同一，"noraml"：元に戻す（既定）
範囲	"auto"：自動（既定），"manual"：現在の範囲に固定，"tight"：データの最大最小値に合わせる．
描画方向	"ij"：y 軸を反転（実際には画像を表す行列の (1,1) 要素が左上（＝原点）となるようにするのが主目的），"xy"：y 軸（の反転）を元に戻す（既定）
目盛	"on"：軸目盛を表示（既定），"off"：軸目盛を非表示，"tic[xyz]"：x, y, z 別々に表示を設定
目盛文字	"nolabel"：非表示，"label[xyz]"：x, y, z 別々に目盛文字の表示設定
画像用	"image"（"ij", "equal"を同時設定したものに同じ）

どれも読んで字の如くなのですが，縦横比の"square"と"equal"はちょっと紛らわしいかもしれません．"square"は軸のスケーリングに無関係に，表示の際の枠を正方形にするというものです．一方，"equal"はスケーリングを同じにするというもので，x, y のデータ範囲が例えば 10 : 1 ならば，表示枠も 10 : 1 にするというものです．これは両対数の傾きから関数の冪を読み取るような場合には必須の機能です（図 2.12 参照）．

"tight"も理解しずらいかもしれません．Octave は，データが収まるような描画範囲を決めますが，人が図を書くときと同様に，目盛線端から始まるよう切りのよい範囲を選択します．"tight"はデータ範囲にぴったり合う範囲を設定するオプションです．場合によっては切りの悪い目盛となりますが，枠一杯に大きな図形を得ることができます（図 2.13 参照）．

第 2 章 グラフィクス

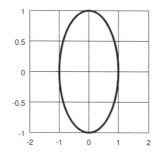
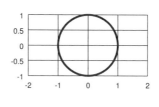

図 2.12 axis() の縦横比設定オプション"square"（左）と"equal"（右）の違い．

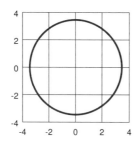
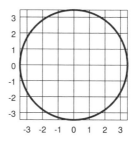

図 2.13 axis() の縦横比設定オプション"auto"（左）と"tight"（右）の違い．

■ [xyz]lim()　y,z 軸の範囲を axis() で設定するのは少し面倒ですが，[xyz]lim()) を用いれば個別に軸の範囲（上限と下限）を設定できます．

> [xyz]lim(*limit*)
> [xyz]lim('*mode*')

引数なしの場合は現在の範囲を表示します．'*mode*' には，'auto' か'manual' を設定できます．

2.2.2 タイトルと軸名，凡例

　図の中の文字列は全て text オブジェクトに属します．グラフにはつきもののタイトル，軸名，凡例は Octave が位置やフォントサイズを適切な値に調整して表示しますのでおおくの属性値が変更不可となっています．内容（文字列）はユーザーが設定せざるを得ませんが，同時にフォントの種類や大きさは設定可能です．

■ title()　タイトルを設定する関数です．

> titel(*title*, [*p1*, *v1*,...])

フォントの種類と大きさは例えば以下のように変更できます．ただし，どのようなフォントがあるかはシステムに依存しますが，PostScript が扱えるのであれば，以下の表 2.9 フォントが使用可能であるはずです．

表 **2.9** PostScript の標準フォント

種類	書体名
セリフ体	Times, Times-Italic, Times-Bold, Times-BoldItalic
サンセリフ体	Helvetica, Helvetica-Oblique, Helvetica-Bold, Helvetica-BoldOblique
等幅体	Courier, Courier-Oblique, Courier-Bold, Courier-BoldOblique
ギリシャ文字	Symbol, (環境によっては Symbol-Oblique も可能)
日本語	Ryumin-Light-***, GothicBBB-Medium-*** ***には埋め込んだ漢字のエンコードに合わせた Cmap 名を記します．拡張ユニックスならば EUC-H，シフト JIS ならば 78ms-RKSJ-H，UTF-8 ならば UniJIS-UTF8-H などが一般です．ただし漢字は正常表示されないことがあります．

よって，大きさ 28 ポイント，Times-Bold 体でタイトルを描くには

```
title("This Title", "fontname", "Times-Bold", "fontsize", 28)
```

ユニコードの漢字を使う場合には（正常表示されないかもしれませんが）

```
title("日本語のタイトル", "fontsize", 28,
      "fontname", "GothicBBB-Medium-UniJIS-UTF8-H")
```

などとします．なお，**gnuplot** の PostScript ターミナルであれば文字列ごとにフォントを指定して使うこともできます．

```
title("{/GothicBBB-Medium-UniJIS-UTF8-H=24 ゴシック}
       {/Helvetica-Bold=24 mixed with Helvetica-Bold}")
```

■ xlabel(), ylabel(), zlabel()　x, y, z 軸名を設定する関数です．タイトルと同じようにフォントの種類と大きさを指定できます．

```
[xyz]label(string, [p1, v1,...])
```

2.2.2.1　タイトルと軸ラベルで変更可能な属性

グラフィクスオブジェクト text にはいろいろな属性があり，タイトルや軸ラベルもこれを継承していますが，まだ完全ではなく，筆者が試した限りでは，表 2.10 のような状況です．

表 2.10 text の属性と title・label における実効性

名前	属性	取りうる値と形式	状態
string	文字列	"$strings$"	○
position	位置	$[x\ y\ z]$	△
units	単位（位置）	"normalized","graph"	×
horizontal-alignment	文字揃え	"left","center","right"	×
rotation	回転角	deg	△
color	色	$[R\ G\ B]$	○
fontname	書体名	"Helvetica","Times","Times-Italic","Symbol","Courier" 等々	○
fontsize	大きさ	$size$	○
fontangle	傾斜角	"normal","italic","oblique"	△
fontweight	太さ	"bold","normal","demi","light"	○
fontunits	単位	inch, point	
backgroundcolor	背景色	$[R\ G\ B]$	×
interpreter	像展開法	"none","tex","latex"	不明

2.2.2.2 凡例

凡例の文字列はプロット時に plot(x,y,";legend-string;") のようにセミコロンで囲って指定できますが，凡例設定専用の関数 legend() があります．オプションとしては，表示する位置を 8 箇所から選択するもの，凡例の枠の表示，凡例文字列と凡例 (key) の位置関係，等があります．

```
legend(st1, st2, ..., ["location", pos])
legend(matstr, ["location", pos])
legend(cell, ["location", pos])
legend(func)
```

描かれた図の順に応じてその凡例ラベルを指定するというのが基本的な働きです．各文字列を，単に並べたり，行列（縦に並べたもの）やセル配列で与えることができます．"location" に与える pos は，図の中央から見た東西南北の組み合わせで指示します．例えば "south" は中央下，"northeast" は右上（既定）です．また，オプション $func$ には以下の機能設定が可能です．

```
"show"          凡例を表示
"hide","off"    凡例を非表示（既定）
"boxon"         凡例を枠で囲む
"boxoff"        凡例を枠で囲むのを取りやめる
"left"          凡例ラベルを key（プロットのマークや線の見本）の左に置く（既定）
"right"         凡例ラベルを key（プロットのマークや線の見本）の右に置く
```

凡例に枠を付けたり，位置を変えたり legend() の働きを確かめるスクリプトと得られた結果を図 2.14 に示します．

```
x = linspace(0,1,50)';
y = [sin(x), cos(x)/2, x.*exp(-x)];
ld = {"sin(x)","cos(x)/3","x*exp(-x)"};
pos = {"east","north","northwest","south"}
fnc = {"boxoff","boxon","boxon","left"};
for k = 1:4
subplot(2,2,k)
  plot(x, y, "linewidth",2);
  legend(ld, "location", pos{k});
  legend(fnc{k});
  text(0.3,0.6, pos{k}, "fontsize",24);
  text(0.3,0.4, fnc{k}, "fontsize",24);
  grid on;
end

print("fig_legend.pdf", "-S800,600");
system("mupdf fig_legend.pdf")
```
fig_legend.ovs

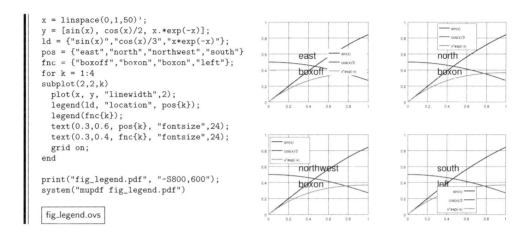

図 2.14 関数 legend() で凡例の位置などを設定したデモ

2.2.3 図の消去

■ close()　現在描画されている figure ウィンドウを閉じるときには close() を使います．複数ある場合には，figure 番号を指定することも可能です．

```
close
close(n)
close all, close("all")
close all hidden, close("all","hidden")
```

関数呼び出しよりもコマンド形式で指示した方が楽です．

■ delete()　ファイルやグラフィクスハンドルを削除します．図を全部消さずにあるグラフだけを消去するには，この関数を使うことが正しい選択です．

```
delete(file)
delete(handle)
```

■ clf()　現在の figure ウィンドウの中をクリアします（ウィンドウ自身は残ります）．これは，表示されている子グラフィクスオブジェクトを削除するということです（非表示の子グラフィクスオブジェクトは削除されません）．他の figure グラフィクスハンドルを明示的に指定することもできます．"reset"が指定されると，非表示を含めて全ての子グラフィクスオブジェクトが削除されます．

```
clf(["reset"])
clf(hfig, ["reset"])
```

■ cla()　表示されている子グラフィクスオブジェクトを現在の axes から削除します（非表示の子グラフィクスオブジェクトは削除されません）．他の axes グラフィクスハンドルを明示的に指定することもできます．"reset"が指定されると，非表示を含めて全ての子グラフィクスオブジェクトが削除されます．

```
clf(["reset"])
clf(hfig, ["reset"])
```

2.3　3D プロット

関数 $z = f(x, y)$ の鳥瞰図に代表される 3 次元のプロットもデータの可視化には欠かせないものです．面（surf）を描く場合には，x, y には 2 次元のときのようなベクトルではなく，メッシュ格子行列を指定する必要があり，やや手間が要ります．メッシュ格子は図 2.15 に示すように，格子点 (x_{ij}, y_{ij}) の座標を $n \times m$ の行列で表現したものです．長方形に並んでいる必要はありません．

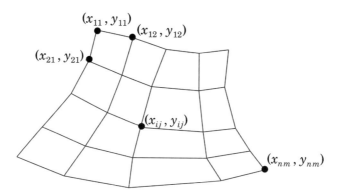

図 2.15　格子点 (x_{ij}, y_{ij}) の概念

しかし，一般には (x, y) の矩形の格子がよく使われるため，これを生成するための関数 `meshgrid()` も用意されています．

```
[xx, yy] = meshgrid(x, y)
```

ただし，行列内の x, y の向きに気をつけましょう．次元 1 は列方向，次元 2 は行方向という原則に影響されて，x 方向が列方向と勘違いしますが，次の実行例を見ても判るとおり，**行が x 方向，列が y 方向**です．横軸が x ということに違和感はありません．

```
octave:> [X Y] = meshgrid(0:6, 7:9)
X =
   0   1   2   3   4   5   6              <- x の値が行方向で変化
   0   1   2   3   4   5   6
   0   1   2   3   4   5   6
Y =
   7   7   7   7   7   7   7              <- y の値が列方向で変化
   8   8   8   8   8   8   8
   9   9   9   9   9   9   9
```

この矩形格子行列を用いると任意の関数 $z = f(x,y)$ は X, Y の要素毎の演算で書き下すことができます．例えば，デモ関数 peaks() は，

$$f(x,y) = 3(1-x)^2 e^{-x^2-(y+1)^2} - 10\left(\frac{x}{5} - x^3 - y^5\right)e^{-x^2-y^2} - \frac{1}{3}e^{-(x+1)^2-y^2}$$

ですが，矩形格子行列 X, Y を用いて

```
Z = 3*(1-X).*exp(-X.^2 - (Y+1).^2) ...
    -10*(X/5 - X.^3 - Y.^5).*exp(-X.^2 - Y.^2) ...
    -1/3*exp(-(X+1).^2 - Y^2)
```

と記述すればよいことになります．べき乗は X^2 ではなく X.^2 と書く必要があることは忘れがちですから注意しましょう．

第1種ベッセル関数 besselj() の実数部を z とする，すなわち $z(x,y) = \mathrm{Re}\left[J_1(x+iy)\right]$ を描くスクリプトを示します．また図 2.16 は得られた俯瞰図です．

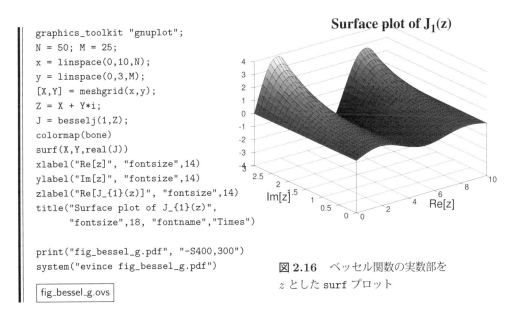

```
graphics_toolkit "gnuplot";
N = 50; M = 25;
x = linspace(0,10,N);
y = linspace(0,3,M);
[X,Y] = meshgrid(x,y);
Z = X + Y*i;
J = besselj(1,Z);
colormap(bone)
surf(X,Y,real(J))
xlabel("Re[z]", "fontsize",14)
ylabel("Im[z]", "fontsize",14)
zlabel("Re[J_{1}(z)]", "fontsize",14)
title("Surface plot of J_{1}(z)",
      "fontsize",18, "fontname","Times")

print("fig_bessel_g.pdf", "-S400,300")
system("evince fig_bessel_g.pdf")
```
fig_bessel_g.ovs

図 2.16　ベッセル関数の実数部を z とした surf プロット

いわずもがなかもしれませんが，3次元では z の値に応じた色が付きます．それは

colormap()関数によって変更できます．上記ベッセル関数の俯瞰図では，bone という渋いグラデーションのカラーマップを用いています．なお，既定は virdis という名前のカラーマップです．以前は jet という，虹色に似た（虹色自身は rainbow が用意されています）極彩色のものでした．

2.3.1 線グラフ

2次元の場合に対応して，3次元空間上で線を主として描くプロットをまず紹介します．種類とその簡単な説明を表 2.11 に，描画例をまとめて図 2.17 に示します．

表 2.11 3次元の線プロットの種類

関数名	概要
plot3	3次元の plot．縦横高さとも線形軸．方眼
stem3	3次元の stem
contour3	等高線の俯瞰図
mesh	3次元データ点を網目状に結んだもの
meshc	mesh と contour を組み合わせたもの
meshz	mesh の下側に縦線（z 軸）を描いて，立体的にしたもの
waterfall	meshz から y 方向の線を除いたもの
pie3	パイチャートの3次元版

plot3 や stem3 は2次元のものに z の位置情報を加えたものに過ぎないので，改めて説明はしません．3D プロットの場合，冒頭で述べた様に，格子行列を作成しなければならないものがあることが 2D プロットと大きく異なります．

```
Sold = [20 15 8 7 3];
Fruits = {"apple", "mikan", "banana", "peach", "cherry"};
Explor = [0 0 0 0.1 0];
colormap(rainbow)

pie3(Sold, Explor, Fruits)
title("3d pie chart", "fontsize",18)
TH = findobj("type", "text");
set(TH, "fontsize",12)

print("fig_pie3.pdf", "-S300,300")
system("mupdf fig_pie3.pdf")
```
fig_pie3.ovs

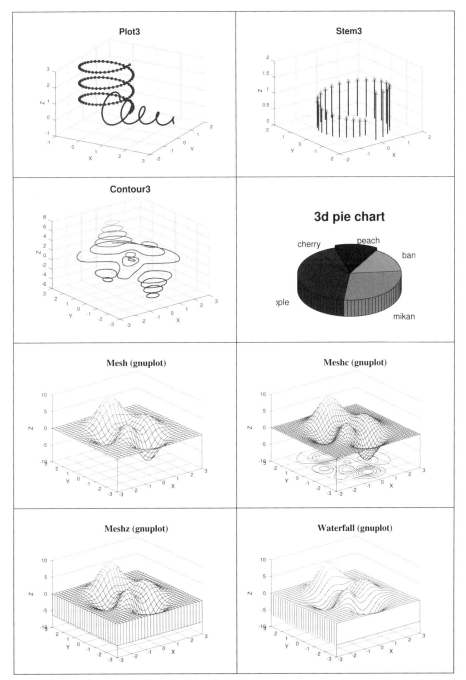

図 2.17 線で構成された 3 次元プロットの種類

2.3.2 面グラフ

　面素を用いたグラフは，3次元のプロットの主役と呼べるものではないでしょうか．物体の表面形状を微小平面素片で描く手法はコンピュータグラフィックの基礎です．Octaveは原則的には，格子点を頂点とする4角形の微小面積素を用います．表2.12に描画関数の概略，図2.18に例を示します．印刷用のPDFファイルを作成するのであれば，描画エンジンとしてgnuplotを使う方が速いし，多くの場合綺麗なものができます．

表 2.12　3次元の面プロットと図形プロットの種類

関数名	概要
surf	微小平面素片で表面形状を描くプロットです
surfc	surfと等高線を一緒に描きます
surfl	光で照らされた表面を描きます
surface	z軸から平面図ですが，高さを色で表現しています
pcolor	surfaceとほぼ同じ
ribbon	x軸方向につながるリボンを描きます
cylinder	z軸まわりの回転体を描きます
sphere	球を描きます
ellipsoid	楕円体を描きます
rectangle	長方形を描きます（2次元）．辺を変形して角丸にする指定も可能です．なお，qtグラフィックエンジンは基本的に3次元空間の中のz平面に描きますから，3次元的に回転可能です．

　2次元プロットとは勝手が違うところがあるので，馴れるという意味も込めて，図2.18に例示したRibbonとSurflの図を描くスクリプトをまとめて示します．

```
graphics_toolkit "gnuplot";
[X Y Z] = peaks(-3:0.3:3, -3:0.1:3);
ribbon(Y, Z);
title("Ribbon (gnuplot)", "fontsize",18,
      "fontname","Times");
xlabel("X");
ylabel("Y");
zlabel("Z");

print("fig_ribbon_g.pdf", "-S400,300");
system("evince fig_ribbon_g.pdf");
```
fig_ribbon_g.ovs

```
graphics_toolkit "gnuplot";
[X Y Z] = peaks(35);
surfl(X, Y, Z, [10,30]);
title("Surfl (gnuplot)", "fontsize",18,
      "fontname", "Times");
xlabel("X", "fontsize",12);
ylabel("Y", "fontsize",12);
zlabel("Z", "fontsize",12);

print("fig_surfl_g.pdf", "-S400,300");
system("evince fig_surfl_g.pdf");
```
fig_surfl_g.ovs

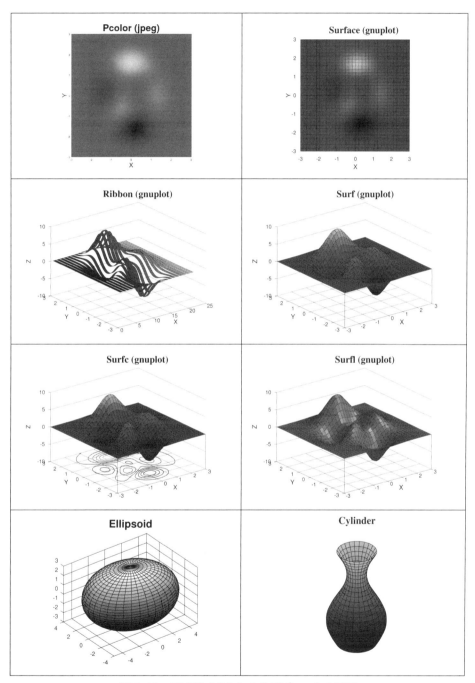

図 2.18　面で構成された 3 次元プロットの種類

2.3.3 シェーディング

光で照らされた表面を描く surfl() は，高品質なグラフであり，筆者はとても気に入ってます．

```
surfl(x, y, z, [l], [p])
surfl(z)
surfl(..., "light")
```

l は光の入射方向を与えるオプションで，z 軸回りの回転角と xy 平面からの仰角を記した2次元ベクトルか，3次元の入射方向ベクトルそのままのどちらかの形式を認識します．p は，環境光，拡散反射，鏡面反射，鏡面反射強度係数（輝点の広がり）を表す4元ベクトルです（既定は [.55 .6 .4 10]）．"cdata"に替わる，照明のモード"light"はまだ実装されてないようです．

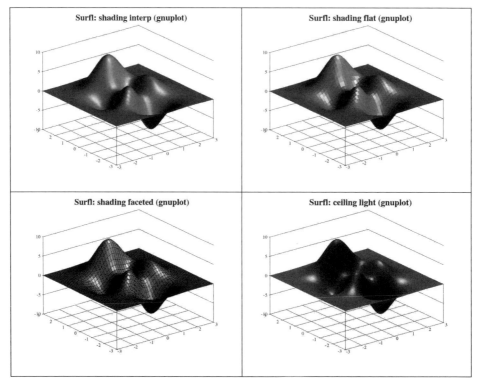

図 2.19 3つのシェーディングスタイルで描いた peaks 関数．(左上)interp：面内の色を滑らかに補間して塗る，（右上）flat：面を1色で塗る，（左下）faceted：面を1色で塗ってエッジを黒く描く．（右下）光源を真上に設定．

表面は，既定の（"faceted"）では，微小面素を同じ色で塗り，境界線も描くというものですが，shading("interp") を命ずると，色を補間して滑らかな表面を描くようになります．また，shading("flat") は単色塗りですが，境界線を描かないという指示です．図

2.19 は，3つの陰影付けを比較し，さらに光源の位置を真上（[l]=[0, 90]）に設定した場合を示しています．

折角ですから，コンピュータグラフィックの基礎事項を学習してみましょう．球に光を照らし，輝点の広がり（係数が大きい程強く鋭い輝点）の影響を確かめるためのスクリプトと結果を図 2.20 に示します．

```
[X Y Z] = sphere(40);
colormap(copper);
for k = 1:4
  subplot(2,2,k)
  surfl(X,Y,Z, [10 45], [.6 .6 0.2*k 10]);
  axis("off", "equal");
  shading interp;
  view(0,10);
endfor
h = findobj("-property", "position");
for k = 2:5
  p = get(h(k), "position");
  p = [p(1:2) - [0.15 0.15]  0.6 0.6];
  set(h(k), "position", p);
endfor

print("fig_light.jpg","-S600,600");
```
fig_light.ovs

図 **2.20** 異なるハイライトの広がりが設定された球の表面

球を描く関数 sphere() を用いています．大きな球を描くには subplot() で設定された描画位置を左下にずらす必要があります．これらの調整はオブジェクトの属性 position を変更することで実現できます．"postion"の属性値は，各図の原点 (x_0, y_0) と長さ (L_x, L_y) の値であり，4元ベクトル $[x_0,\ y_0,\ L_x,\ L_y]$ で表現されています．

2.3.4 断面の表示

立体内部の温度分布などは，全てをいっぺんに表示することができません．したがって，断面を少しずつずらしながら断面内分布を連ねて表示するといった方法が用いられます．slice() は指定された断面内の分布を表示する関数です．

```
slice(x, y, z, v, sx, sy, sz)
slice(x, y, z, v, xi, yi, zi)
slice(v, sx, sy, sz)
slice(v, xi, yi, zi)
```

3次元配列 v が，3次元配列格点 x, y, z における関数値 $v(x_{lmn}, y_{lmn}, z_{lmn})$ を保持しています．マニュアルにあった例題（help slice でみることができます）を描いてみまし

第 2 章 グラフィクス

た．既定の陰影付け"faceted"では格子の線が目立ちすぎるので，"flat"に変更してあります．

```
colormap(jet)
[x,y,z] = meshgrid(linspace (-8,8,64));
vv = sqrt(x.^2 + y.^2 + z.^2);
v = sin (vv) ./ vv;
slice (x, y, z, v, [], 0, [])
title("Slice", "fontsize",18)
shading("flat")
set(gca, "gridcolor",[1 1 1]*0.6)
axis("equal", [-10 10 -10 10 -10 10])
print("fig_slice1.pdf", "-S300,300")
system("mupdf fig_slice1.pdf");
[az,el] = view()

[xi, yi] = meshgrid (linspace (-7, 7));
zi = xi + yi;
slice (x, y, z, v, xi, yi, zi)
shading("flat")
set(gca, "gridcolor",[1 1 1]*0.6)
axis("equal", [-10 10 -10 10 -10 10])
view([-45,45])
title("Slice", "fontsize",18)
print("fig_slice2.pdf", "-S300,300");
system("evince fig_slice2.pdf");
```
fig_slice.ovs

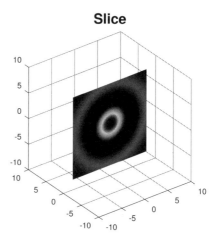
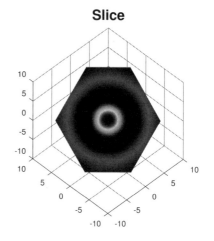

図 2.21 $f(x,y,z) = \sin(r)/r$ $(r^2 = x^2 + y^2 + z^2)$ の値を色で表現したプロット（いわゆる 4D プロット）の断面図：$y = 1$ 平面（上），$0 = x + y - z$ 平面（下）．

2.3.5 ビットマップの貼り付け

表面プロット surf() では，各面積素片は cdata という色の属性値を持っています．従って，各面積素片に適当な画像の色を割り当てることができればいわゆる画像マッピングが実現できます．ただし，面積素片と画像のピクセル数はぴったり一致しなければならず，後から画像を貼り付けるという感覚よりは，画像に合わせてメッシュを切り表面プロットするといった手順となります．グラフィックツールに"qt"を用いると印刷に非常に時間が掛かってしまうので，冒頭で"gnuplot"に切り替えています．グリグリ回転させて楽しむことができます．

```
graphics_toolkit "gnuplot";
IMG = imread("test.jpg");
[X, MAP] = rgb2ind(IMG);
[nx ny] = size(X);
[x,y] = meshgrid(1:nx, 1:ny);
z = (2*x/nx-1).^2 -(2*y/ny-1).^2;
surf(z, double(X'));
axis("off", [1 nx 1 ny -1 1]);
colormap(MAP);
view(30,50)
shading("flat");

print("fig_texture_g.pdf", "-S400,300");
system("display fig_texture_g.pdf")
```

fig_texture_g.ovs

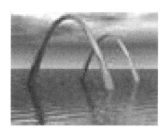

図 2.22　$z = x^2 - y^2$ の表面への画像マッピング.

2.3.6 その他

■ isosurface()　2 次元の等高線に対応して 3 次元では等値面 $f(x,y,z) = C$ を描くことがよくあります．isosurface() は等値面データを fv **構造体**として算出する関数です．fv **構造体**とは，立体を多面体で表現することを前提に，番号付けされた頂点座標ベクトル Vertex と微小平面を頂点番号の並び（すなわちこれらの頂点を結んで微小平面が形成される）で表現した Face からなる構造体です．

```
[fv] = isosurface(val, iso)
[fv] = isosurface(x, y, z, val, iso)
[fvc] = isosurface(..., col)
[f, v] = isosurface(x, y, z, val, iso)
[f, v, c] = isosurface(x, y, z, val, iso, col)
isosurface(x, y, z, val, iso, col, opt)
```

x, y, z, val は 3 次元メッシュ配列で，$val_{nml} = f(x_{nml}, y_{nml}, z_{nml})$ の関係にあります．iso が等値面のスカラー値，col はカラー値の 3 次元配列です．得られた構造体はそのまま patch() に渡して等値面を描くことができます．等値面が球である場合のスクリプトと実行結果を図 2.23 に示します．軸範囲でクリッピングされており，よくみると surf() で球面を描いた場合とは，頂点が異なっていることが判ります．

第2章 グラフィックス

```
N = 30;      ## Increase number of vertices in each direction
iso = .4;    ## Change isovalue to .1 to display a sphere
lin = linspace (0, 2, N);
[x, y, z] = meshgrid (lin, lin, lin);
val = abs ((x-.5).^2 + (y-.5).^2 + (z-.5).^2);

view(3);     ## view(3) means view([-37.5 30])
colormap(copper);
[f, v, c] = isosurface (x, y, z, val, iso, z);
p = patch ("Faces",f, "Vertices",v, "FaceVertexCData",c,
           "FaceColor","interp", "EdgeColor","none");
axis("image", "off");

print("fig_isosurface.jpg", "-S300,300");
system("display fig_isosurface.jpg");
print("fig_isosurface.pdf", "-S300,300");
system("evince fig_isosurface.pdf");
```

fig_isosurface.ovs

図 2.23　isosurface() による等値面の描画．クリッピングにより穴をあけています．

■ **非矩形格子**　媒介変数 u, v により，矩形でない格子データ $x(u,v), y(u,v), z(u,v)$ を生成することで，複雑な立体図形を表示することが可能になります．図 2.24 は，有名な『パラメトリックシェル』を描くスクリプトです．起動時の引数に組み込みカラーマップ名を指定して，描画色を変えることができます．渋い銅色を指定してみましょう．

```
$ octave shell.ovs copper*0.8
```

```
colormap(autumn)
if (nargin > 0) colormap(eval(argv(){1}));
endif
graphics_toolkit("gnuplot");
u = linspace(0, 3.1*pi, 60);
v = linspace(-pi, pi, 24);
x = (u.*cos(u))'*(1+0.5*cos(v));
y = 0.5*u'*sin(v);
z = (-u.*sin(u))'*(1+0.5*cos(v));
surf(x,y,z);
title("Parametric shell", "fontsize",18);
axis("equal", "off")
view(220,30);

print("fig_shell.pdf", "-S300,300");
system("evince fig_shell.pdf");
```

fig_shell.ovs

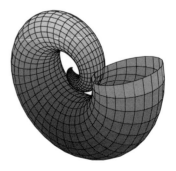

図 2.24　媒介変数 u, v により表現される（非）格子データ $z(u,v), x(u,v), y(u,v)$ の surf プロットの例：『パラメリックシェル』と呼ばれる

2.3 3Dプロット

■ griddata() 不規則な3次元データから，指定した格子上の z 値を補間により求める関数が griddata() です．ランダムに生成した (x, y) 上の peaks 関数値に基づき，griddata() により規則格子上のデータを生成し，peaks 関数の表面を描くスクリプトと出来上がったプロットを図2.25に示します．

```
graphics_toolkit "gnuplot";
N = 20;
L = 3;
x = 2*L*(rand(N)-0.5);
y = 2*L*(rand(N)-0.5);
z = peaks(x, y);
[xi yi] = meshgrid( linspace(-L,L,50) );
zi = griddata(x, y, z, xi, yi);
surfl(xi, yi, zi);
hold on ;
plot3(x, y, z, "o", "MarkerSize",2, ...
      "Color",[1.0 1.0 0.5], ...
      "linewidth",4);
colormap(bone);

print("fig_griddata_g.pdf", "-S400,300");
grid off;
refresh()
axis("equal", [-3 3 -3 3]);
view(2);

print("fig_griddata_map_g.pdf", "-S400,300");
system("evince fig_griddata_map_g.pdf");
```
fig_griddata_g.ovs

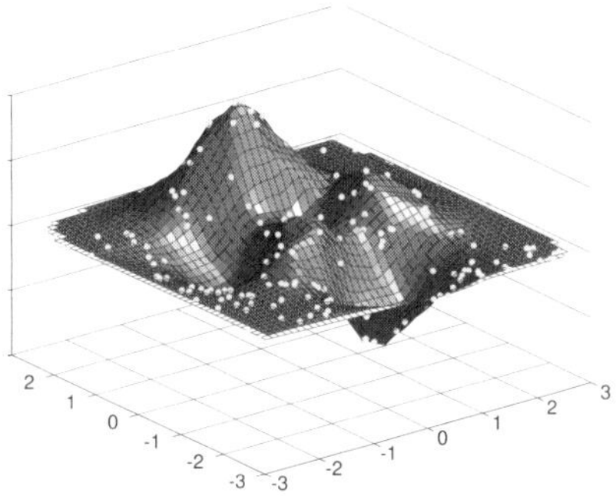

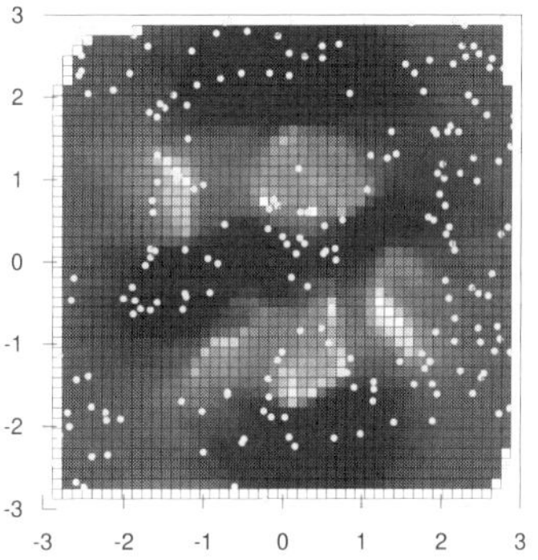

図 2.25 ランダムな (x,y) 上の peaks 関数値に基づき，griddata() により規則格子上のデータを生成して描いた surf プロット．不規則データの位置を明確にするために，z 軸からみた平面図も描きました（下図）．

■ Bucky ball 本書を執筆するに当たって，MATLAB のウェブサイトを頻繁に閲覧しました．すると Octave にはない関数が時折見つかります．大概はこれもあるといいな程度で済ませていたのですが，サッカーボール形状の巨大分子，C_{60}（フラーレン）の構造を返す関数 bucky を用いた，gplot3 の例題を見た時には，これは是非 Octave でも取り上げようと思いました．そして，既に誰かが作成しているだろうとネット上を探したのですが，とうとう見つかりませんでした．そこで，無いなら自分で作るしかないということで，C_{60}

の構造データを，結晶構造の公開データベースから入手し（c60.pdb），位置座標と結合情報を基にした**隣接行列**を返却する関数 c60.m が出来上がりました．その後，C_{60} の構造は，正 12 面体の各頂点を，隣の頂点とを結ぶ線分の 1/3 の長さのところでカットすれば出来上がるということを知り，作図関数 bucky_c60.m ができました．グリグリ回して楽しんでください．

```
[C V] = bucky_c60;
k = 1:30;
E = zeros(size(C));
E(k,k) = C(k,k);

hold("on")
gplot3(C - E, V, ":g");
gplot3(E, V, "b", "linewidth",2);
axis("square","off");
view(0,90);

for k = 1:60
  LABEL = sprintf("%d",k);
  text(V(k,1), V(k,2), V(k,3),
       LABEL, "fontsize",8);
end

print("fig_buckyc60.pdf", "-S300,300");
system("display fig_buckyc60.pdf");
```

fig_buckyc60.ovs

```
function [C V] = bucky_c60
  X = 1/(2*cos(3*pi/10));
  TH = asin(X);
  R = 1/(2*cos(TH));
  Z = (R - cos(TH))*ones(5,1);
  th = transpose(0 : 2*pi/5 : 8*pi/5);

  _V = [
    0 0 R;
    [cos(th), sin(th), Z];
    [cos(th+pi), sin(th+pi), -Z];
    0 0 -R
  ];

  CONNECT = [
   2  3  4  5  6;  1  6  9 10  3;  1  2 10 11  4;
   1  3 11  7  5;  1  4  7  8  6;  1  5  8  9  2;
  12  8  5  4 11; 12  9  6  5  7; 12 10  2  6  8;
  12 11  3  2  9; 12  7  4  3 10; 11 10  9  8  7
  ];

  C = sparse([],[],[],60,60);
  for k = 1 : 12
    for m = 1 : 5
      n = 5*(k-1) + m;
      V(n,:) = (2*_V(k,:)+ _V(CONNECT(k,m),:))/3;
      np1 = 5*(k-1) + mod(m,5) + 1;
      C(n, np1) = 1;
    endfor
  endfor
  for k = 1 : 5
    C(k, 5*k+1) = 1;
    C((61-k), 56 - 5*(6-k)) = 1;
  endfor
  for k = 2 : 5
    C(5*k, 5*k+2) = 1;
    C(5*(k+6), 5*(k+6)-8) = 1;
  endfor
  for k = 1: 3
    C(5*k + 3, 5*k + 38) = 1;
    C(5*k + 18, 5*k + 28) = 1;
    C(5*k + 14, 5*k + 29) = 1;
    C(5*k + 4, 5*k + 44) = 1;
  endfor
  C(33,43) = 0;
  C(19,59) = 0;
  C(30,7) = 1;
  C(52,35) = 1;
endfunction
```

bucky_c60.m

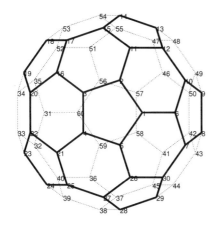

図 2.26　C_{60} フラーレンの構造．構造（炭素の位置と結合）を隣接行列で返却する関数 bucky_c60.m は，正 12 面体を元にして数学的に位置を計算しているものです．

ところで，肝心の gplot3 が標準配布されていません．関数本体部分を以下に示します．

```
function [x, y, z] = gplot3 (A, xyz, varargin)
  if (nargin < 2)
    print_usage ();
  endif
  if (length (varargin) == 0)
    varargin {1} = "-";
  endif

  [i, j] = find (A);
  xcoord = [xyz(i,1), xyz(j,1), NA(length(i),1)]'(:);
  ycoord = [xyz(i,2), xyz(j,2), NA(length(i),1)]'(:);
  zcoord = [xyz(i,3), xyz(j,3), NA(length(i),1)]'(:);

  if (nargout == 0)
    plot3 (xcoord, ycoord, zcoord, varargin {:});
  else
    x = xcoord;
    y = ycoord;
    z = zcoord;
  endif
endfunction
```

gplot3.m の関数本体部分

■ surfnorm()　格子行列 x, y, z に基づく微小面素の法線ベクトルを算出し，表示する関数です．

```
surfnorm(x, y, z)
surfnorm(z)
[nx, ny, nz] = surfnorm(...)
```

主力引数を与えた場合には法線ベクトルの成分を引き渡します．したがって，そのデータを 3 次元ベクトル表示関数 quiver3 で描くことができます．マニュアルには，以下のコマンドを試してみなさいとの記述があります．すると今まで何度も例にあげた peaks() の表面に法線ベクトルのヒゲが立ちますが，まあ綺麗とは言い難いです．

```
surfnorm(peaks(25))
```

第 2 章 グラフィクス

2.4 グラフィクスオブジェクトの詳細

2.4.1 基本オブジェクトの直接生成

基本オブジェクトはそのクラス名が生成関数となってますから，例えば

```
octave:> figure
octave:> axes
octave:> line
```

とするだけで，まず画面上に窓が開き，図 2.27 に示されるように軸が描かれ，$y = x$ の直線が描画されます．実は，line 関数だけでも，上位のオブジェクトが自動生成され直線が

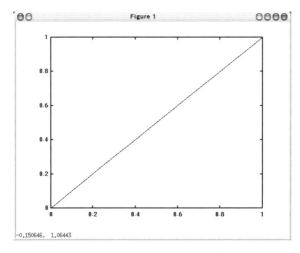

図 2.27　line で生成した，line オブジェクト．引数がなければ $y = x$ $(0 \leq x \leq 1)$ が描かれます．

現われます．このとき，figure のハンドル，axes のハンドルは，gcf(),gca() で取得できます．また，line は axes の子オブジェクトですから，以下のコマンド実行によりハンドルを取得できます．

```
h = get(gca(), "children")
```

あるいは，octave:> line と命令するときに出力引数をつけて octave:> h = line と呼び出しておいてもよいです．ハンドルが取得できたらその属性を

```
set(h, 属性名, 属性値)
```

により変更することが可能になります．多数の属性値を細かく調整して，お気に入りの仕上がりにすることができるというわけです．

2.4 グラフィクスオブジェクトの詳細

2.4.1.1 patch オブジェクト

patch オブジェクトは，一言でいえば中色塗りの多角形です．2 次元の area(),fill() などの中核的オブジェクトです．このオブジェクトを直接生成して遊んでみましょう．手始めに patch() のデモを動かします．

```
octave:> demo("patch");
```

すると，スクリプトがテキスト表示され，patch で描かれた図が現われます．ほとんど 2 次元ですが，最後だけは 3 次元のデモです．マニュアルには，patch は 2 次元までしかサポートされてない旨の記述がありますが，3 次元上でもある程度は機能するようです．そのスクリプトを取り出して少し手を加えたものが fig_patch.ovs です．図 2.28 に描画結果を示します．

```
vertices = [0, 0, 0;
            1, 0, 0;
            1, 1, 0;
            0, 1, 0;
            0.5, 0.5, 1];
faces = [1, 2, 5;
         2, 3, 5;
         3, 4, 5;
         4, 1, 5];
patch('Vertices', vertices, 'Faces', faces,
      'FaceVertexCData', gray(5),
      'FaceColor', 'flat');
print("fig_patch0.pdf","-S400,300");
system("display fig_patch0.pdf");
view(3);

print("fig_patch1.pdf","-S400,300");
system("display fig_patch1.pdf");
```

fig_patch.ovs

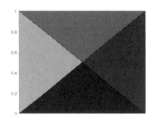
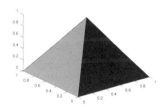

図 2.28 patch オブジェクトのデモ．3 次元も機能しています．

patch の書式は，1 つの多角形（面）に属する頂点座標の与え方が 2 通りあります．

```
patch(x, y, [z], c)
patch('Faces', F, 'Vertices', V, ...)
```

第 1 の書式は，頂点座標を多角形ごとに x, y, z にわけて別々のベクトルで与える方式です．この方式は，ある頂点が複数の多角形に属する場合にその都度記述する必要があり，長くなって大変です．第 2 の書式は，頂点座標 (Vertices) を (x, y, z) の形式で与えて番号づけしておき（記述は 1 回だけで済みます），多角形（Faces）に属する頂点の番号の組を並べます．

さて，「頂点番号の組で表す」という考えに基づく書式は立体図形を多面体で表す場合の基本的かつ共通の表現形式となっています．この形式では，辺（あるいは化学の分野なら

第2章 グラフィクス

分子内の原子間の結合を意味します）を表すこともできますから，分子の立体構造などを表現するデータ形式として広く用いられています．

2.4.2 オブジェクトの属性操作

2.4.2.1 基本オブジェクトの属性

基本グラフィクスオブジェクトの属性を表 2.13 にまとめて示します．一般のグラフィクスオブジェクトはこの基本オブジェクトの属性を継承しますし，さらに独自の属性が定義される場合もあります．

表 2.13 グラフィクスオブジェクトの属性一覧

オブジェクト	属性
figure	nextplot["new","add","replace","replacechildren"], closerquestion, currentaxes, colormap, visible[on-off], paperorientation["landscape", "portrait"]
axes	position, title, box[on-off], key[on-off], keybox[on-off], keypos[1,2,3,4], dataaspectratio, dataaspectratiomode["auto","manual"], , outerposition xlim, ylim, zlim, clim, {xlimmode, ylimmode, zlimmode, climmode}["auto","manual"], xlabel, ylabel, zlabel, {xgrid, ygrid, zgrid}[on-off], {xminorgrid, yminorgrid, zminorgrid}[on-off], xtic, ytic, ztic, {xticmode, yticmode, zticmode}["auto","manual"], xticlabel, yticlabel, zticlabel, {xticlabelmode, yticlabelmode, zticlabelmode}["auto","manual"], {xscale, yscale, zscale}["linear","log"], {xdir, ydir, zdir}["forward","backward"], xaxislocation["top","bottom"], yaxislocation["left","right"], view, visible[on-off], nextplot["new","add","replace","replacechildren"]
line	xdata, ydata, zdata, ldata, udata, xldata, xudata, color, linestyle, linewidth, marker, markeredgecolor, markerfacecolor, markersize, keylabel
text	string, color, units["normalized","graph"], position, rotation, horizontalalignment["left","center","right"], fontname, fontsize, fontangle["normal","italic" or "obliquen"], fontweight["normal","bold","demi" or "light"], interpreter
image	cdata, xdata, ydata
patch	cdata, xdata, ydata, zdata, facecolor, faceaplpha, edgecolor, linestyle, linewidth, marker, markeredgecolor, markerfacecolor, markersize
surface	xdata, ydata, zdata, keylabel

2.4.2.2 属性の一覧と設定

「2.4.1 基本オブジェクトの直接生成」で説明したように，グラフィクスオブジェクトはハンドルで識別されます．その属性はハンドル h を引数にして，p にある特定の属性名を

2.4 グラフィクスオブジェクトの詳細

指定して

```
get(h, p)
```

とすると見ることができます．h のみを与えた場合には全ての属性とその値の一覧が得られます．図 2.29 に実行例を示します．plot() で line オブジェクト（リスト項目の type = line より判明）を 1 つ生成し，そのハンドルを h に得て，get(h) により属性を一覧しました．

```
octave:1> h = plot(sin(0:0.1:0.3))
h = -6.6824
octave:2> get(h)
ans =
  scalar structure containing the fields:
    beingdeleted = off               color =
    busyaction = queue                  0.00000   0.44700   0.74100
    buttondownfcn = [](0x0)          displayname =
    children = [](0x1)               interpreter = tex
    clipping = on                    linestyle = -
    createfcn = [](0x0)              linewidth =  0.50000
    deletefcn = [](0x0)              marker = none
    handlevisibility = on            markeredgecolor = auto
    hittest = on                     markerfacecolor = none
    interruptible = on               markersize =  6
    parent = -1.8402                 xdata =
    selected = off                      1   2   3   4
    selectionhighlight = on          xdatasource =
    tag =                            ydata =
    type = line                         0.00000   0.09983   0.19867   0.29552
    uicontextmenu = [](0x0)          ydatasource =
    userdata = [](0x0)               zdata = [](0x0)
    visible = on                     zdatasource =
    __modified__ = on
```

図 2.29　get($handle$) の実行例．長いので途中で縦に折り返しています．

この属性の値が書き換え可能ならば，以下のように set() で変更可能です．

```
set(h, p, v, ...)
```

属性 (p) とその値 (v) のペアは同時に幾つでも指定することができます．例えば，色を暗い緑色，線の太さを 3 に変更するなら

```
set(h, "Color", [0 0.5 0], "LineWidth", 3)
```

とします．属性名は大文字小文字の区別はありませんので，

"linewidth", "LINEWIDTH", "Linewidth", *etc.*

のいずれでも構いません．

2.4.2.3 属性の検索

属性名やその値を指定して，オブジェクトのハンドルを取得する関数があります．

```
h = findobj(prop_name, prop_value)
h = findobj('-property', prop_name)
h = findobj('-regexp', prop_name, pattern)
h = findobj(h0, ['-depth', d], ...)
h = findobj('-flat', ...)
```

条件に合った複数のハンドルを取得しますから，そのハンドルに対して set() を実行すれば複数のオブジェクトの属性を一括して変更できます．

2.4.2.4 属性設定の利用例

■ datasource　属性名に datasource を付けたものをソース名（変数）として，その値を更新した後に refreshdata() 関数を呼べば，新規オブジェクトを作成することなく，図の内容を素早く更新できます．すなわち，簡易アニメーションが可能です．次の例で確認してください．

```
t = linspace(0, 2*pi, 100);
x = cos(t);
y = sin(t);
plot (x, y, "linewidth", 3, "ydatasource", "y", "xdatasource", "x");
axis("square");
for i = 1 : 100
  pause(0.01)
  y = sin (t + 0.1 * i);
  refreshdata();
endfor
```
demo_animation.ovs

2.5　画像

画像は基本的に矩形領域の情報を扱うと言う意味で行列で表現すべきものであり，画像データの加工は Octave の得意分野かもしれません．しかし，実際には現存する画像の保存形式があまりに多様であり，読み書きに関しては Octave が直接読める形式は少なく，プロッティングの場合と同様，非常に有名な汎用の画像処理ツール ImageMagick の派生プロジェクトの GraphicsMagick のライブラリを利用しています．従って，現在 Octave で標準の画像読み込み関数 imread(*filename*) は，これまた gnuplot のバージョン依存性

2.5 画像

と同様，きちんとライブラリのバージョン等の整合を取る必要があります．

行列データを画像データとしてどのように解釈するかで，大別して「gray scale（強度）」と「indexed（インデックス付き）」と「RGB」の 3 つの種類があることをまず心得るべきでしょう（0,1 値だけを要素とするバイナリ画像もあり，実は 4 種類です）．歴史的にも古い，強度画像とインデックス付き画像は普通の $N \times M$ 行列です．強度画像では行列の要素（画素に対応）は $[0\ 1]$ の範囲の実数であり，強度すなわち明るさと解釈されます．インデックス付き画像では行列要素の値は整数値であり，ある色の index と解釈されます．その index と色の対応はその時点のカラーマップで与えられます．従って，同じ画像データ行列であってもカラーマップが異なれば表示される色合いは全く別となります．RGB 画像は R,G,B 成分毎の uint8 行列を 3 つ，すなわち $N \times M \times 3$ 行列として取り扱われます．これは色の成分値を内包していますから，カラーマップとは関係なく色が再現されます．

2.5.1 画像行列

小さな画像を 3 種類それぞれの形式に変換して，どのような行列となっているか確かめましょう．1 から 18 までの整数値を順に並べた 3×6 の行列を基にしてインデックス付き画像，RGB 画像，強度画像を次々生成して表示させるスクリプトおよび実行中に現れる画面のダンプを図 2.30 に示します．

```
MAP = colormap(jet(3*6));
format compact

disp("Showing indexed image:")
IND = transpose(reshape([1:3*6], 6, 3))
image(IND)
pause()

disp("\nShowing RGB image:")
RGB = ind2rgb(IND, MAP)
imshow(RGB)
pause()

disp("\nShowing grayscale image:")
GRAY = ind2gray(IND, MAP)
imshow(GRAY)
pause()

MAP
```
im_format.ovs

図 2.30　3 種類の形式の画像の比較：実行した際に表れる各画像．

第 2 章 グラフィクス

　IND を整数値インデックスが並んだ画像行列と解釈して，現在設定されているカラーマップ（区別が付き易い 18 階調の jet に設定しています）を用いて画像表示を行う関数 image(IMG) で表示させます．次に画像形式変換関数 ind2rgb() を用いて RGB 画像に変換して，imshow(RGB) で表示させます．強度画像 GRAY へは，画像形式変換関数 ind2gray を用いて変換し，imshow で表示させます．3 つの画面ダンプの内，上（IND）と中央（RGB）はカラーで下（GRAY）がグレースケールです．中央と下の図は，このページがカラーではないので区別がつかないかもしれません．また，RGB・GRAY 画像を表示させている imshow() は，ピクセルが正方形となっていて直感的（理由はありませんが）に正しい感じがしますが，IND 画像を表示させている image() は画面窓のアスペクト比の影響を受けており，違和感があります．

　im_format.ovs の実行中に端末に表示されるメッセージを図 2.31 に示します．RGB は

```
$ octave im_format.ovs
Showing indexed image:
IDX =
    1    2    3    4    5    6
    7    8    9   10   11   12
   13   14   15   16   17   18

Showing RGB image:
RGB =
ans(:,:,1) =
   0.00000   0.00000   0.00000   0.00000   0.00000   0.00000
   0.00000   0.00000   0.20000   0.40000   0.60000   0.80000
   1.00000   1.00000   1.00000   1.00000   1.00000   1.00000
ans(:,:,2) =
   0.00000   0.00000   0.00000   0.20000   0.40000   0.60000
   0.80000   1.00000   1.00000   1.00000   1.00000   1.00000
   1.00000   0.80000   0.60000   0.40000   0.20000   0.00000
ans(:,:,3) =
   0.60000   0.80000   1.00000   1.00000   1.00000   1.00000
   1.00000   1.00000   0.80000   0.60000   0.40000   0.20000
   0.00000   0.00000   0.00000   0.00000   0.00000   0.00000

Showing grayscale image:
GRAY =
   0.068412   0.091216   0.114020   0.231428   0.348836   0.466244
   0.583652   0.701060   0.738044   0.775028   0.812012   0.848996
   0.885980   0.768572   0.651164   0.533756   0.416348   0.298940

MAP =
...(省略)...
```

図 2.31　im_format.ovs の実行画面

　3 × 6 の行列 3 つで構成されています．それぞれが赤緑青各成分の強度行列です．実行画面

例からは省略しましたが，最後に表示される MAP 行列と比較してみてください．GRAY は要素が [0 1] の実数値で強度を表しており，直感的に判ります．

2.5.2 Indexed 画像の扱い

まずは，index と色の対応表であるカラーマップを表示させることから始めましょう．現在の設定を確認するのには，単に `colormap` とします．すると以下のように，64×3 の実数行列が表示されます．

```
octave:> colormap
ans =
   0.2670040   0.0048743   0.3294152
   0.2726517   0.0258457   0.3533673
   0.2771063   0.0509139   0.3762361
   0.2803562   0.0742015   0.3979015
   0.2823900   0.0959536   0.4182508
   0.2832046   0.1168933   0.4371789
   0.2828093   0.1373502   0.4545959
   0.2812308   0.1574799   0.4704339
...(略)...
```

n 行めの 3 つの $[0:1]$ の範囲の実数値が index n の色の RGB 成分値を表しています．色数は default は 64 色ですが，もっと大きくとることができます．しかしながら，TrueColor ($256^3 = 16,777,216$) より大きくする意味は薄いと思われます．Octave にはカラーマップを生成する以下の関数が標準的に用意されています．

> viridis(default), jet, cubehelix, hsv, rainbow, hot, cool, spring, summer, autumn, winter, gray, bone, copper, pink, ocean, colorcube, flag, lines, prism, white

図 2.32 にそれぞれの色（カラーでないと判別しにくいですが）見本を示します．またこの色見本を作成するスクリプト `fig_colormap.ovs` は以下のとおりです（white の代わりに gnuplot4.0 向けのカラーマップ生成関数 gmap40 を入れました．ただし，この gmap40 はバージョン 4.4 以降，外されています）．

第 2 章 グラフィクス

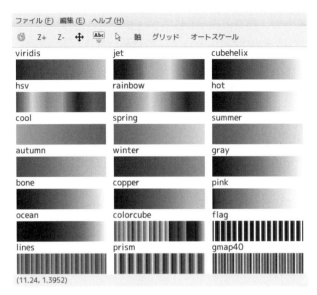

図 2.32 標準の colormap（64 諧調）の色見本：print で作成した PDF や JPG ではラベルの色が変化してしまったので，画面ダンプを取りました．

```
N = 21; CN = 64;
z = [1:1:CN];
cname = {"viridis", "jet", "cubehelix", "hsv", "rainbow", "hot", "cool", ...
         "spring", "summer", "autumn", "winter", "gray", "bone", "copper", ...
         "pink", "ocean", "colorcube", "flag", "lines", "prism", "gmap40"};

mx = 3;
my = 7;
for k = 1 : my
for j = 1 : mx
  subplot("position",
          [0.01+1/mx*(j-1) 1/my*(my-k) 1/(mx+0.2) 1/(my+4)]);
  cmap = str2func(cname{1,mx*(k-1)+j});
  MAP = colormap(cmap(CN));
  img = ind2rgb(z, MAP);
  imagesc(img)
  axis("off","nolabel", [0 CN])
  text(0, 0.2, cname{1,mx*(k-1)+j}, "fontsize", 16)
endfor
endfor
pause()
```
fig_colormap2.ovs

これらの関数は生成する色数を引数（引数なしでは 64）にしてカラーマップ行列を生成します．それを colormap 関数に渡せば，それ以降表示に使われるカラーマップが設定されます．例えば，銅の色合いを 65535 階調で表現したい場合には，

2.5 画像

```
colormap(copper(65535));
```

と指示します．規則性のある整数値行列を生成して画像ファイルとみなし，カラーマップを換えて表示させるスクリプト im_cmap.ovs を示します．またその結果は図 2.33 のようになります．なお表示関数には，後述する imshow(IMG,[MAP]) を用いました．imshow() はカラーマップを指定した場合にはそれを用いて，インデックス付き画像を表示します．

```
N = 16;
M = 8;
x = [1:N];
y = [1:M];
X = x'*y;

MAP0 = colormap(jet(N*M));
MAP1 = colormap(lines(N*M));

imshow(X, MAP0)
imwrite(X, MAP0, "im_cmap0.png")
system("display -resize 500% im_cmap0.png")
imshow(X, MAP1)
imwrite(X, MAP1, "im_cmap1.png")
system("display -resize 500% im_cmap1.png")
```

im_cmap.ovs

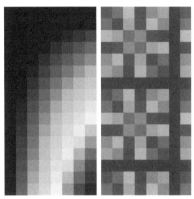

図 **2.33** 16 × 8indexed 画像をカラーマップを換えて表示．虹色に似たカラーマップ jet（左）とプロットで指定できる線（8 種類）のカラーマップ line（右）．

これで，Octave においては画像を行列で如何に表現するのか基本的な概念が理解できたと思います．以下，関数毎に細かに紹介していきます．

2.5.3 読み込み・書き込み

■ imread()　色々な形式の画像ファイルを自動判別して読み込みます．

> [*IMG, MAP, ALPHA*] = imread(*filename*)
> [*IMG, MAP, ALPHA*] = imread(*url*)
> [*IMG, MAP, ALPHA*] = imread(..., *ext*)
> [*IMG, MAP, ALPHA*] = imread(..., *idx*)

ALPHA には透明度が収納されます．基底名と拡張子 *ext* を分けて指定することができます．アニメーション GIF のように複数の像が一つのファイルに収納されている場合には，*idx* で範囲を指定して取り出すことができます．

X Windows System では有名な目玉親父が歩くアニメーションを読み込んで，個々の像

第 2 章 グラフィクス

を表示するスクリプト例を示します．

```
[IMG MAP] = imread("eye.gif", 1:9);

for k = 1:9
  imshow(IMG(:,:,1,k), MAP);
  pause(0.3)
  print(sprintf("eye%d.pdf",k),"-S128,128")
endfor
```

fig_animgif.ovs

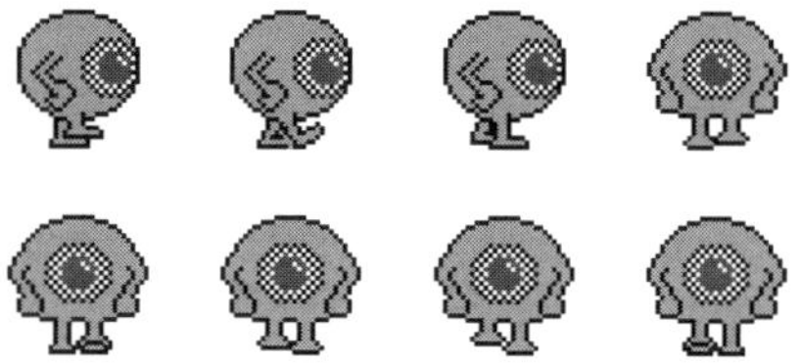

図 2.34 X Window System では有名な，目玉親父が歩くアニメーションのセル像．

■ imwrite()　色々な形式で画像ファイルを書き込みます．

```
imwrite(IMG, filename, fmt, [p1, v1, ...])
imwrite(IMG, MAP, filename, fmt, [p1, v1, ...])
```

形式 fmt が省略された場合は，$filename$ の拡張子から自動判断します．$p1,v1,...$ は対で設定するオプションです．バージョン 5 では 'Alpha'，'Compression'，'DelayTime'，'DisposalMethod'，'LoopCount'，'Quality'，'WriteMode' などがサポートされています．圧縮の指定の有無でファイルサイズがどう変わるかを試した実行例を示します．

```
octave:> IMG = imread("penguin.jpg");
octave:> imwrite(IMG, 'peng_nc.gif', 'Compression', 'none');
octave:> imwrite(IMG, 'peng_c.gif', 'Compression', 'bzip');
octave:> ls -l *.gif
-rw-r--r-- 1 matuda users 11072 Sep 22 13:38 peng_c.gif
-rw-r--r-- 1 matuda users 28440 Sep 22 13:38 peng_nc.gif
```

■ imfinfo()　画像ファイルの情報を構造体に収めて返却します．

```
info = imfinfo(filename)
info = imfinfo(url)
```

どんな情報が得られるかは，次の実行例をご覧ください．

```
octave:> imfinfo("penguin.gif")
ans =
{
  Filename = /home/matuda/Octave/Seigi/penguin.gif
  FileSize =  7326
  Height =   152
  Width =   129
  BitDepth =   8
  Format = GIF
  LongFormat = CompuServe graphics interchange format
  XResolution = 0
  YResolution = 0
  TotalColors =   254
  TileName =
  AnimationDelay = 0
  AnimationIterations =   1
  ByteOrder = undefined
  Gamma = 0
  Matte =   1
  ModulusDepth =   8
  Quality =   75
  QuantizeColors =   256
  ResolutionUnits = undefined
  ColorType = indexed
  View =
  FileModDate = 16-Sep-2010 20:26:58
}
```

このうち Matte が不透明度をもっているかどうかを表しています．この例の GIF は透明背景がついているので，Matte=1 となっていますが，GIF だけはこの情報を吸い上げることができないようです．

2.5.4 表示

■ image()　行列 *IMG* をインデックス付き画像として表示します．また，RGB 配列は自動判断して正常に表示します．

> image(*IMG*)
> image(*x, y, IMG*)

カラーマップ数が *IMG* のインデックスの最大値よりも小さい場合には，カラーマップ全域がインデックス範囲に一致するようスケーリングされます．したがって，強度画像（0〜1 の実数行列）は，インデックスとしては 0 か 1 に解釈され，コントラストがない像が表示されます．*x, y*（それぞれ，最小値と最大値の 2 元ベクトル）を与えると軸の範囲を指定できます．

■ imagesc()　行列 *IMG* をインデックス付き画像として表示します．また，RGB 配列は自動判断して正常に表示します．

```
imagesc(IMG)
imagesc(x, y, IMG)
```

image() と異なるのは，カラーマップ数が IMG のインデックスの最大値よりも大きい場合にも，カラーマップ全域とインデックス範囲が一致するようスケーリングされます．したがって，コントラストのある像が表示されます．$x,\ y$（それぞれ，最小値と最大値の 2 元ベクトル）を与えると軸の範囲を指定できます．

■ imshow() 強度画像の行列や RGB 配列を判断して表示します．行列は強度画像として扱うため 0〜1 をカラーマップに適合させて表示します．もし，$limits$ に 2 元ベクトル [LOW, HIGH] を与えた場合には，その範囲をカラーマップに適合させて表示します．したがって，[0,2] とするとカラーマップの半分までの範囲しか使われないことになり，gray ならば暗くなります．$limits$ に空行列 [] を与えると，自動的にスケーリングを行うので，どんな場合もコントラストがある像となります．

```
imshow(IM)
imshow(IM, limits)
imshow(IM, MAP)
imshow(RGB, ...)
imshow(filename)
```

$filename$ を直接与えて表示させることもできます．また image(), imagesc() と異なり，axis("equal","off") が実行されます．カレントディレクトリにある適当な画像ファイルを表示させてみましょう．

```
octave:> imshow("mtFUJI.jpg")
octave:> IMG = imread("mtFUJI.jpg");
octave:> image(IMG)
```

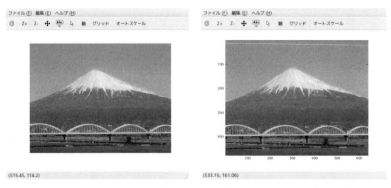

図 2.35 imshow() と image() による画像の表示の比較．imshow() は軸が非表示になっていますし，コマンド 1 行ですので便利です（左）．image() の軸の原点が左上 (Octave では ij 軸と名づけています) となっていることに注目してください．

2.5 画像

不透明度が含まれる画像として Octave に octave-sombrero.png というサンプル画像があります．これは IMAGE_PATH 上にありますから，見つけることはできますが，[RGBA] の 3 次元配列ですので imshow() では扱うことができません．imread() で読み込んでから，[RGB] の部分を取り出して表示させます．

```
octave:> imshow("octave-sombrero.png")
octave:> IMG = imread("octave-sombrero.png");
octave:> imshow(IMG);
octave:> image(IMG);
octave:> imshow(imread("octave-sombrero.png"));
```

octave-sombrero.ovs は 489×286 の大きさの画像です．image() は画面の縦横比 $4:3$ に合うようにスケーリングしますので，縦に伸びて（横に縮んで？）しまいます．imshow() は元の画像の縦横比を保って表示します（図 2.36 参照）．

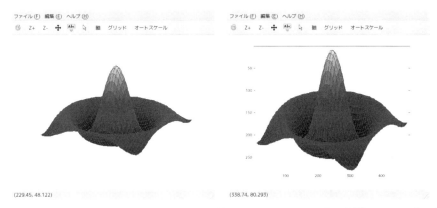

図 2.36 imshow() と image() による表示の比較．imshow() は原画像の縦横比を変えずに表示します左）．image() は表示画面の縦横比に合わせるために，原画像の縦横を自動的にスケーリングしてしまいます．

2.5.5 変換

■ gray2ind(), ind2gray()　gray2ind() は強度画像からインデックス付き画像への変換を行います．オプション N に変換後の index の数を指定できます．従って，インデックス付き画像は $1 \sim N-1$ の整数値行列となります．

> [*IMG, MAP*] = gray2ind(*I, N*)

ind2gra() は逆の変換を行います．

> ind2gray(*X, MAP*)

MAP を省略すると，現在のカラーマップに基づいて変換されます．色の RGB 値から強度 I への変換は，

$$I = 0.29894R + 0.58704G + 0.11402B$$

を用いて，緑に重みを置いた平均により算出します．indexed 行列の index 値よりも階調の少ないカラーマップでは変換が拒否されます．

■ rgb2ind(), ind2rgb()　RGB 画像とインデックス付き画像との間の変換を行います．

```
[X, MAP] = rgb2ind(RGB)
[X, MAP] = rgb2ind(R, G, B)
RGB = ind2rgb(X, MAP)
[R, G, B] = ind2rgb(X, MAP)
```

rgb2ind() では，2 つの出力引数を用いて，MAP に色情報を渡すようにしましょう．後でインデックス付き画像を正常表示させるには，取得したカラーマップが必要になります．

■ brighten()　与えられたカラーマップあるいはグラフィックスハンドルに属するカラーマップの輝度を調整します．

```
[MAP_OUT] = brighten(MAP, beta)
[MAP_OUT] = brighten(h, beta)
[MAP_OUT] = brighten(beta)
```

B は $-1 \sim 1$ のスカラー値で強度を一様に増減します．強度は $0 \sim 1$ に限られています．MAP_OUT が省略された場合は，現在のカラーマップを変更します．変換式は以下のとおりです．

$$x_{\text{new}} = \begin{cases} x_{\text{old}}^{1-\beta} & 0 < \beta < 1 \\ x_{\text{old}}^{1/(1-(-\beta))} & -1 < \beta \leq 0 \end{cases} \tag{2.2}$$

■ contrast()　与えられた画像のコントラストが最大になるように調整したグレーカラーマップを返却します．

```
contrast(X, N)
```

カラーマップの行数（すなわち階調）を N で指定可能です．省略された場合は現在のカラーマップの階調数となります．あるカラー画像を読み込んでそれを強度画像に変換し，コントラストを最大にして表示する例を以下に示します．また，画面に表れた結果を図 2.37 に示します．

■ spinmap()　カラーマップを t 秒間，増分 inc ずつ循環させます．既定は 5 秒間で増分値 2 です．実行させてみると画面のちらつきが邪魔してよく判りません．

```
spinmap(t, inc)
```

2.5 画像

```
octave:> IMG = imread("test.jpg");
octave:> [X MAP] = rgb2ind(IMG);
octave:> colormap(MAP)
octave:> image(X)
octave:> imwrite(X, MAP, "contrast0.jpg")
octave:> CMAP = colormap(contrast(X));
octave:> image(X)
octave:> imwrite(X, CMAP, "contrast1.jpg")
```

図 2.37 contrast() による画像のコントラストの強調：元の画像のカラーマップの上で表示（上），コントラストが最大となるように調整したグレイスケールカラーマップの上で表示（下）

■ rgb2hsv(), hsv2rgb()　カラーマップを RGB 色空間と hsv 色空間との間で互いに変換します．hsv 色空間では，色は hue（色相），saturation（彩度），value（明度）で表現されます．

■ rgb2ntsc(), ntsc2rgb()　カラーマップを RGB 色空間とテレビの ntsc 方式の色表現との間で互いに変換します．ntsc では，色は輝度信号と 2 つの色差信号で表現されます．

2.5.6 画像処理

　画像データの行列を数値処理して，どのような効果が得られるかをいくつか試してみましょう．その前に，画像は uint8 の RGB 形式あるいはそれを 0〜1 の実数行列に変換したものを扱うことにします．インデックス付き画像では行列の値が強度そのものを表さないし，強度画像はカラーではないからです．

2.5.6.1　明暗の反転：ネガ，陰画

　明暗を反転させるのは大変易しいです．uint8 行列であれば，RGB の各輝度 x を $255-x$ にすればよいだけのことです．

```
octave:> IMG = imread("penguin.jpg");
octave:> imshow(IMG)
octave:> imwrite("im_posi.jpg")
octave:> imshow(NIMG = 255-IMG)
octave:> imwrite(NIMG, "im_nega.jpg")
```

図 2.38　画像のネガの作成

2.5.6.2 回転，反転

画像行列を回転・転置・反転させればもちろん画像も同じように変換されます．この当たり前の事柄を確かめてみましょう．行列一般の関数に分類されていますが，rot90(*X*)，fliplr(*X*)，flipud(*X*)，flip(*X, DIM*)，rotdim(*X, N*)，flipdim(*X, DIM*) があります．図 2.39 に結果を示します．

```
octave:> IMG = imread("penguin.jpg");
octave:> imshow(rotdim(IMG,1));
octave:> imshow(flipdim(IMG,1));
octave:> imshow(flipdim(IMG,2));
```

図 2.39 rotdim()，flipdim() による画像の変換：反時計周り 90°回転 (左)，上下反転（中），左右反転（右）．

2.5.6.3 フィルター

2 次元行列の畳み込み conv2 を用いて，行列の値の平滑化を高速に実行する方法がマニュアルにのっています．RGB 行列が unit8 のままでは計算途中で 255 を越えてしまうので，一旦 0〜1 の実数行列に変換しなければなりません．その際に double(IMG/255.0) では失敗します，Octave では uint8 配列と実数スカラー 255.0 の割り算の結果の型は uint8 であり，ほとんどが 0 となってしまうからです．C 言語とは**暗黙の型変換**が異なるので十分に注意してください．

```
IMG = double(imread("penguin.jpg"))/255;
imshow(IMG)
figure
for k = 1:3
  S(:,:,k) = conv2(IMG(:,:,k), ones(5,5)/25, "same");
endfor
imshow(S)
imwrite(S, "im_conv2.jpg")
pause(10)
```

im_conv2.ovs

図 2.40 conv2() による画像の平滑化

畳み込みはある点の回りの値を取り込むという意味で，フィルターと考えることができます．平滑化では全てが 1 の行列により，ある点の回りの平均値を計算していることになります．代表的な加重フィルターとその係数を図 2.41 に示します．その効果を確かめるスクリプト image_filter.ovs とその結果（図 2.42）を以下に示します．

1	1	1		0	-1	0		-1	0	1		1	1	1
1	2	1		-1	4	-1		-1	0	1		0	0	0
1	1	1		0	-1	0		-1	0	1		-1	-1	-1

　　平滑化　　　　Laplacian　　　　x 微分　　　　y 微分

図 2.41　いろいろな加重フィルターとその係数 (1)：平滑化，4 方向 2 次微分 (laplacian)，Prewitt の微分 (x,y)

```
IMG = double(imread("penguin.jpg"))/255.0;
Sm = [1 1 1; 1 2 1; 1 1 1]/10;
Dx = [-1 0 1; -1 0 1; -1 0 1];
Dy = [1 1 1; 0 0 0; -1 -1 -1];
Lp = [0 -1 0; -1 4 -1; 0 -1 0];
S = zeros(size(IMG));
for F = {{Sm,"Sm"}, {Dx,"Dx"}, {Dy,"Dy"}, {Lp,"Lp"}}
  for k = 1:3
    S(:,:,k) = conv2(IMG(:,:,k), F{1}{1}, "same");
  endfor
  figure
  imshow(S);
  fname = sprintf("im_filter_%s.jpg", F{1}{2});
  imwrite(S, fname);
endfor
pause()
```

im_filter.ovs

第 2 章 グラフィクス

図 2.42　畳み込み conv2() による加重フィルターの実現とその表現効果：左から順に，平滑化，x 方向微分，y 方向微分，2 次元ラプラシアン（2 次微分）

第 3 章

応用

3.1 線形連立方程式

3 元連立 1 次方程式は中学で習う事柄ですが，大学の理工系ではもっと大きな n 元の線形連立方程式の解き方をその背景と伴に「線形代数」の講義で習います．線形連立方程式

$$
\begin{cases}
a_{11}x_1 + a_{12}x_2 + \cdots + a_{1n}x_n = b_1 \\
a_{21}x_1 + a_{12}x_2 + \cdots + a_{2n}x_n = b_2 \\
\vdots \quad\quad \vdots \quad \ddots \quad \vdots \quad\quad \vdots \\
a_{n1}x_1 + a_{n2}x_2 + \cdots + a_{nn}x_n = b_n
\end{cases}
\tag{3.1}
$$

は係数行列を A，定数ベクトルを $\boldsymbol{b}$ として以下のように表わされ

$$
A\boldsymbol{x} = \begin{pmatrix} a_{11} & a_{12} & \cdots & a_{1n} \\ a_{21} & a_{22} & \cdots & a_{2n} \\ \vdots & \vdots & \ddots & \vdots \\ a_{n1} & a_{n2} & \cdots & a_{nn} \end{pmatrix} \begin{pmatrix} x_1 \\ x_2 \\ \vdots \\ x_n \end{pmatrix} = \begin{pmatrix} b_1 \\ b_2 \\ \vdots \\ b_n \end{pmatrix} = \boldsymbol{b}
\tag{3.2}
$$

形式的には次のように求まります．

$$
\boldsymbol{x} = A^{-1}\boldsymbol{b}
\tag{3.3}
$$

3.1.1 左除算による数値解

行列演算に強い Octave では，数学の理論上の解法による**逆行列をかけるという形式解**よりは**左除算**として求めることが推奨されます．

> Ax = b ⇒ x = A\b, （x = inv(A)*b よりも良いとされる）

逆行列が必要な精度で求まらず，形式解を素直に計算することが不可能である場合も多々あるからです．大規模な線形連立方程式の速くて正確な解法はコンピュータによる数値計算の大きな課題の一つで様々な成果があがっています．Octave はそれらの成果を取り込んだ解法を提供しています．

■ **行列のタイプ** 行列が正方であるか，実対称であるか，エルミートであるか，…その構造を見極めて Octave は解法を自動選択してくれます．線形問題を扱う上で行列を種別する関数 matrix_type() があることは記憶に値します．大規模な計算では，予め種別を指定すれば自動判別を省略することができ，時間の節約になるはずです．以下のような種別があります．

> unknown, full, positive definite, diagonal, permuated diagonal, upper, lower, banded, banded positive definite, singular

特別な事情（大規模，スパース）がない限り，数値解法として用いるのは左除算のみです．問題は如何にモデル化により係数行列を得るかだけとなります．以下に，事例を示します．

3.1.2 電気回路：基本

電気回路の問題，すなわち各導線を流れる電流と各結合点の電位を求める問題は，キルヒホッフの第 1，第 2 法則

1. 任意の閉回路内で $\sum V_i = 0$
   V_i は電池の起電力もしくは抵抗の両端の電圧（負の符号をつける）．
2. 任意の結合点において $\sum I_i = 0$
   I_i は各導線からの電流で流れる向きに応じて正負をつける．

を通じて，定常な場合は線形連立方程式に定式化されます．例えば，図 3.1 のような回路において，電流 I_1, I_2, I_3 は次の連立方程式を満たさなければなりません．

$$\begin{cases} 50I_1 + 50I_2 + 20I_3 = 12 \\ 50I_1 + 14(I_1 - I_2) + 8(I_1 - I_3) = 72I_1 - 14I_2 - 8I_3 = 9 \\ -8(I_1 - I_3) + 2(I_3 - I_2) + 20I_3 = -8I_1 - 2I_2 + 30I_3 = 3 \end{cases}$$

この連立方程式は以下のスクリプトを書いて，実行例のように解くことができます．

3.1 線形連立方程式

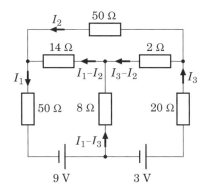

$$R\boldsymbol{I} = \boldsymbol{V}$$

$$\begin{pmatrix} 50 & 50 & 20 \\ 72 & -14 & -8 \\ -8 & -2 & 30 \end{pmatrix} \begin{pmatrix} I_1 \\ I_2 \\ I_3 \end{pmatrix} = \begin{pmatrix} 12 \\ 9 \\ 3 \end{pmatrix}$$

図 3.1　2つの電池，6個の抵抗からなる電気回路と電圧・電流の関係の行列表現

```
A = [
  50   50   20;
  72  -14   -8;
  -8   -2   30;
];
b = [12 9 3]';
format compact
output_precision(15);
x = A\b
s = rats(x,12)
I = str2num(s)
```
demo_lineq1.ovs

```
$ octave -q demo_lineq1.ovs
x =
   1.47676890373520e-01
   3.56210142726997e-02
   1.41755238384452e-01
s =
    4863/32930
    1173/32930
    2334/16465
I =
   1.47676890373520e-01
   3.56210142726997e-02
   1.41755238384452e-01
```

　答えが有理数であることが明らかなので，有理数の分数表現（文字列）を得る関数 `rats()` を使ってみました．小数に替えて，次のように分数で解を表現できるとなんとなく賢くなった気がします[*1].

$$I_1 = \frac{4863}{32930},\ I_2 = \frac{1173}{32930},\ I_3 = \frac{2334}{16465}$$

3.1.3　電気回路：発展例題

　前の回路の問題を発展させましょう．例えば，3Vの電池につながっている $20\,\Omega$ の抵抗の値を変化させて，中央を流れる電流 $I_1 - I_3$ の値を0にするという問題などが浮かびます．この問題は，図 3.1 の回路の $20\,\Omega$ の抵抗を可変抵抗 R として方程式を立て直し，その解 $\boldsymbol{I}(R)$ を基に関数 $I_1 - I_3 = I_{13}(R)$ とおいて，$I_{13}(R) = 0$ なる非線形方程式を解くという問題に定式化できます．まずは，関数 $I_{13}(R)$ の様子を把握することが大切です．図 3.2 の右図より，この関数は単調で $R \sim 19$ 付近に解があることが判ります．

[*1] この分数解が正しいことは REDUCE で確認しています

第3章 応用

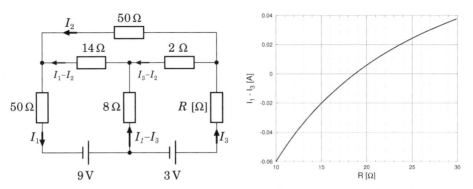

図 3.2 抵抗 R を変化させて，$8\,\Omega$ の抵抗を流れる電流値を 0 にする問題．左：回路図，右：関数 $I_{13}(R) = I_1(R) - I_3(R)$ の挙動．

あとはそんなに難しくありません．素直に $I_{13}(R)$ を求める関数を記述して，fsolve() で解かせるだけです．

```
function ret = I13(x)
  persistent b = [12 9 3]';
  A = [
    50    50     x;
    72   -14    -8;
    -8    -2   10+x
  ];
  I = A\b;
  ret = (I(1)-I(3));
endfunction

format compact
[R, F, INFO, OUT] = fsolve(@I13,20)
```
demo_lineq2.ovs

```
$ octave -q demo_lineq2.ovs
R =  18.687
F =  -6.6821e-07
INFO =  1
OUT =

  scalar structure containing the fields:
    iterations =  3
    successful =  2
    funcCount =  7
```

確かに初期値 $R = 20$ から始めて 3 回の繰り返しで解 $R = 18.687$ に達しました．

3.1.4 数値解析の学習

線形代数で出題される問題を実際に数値的に解いてみることはとてもよい勉強になるはずです．いくつかの例題をあげて，字面で習った事柄を実感してみましょう．

■ **不良条件** 要素のわずかな変化で解が大きく変化するような係数行列の線形方程式は不良条件であるといいます．そこで，不良条件であることで有名な Hilbert 行列を例にとって確かめましょう．

3.1 線形連立方程式

```
octave:1> b = ones(4,1); H = hilb(4)
H =
   1.00000   0.50000   0.33333   0.25000
   0.50000   0.33333   0.25000   0.20000
   0.33333   0.25000   0.20000   0.16667
   0.25000   0.20000   0.16667   0.14286
octave:2> cond(H), H\b
ans =  1.5514e+04
ans =
    -4.0000
    60.0000
  -180.0000
   140.0000
```

```
（左画面からの続き）
octave:3> He = H + diag([0 0 0 0.001])
He =
   1.00000   0.50000   0.33333   0.25000
   0.50000   0.33333   0.25000   0.20000
   0.33333   0.25000   0.20000   0.16667
   0.25000   0.20000   0.16667   0.14386
octave:4> He\b
ans =
    1.1579
   -1.8947
  -25.2632
   36.8421
```

4次の Hilbert 行列の条件数は約 15000 とかなり悪く，$H(4,4)$ だけをわずか 0.001 増加させただけで解が大きく変化しました．

3.1.5 データの直線回帰

$y = ax + b$ という関係が見込まれる現象の誤差を含む実験データ (x_i, y_i) から，パラメータ a, b を推定するには，最適化問題の一種として一般に最小2乗法を用います（p.230 参照）．実験データに誤差がなければデータは2点あればよく，2元連立線形方程式になります．しかし，実際には誤差を含むために，全てのデータ点に関する線形連立方程式

$$\boldsymbol{y} = \begin{pmatrix} \boldsymbol{x}, \boldsymbol{1} \end{pmatrix} \begin{pmatrix} a \\ b \end{pmatrix} = X\boldsymbol{p} \tag{3.4}$$

の解 $p = (a, b)^T$ を求める問題と考えることができます．もちろん，元の数が 2 に対して方程式の数が多数あるので，答えは厳密には不能である場合がほとんどでしょう．しかし，左除算 `p = X\y` はこの場合，最小2乗の意味すなわち，$|X\boldsymbol{p} - \boldsymbol{y}|^2$ を最小にする値を求めてくれます．これは最適化問題として求めた解と，理念上は同じものです（実際の計算手順が異なるので数値が同じにはならないかもしれません）．疑似実験データを作成し，1次関数の係数 a, b を推定するためのスクリプト例と実行結果を以下に示します．

```
format compact
a = 3;
b = 5;
x1 = [0:0.1:1]';
x2 = ones(size(x1));
y = a*x1 + b + 0.001*randn(size(x1));
p = ([x1, x2])\y
```
demo_leftdivision.ovs

```
$ octave -q demo_leftdivision.ovs
p =
   3.0006
   5.0001
```

作成時のパラメータ $(3,5)$ に対して推定値 $(3.0006, 5.0001)$ が得られました．

第3章 応用

3.2 固有値問題

行列 A に対して，次のベクトル方程式の自明でない解 $\boldsymbol{x} \neq 0$ を求めるという

$$A\boldsymbol{x} = \lambda \boldsymbol{x} \tag{3.5}$$

固有値問題は，工学の実用上あるいは理学上の解析手法としても大変重要です．

3.2.1 eig()：解法関数

Octave はただ一つの数値解法関数 eig() を提供しています．この関数は，固有値を対角要素とする対角行列 L と固有 (列) ベクトルを横にならべた行列 V を返却します．

```
l = eig(A)
[v, l] = eig(A)
```

固有値対角行列の要素 L(k,k) を λ_k，行列 V の k 番目の列ベクトルを $\boldsymbol{v}_k$ とすると，

$$A\boldsymbol{x} = A(\boldsymbol{v}_1, \boldsymbol{v}_2, \cdots) = (\lambda_1 \boldsymbol{v}_1, \lambda_2 \boldsymbol{v}_2, \cdots)$$

となっているはずです．簡単な数値例題で確かめてみましょう．

```
octave:1> n = 3;
octave:2> A = magic(n); M = zeros(n);
octave:3> [V L] = eig(A)
V =
  -0.57735  -0.81305  -0.34165
  -0.57735   0.47140  -0.47140
  -0.57735   0.34165   0.81305
L =
    15.00000    0.00000    0.00000
     0.00000    4.89898    0.00000
     0.00000    0.00000   -4.89898
(右画面に続く)
```

```
octave:45> for k = 1 : n
> M(:, k) = L(k, k) * V(:, k); end
octave:46> A*V
ans =
  -8.6603  -3.9831   1.6737
  -8.6603   2.3094   2.3094
  -8.6603   1.6737  -3.9831
octave:47> M
M =
  -8.6603  -3.9831   1.6737
  -8.6603   2.3094   2.3094
  -8.6603   1.6737  -3.9831
```

Octave の文法はこれだけです．あとは，現象をどのように固有値問題として定式化するか経験を積むだけです．例題を解いてみましょう．

3.2.2 固有振動

連成振動子の固有振動数を求める問題は，数が少ない場合やバネ定数が同一の定数ならば手計算で解けます．数が多い場合は数値計算を信じて挙動を図に表してみましょう．図 3.3 に示すように，ばね定数 K のばねで直線状につながれた質量 M の N 個の粒子の定常状態における運動を考えます．ただし，両端は固定されているものとします．

自然な位置からの各質点の変位を u_j とすると，運動方程式は両側のバネの力を考慮して以下のように書かれます．

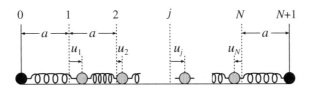

図 3.3 N 粒子の 1 次元鎖：各粒子の変位の定義

$$M\frac{d^2 u_j}{dt^2} = K(u_{j+1} - u_j) - K(u_j - u_{j-1}) = -K(2u_j - u_{j+1} - u_{j-1}) \tag{3.6}$$

鎖全体に共通の固有振動 ω がある（これを基準モードと呼びます）と仮定すれば

$$u_j = q_j e^{i\omega t}, \quad \ddot{u}_j = -\omega^2 u_j \tag{3.7}$$

ですから，(3.6) 式は次の実対称三重帯行列 T の固有値方程式で表現されます．

$$T\boldsymbol{q} = \omega^2 \boldsymbol{q}, \quad T_{kk} = \frac{2K}{M} = 2\omega_0^2, \quad T_{k,k\pm 1} = -\frac{K}{M} = -\omega_0^2 \tag{3.8}$$

行列で示すと以下のように，その構造が一目瞭然です．

$$T\boldsymbol{q} = \omega_0^2 \begin{pmatrix} 2 & -1 & & 0 \\ -1 & 2 & \ddots & \\ & \ddots & \ddots & -1 \\ 0 & & -1 & 2 \end{pmatrix} \boldsymbol{q} = \omega^2 \boldsymbol{q} \tag{3.9}$$

後は T の固有値 ω^2 と振幅を表す固有ベクトル $\boldsymbol{q}$ を数値計算で求めるだけです．実は，振動モードの直交性より，N 粒子の場合に最大振幅は $\sqrt{2/(1+N)}$ であることが示されます．12 個の場合についてその全ての基準モードを求めて図に描くスクリプトを以下に示します．また，図 3.4 は得られた結果です．

```
N = 12;
T0 = diag(ones(1,N), 0); T1 = diag(-ones(1,N-1), 1); T = T0 + T1 + T1.'
[V L] = eig(T); x = linspace(0, (N+1), 100); n = [1:N];

for k = 1:N
  C = sign(V(1,k)/sin(pi/(N+1)))*sqrt(2/(1+N)); u = C*sin(pi*k*x/(N+1));
  subplot(ceil(N/3),3,k);
  hold("on"); stem(n, V(:, k), "color", [0 0.5 0]);
  plot(n, V(:, k), "o1;;"); plot(x, u, "-3;;"); axis([0,N+1, -1,1]);
endfor
print("demo_eig1.pdf","-S800,600");
```

demo_eig1.ovs

第 3 章 応用

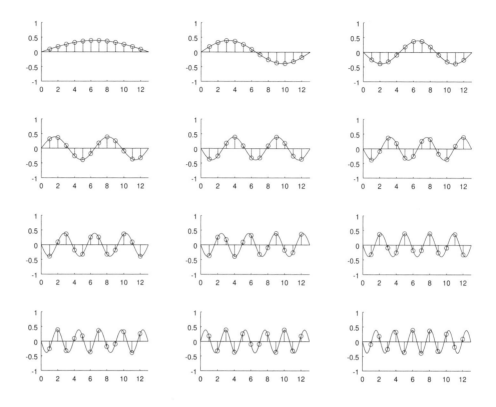

図 3.4 ばねで結ばれた 1 次元鎖状粒子の基準振動（$N = 12$）

3.2.3 無限深さ井戸の中の粒子

1 次元無限深さ井戸の中の粒子のエネルギー固有値問題は，$\hbar = 1, m = 1/2$ と単位を定めると，以下の 2 階の微分方程式となります．

$$-\frac{d^2\phi(x)}{dx^2} = E\phi(x) \tag{3.10}$$

井戸の壁の位置を $0, 1$ とすると，境界条件 $\phi(0) = \phi(1) = 0$ を満たす解が

$$\phi_k(x) = \sqrt{2}\sin(k\pi x), \quad E_k = k^2\pi^2 \quad (k = 1, 2, \cdots) \tag{3.11}$$

であることを簡単に示すことができます．井戸の中にポテンシャル壁 $V(x)$ があるとすると，方程式は

$$-\frac{d^2\phi(x)}{dx^2} + V(x)\phi(x) = E\phi(x) \tag{3.12}$$

となりますが，一般にはこれは解析的に求めることが難しく，数値計算に頼らざるを得なくなります．数値解法の概要は，区間を x_n を区分点として等分割し，x_n における波動関数値を $\phi_n = \phi(x_n)$ として，左辺の微分を差分近似し，ϕ_n に関する以下の連立方程式に定式化するというものです．

$$-\frac{\phi_{n+1} - 2\phi_n + \phi_{n-1}}{h^2} + V_n \phi_n = E\phi_n, \quad \phi_0 = \phi_N = 0 \tag{3.13}$$

行列で表せば，以下のような固有値方程式となります．ただし，ϕ は両端 ϕ_0, ϕ_N を除いたベクトルです．

$$G\phi = \begin{pmatrix} V_1 + \frac{2}{h^2} & -\frac{1}{h^2} & & 0 \\ -\frac{1}{h^2} & V_2 + \frac{2}{h^2} & \ddots & \\ & \ddots & \ddots & -\frac{1}{h^2} \\ 0 & & -\frac{1}{h^2} & V_{N-1} + \frac{2}{h^2} \end{pmatrix} \phi = E\phi \tag{3.14}$$

最も単純な例，井戸の中央に高さ V，幅 w の矩形ポテンシャル壁がある場合を解いてみましょう．

3.2.4 一般化固有値問題

一般化固有値問題とは，行列 A, B に対して以下の固有値 λ と固有ベクトルを見出す問題です．

$$A\boldsymbol{x} = \lambda B\boldsymbol{x} \tag{3.15}$$

実は，eig() はこの問題にも対応しており，

```
l = eig(A, B)
[v, l] = eig(A, B)
```

と記述して求めることができます．平面の 2 次曲線の極値問題への応用例を示します．2 次曲線は一般に，座標 $\boldsymbol{x} = (x, y)^T$ の 2 次形式として，

$$\boldsymbol{x}^T A \boldsymbol{x} = C \tag{3.16}$$

と表現されます．ここに行列 A は 2×2 の実対称行列です．例えば，半径 1 の円 $x^2 + y^2 = 1$ のときには，$a_{11} = a_{22} = 1, a_{12} = a_{21} = 0, C = 1$ となります．ある 2 次形式 $\boldsymbol{x}^T B \boldsymbol{x} = C$ を束縛条件とした，$\boldsymbol{x}^T A \boldsymbol{x}$ の極値問題を考えましょう．このような場合は，ラグランジュの未定乗数 λ を導入して，

```
VH = 300; W = 1/16; N = 256; H = 1/N;
x = linspace(0, 1, N+1);
x(N+1) = []; x(1) = [];
V = VH*[abs(x-0.5) <= W];
A = diag( V + 2*ones(1,N-1)/H^2 );
B = diag(-ones(1,N-2)/H^2,1);
G = sparse(B.' + A + B);
[P E] = eig(G);
P = sqrt(N-1)*P;   % <- normalize

plot(x, P(:,1:4), "linewidth", 2)
grid on
xlabel("x", "fontsize", 16);
ylabel("f", "fontname", "Symbol",
       "fontsize", 16);
es = num2str(diag(E)(1:4));
lg = mat2cell(es, ones(4,1), size(es,2));
legend(lg);
legend("location","northwest");
legend("boxoff");
axis([0 1 -2 2]);
set(gca, "gridlinestyle", ":")

print("eig_well.pdf","-S400,300)
```

eig_well.ovs

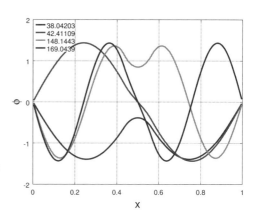

図 3.5 中央に矩形ポテンシャル壁がある無限深さの井戸の中の粒子の固有状態．井戸の幅 = 1，ポテンシャルの幅 = 1/8，ポテンシャル高さ = 300．エネルギー固有値の低い方から 4 つ，状態を示しています．

$$F(\boldsymbol{x}) = \boldsymbol{x}^T A \boldsymbol{x} - \lambda \boldsymbol{x}^T B \boldsymbol{x} \tag{3.17}$$

の無条件極値問題に置き換えて解くのが常道です．この式が極値を取るためには

$$\frac{\partial}{\partial \boldsymbol{x}} F(\boldsymbol{x}) = 0 \tag{3.18}$$

が必要ですが，$\boldsymbol{x}$ による実対称行列 H の 2 次形式の微分が

$$\frac{\partial}{\partial \boldsymbol{x}} \left(\boldsymbol{x}^T H \boldsymbol{x} \right) = 2H\boldsymbol{x} \tag{3.19}$$

であることに注意すると，式 (3.18) は

$$2A\boldsymbol{x} - 2\lambda B \boldsymbol{x} = 0 \quad \therefore \ A\boldsymbol{x} = \lambda B \boldsymbol{x} \tag{3.20}$$

となり，一般化固有値方程式に帰着されます．具体的に，$x^2 + y^2 = 1$ を束縛条件にして，$2xy (a_{11} = a_{22} = 0, a_{12} = a_{21} = 1)$ の極値を求めてみましょう．

```
octave:> B = eye(2); A = [0 1; 1 0];
octave:> [V L] = eig(A,B)
V =
  -0.70711   0.70711
   0.70711   0.70711
L =
Diagonal Matrix
  -1   0
   0   1
```

$\lambda_1 = -1$, $\boldsymbol{x}_1 = (-1/\sqrt{2}, 1/\sqrt{2})^T$, $\lambda_2 = 1$, $\boldsymbol{x}_2 = (1/\sqrt{2}, 1/\sqrt{2})^T$ を得ました．従って，極値は $2xy = \pm 2(1/\sqrt{2})^2 = \pm 1$ です．これは，双曲線 $h(x) = 2xy = C$ が円 $x^2 + y^2 = 1$ と交わるときの極値を求める問題で，接する条件が求めるものであることは図形を描けばすぐ理解できます．

3.3 非線形方程式

ベクトル $\boldsymbol{x}$（すなわち多変数）についての非線形方程式

$$\boldsymbol{f}(\boldsymbol{x}) = 0 \tag{3.21}$$

の数値解は，fslove() 関数

```
fsolve(fcn, x0, options)
```

を用いて求めることができます．ここに *fcn* は式 (3.21) の左辺を定義する関数，*x0* は初期値ベクトルです．*options* には，現在

```
FunValCheck, OutputFcn, TolX, TolFun, MaxIter, MaxFunEval,
Jacobian, Updating, ComplexEqn
```

を与えることができます．これらの中で Jacobian,

$$\frac{\partial \boldsymbol{f}(\boldsymbol{x})}{\partial \boldsymbol{x}} = \begin{bmatrix} \dfrac{\partial f_1(\boldsymbol{x})}{\partial x_1} & \dfrac{\partial f_1(\boldsymbol{x})}{\partial x_2} & \cdots \\ \dfrac{\partial f_2(\boldsymbol{x})}{\partial x_1} & \dfrac{\partial f_2(\boldsymbol{x})}{\partial x_2} & \cdots \\ \vdots & \vdots & \ddots \end{bmatrix} \tag{3.22}$$

は特に多変数の場合に重要で，解を得るためには明示的に与える必要が生ずることもあります．

3.3.1 1 変数

しかし，2 変数以上は少し記述が大変なので 1 変数の場合の典型的な例題

$$e^x - x - 2 = 0$$

を解いてみましょう．前後しますが，図 3.6 より解は 1 と 1.2 の間にあることを見越して，初期値 1 を与えてたった 1 行で計算終了です．

```
octave:> fsolve(@(x) e^x -x -2, 1)
ans =   1.1462
```

これで答えは出たのですが，もう少し手間をかけたくなります．すなわち，本来大域的な挙動を眺めて解がありそうな領域を見極めてから計算に入らないといけないので，そのためのグラフを書くことには意味がある筈です．解が複数ある場合は，むしろ必要な作業であるともいえます．図 3.6 のように，関数を描き，数値解を求めて 0 点の座標に印を打つスクリプトを示します．1 行で数値解は得られるのに，手間をかけると随分と行数が増えます．

```
f = @(x)exp(x) - x - 2;
x0 = fsolve(f, 1)

t = linspace(0,2,100);
plot(t,f(t), "linewidth", 2);
hold("on");
text(0.5,2.3, "f(x) = e^x- x - 2 = 0",
    "fontsize", 14);
line([x0,1],[0,2]);
xlabel("x", "fontsize", 16);
ylabel("f(x)", "fontsize", 16);
scatter(x0, 0, 36, [0.75 0 0]);
grid("on");
set(gca, "gridlinestyle", ":");

print("fsolve.pdf","-S400,300");
```
fsolve.ovs

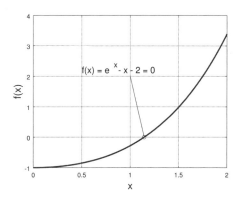

図 3.6 非線形方程式 $f(x) = 0$ の解．$f(x)$ の大域的な挙動と解を図示しています．

■ **ダイオード整流回路** Spice を始めとした回路解析シミュレータが普及している現在，複雑な回路をわざわざ自力で解こうとする技術者はいないでしょう．しかし，せいぜい数個の R, C, L を組み合わせた基本回路の解析は基礎として重要ですから，必ずや理論的な扱いと数値解析を習うことと思います．ところでダイオードを含む回路は理論的な扱いとしては，理想的なダイオード

$$R = \begin{cases} 0 & (V \geq 0) \\ \infty & (V < 0) \end{cases}$$

を仮定して解析を実行するに留まります．数値解析においては，無限大や場合分けは非常に扱いにくいものです．そこで，ダイオードの特性を以下のように滑らかな関数で近似して扱ってみましょう．

$$I = I_0(e^{MV} - 1) \quad (M \gg 1, \ I_0 \ll 1)$$

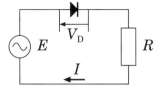

$$E = IR + V_D = I_0(e^{MV_D} - 1)R + V_D \quad (3.23)$$
$$= IR + \frac{\log{(I/I_0 + 1)}}{M} \quad (3.24)$$

図 3.7 ダイオード整流回路

図 3.7 のような最も基本的な整流回路を考えます．もちろん，理想的なダイオードによる理論解析で半波整流波形となることは周知の事柄です．交流電源の電圧を $E(t) = \cos(100\pi t)$（50Hz のつもり），抵抗を R とすると，ダイオードにかかる電圧 $V_D(t)$ はキルヒホッフの第 1 法則より，非線形方程式 (3.23) を満たします．それを `fsolve` で解いたものが図 3.8 です．ダイオードの整流作用が確認できました．

```
R = 100; N = 200;
M = 500; I0 = 1e-9;
ts = 0.1;           # 終了時間
E = zeros(N,1); V = zeros(N,1);
t = zeros(N,1);

function ret = VD(x, ED, R, M, I0)
  ret = I0*(R*e^(M*x)-1) + x - ED;
endfunction

for k = 1 : N
  t(k) = ts*(k-1)/N;
  ED = E(k) = cos(100*pi*t(k));
  V(k) = fsolve(@(x)VD(x,ED,R, M, I0), 0);
endfor

plot(t, E-V, "linewidth", 2, t, E);
xlabel("t [s]", "fontsize", 16);
ylabel("V(t)", "fontsize", 16);

print("diode.pdf", "-S400,300");
```
diode.ovs

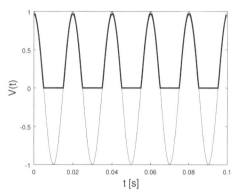

図 3.8 ダイオードを用いた整流回路のシミュレーション．ある時刻の電源電圧をパラメータとして，ダイオードの電圧に関する非線形方程式を `fsolve` を用いて解いた．

このような直列回路では電流 $I(t)$ について解く，すなわち (3.24) 式を解くのが普通ですが，一筋縄にはいきません．式中に $\log(I)$ があるので，$I < 0$ の解はあり得ないのですが，Octave は複素数で計算を実行してしまい，$\mathcal{R}e[I] < 0$ の解を見つけてしまいます．この不具合を回避するには，常に $I > 0$ の領域で計算するよう工夫しなければなりません．

■ **有限深さ井戸の中の粒子** 初等量子力学で学習する，高さ V_0，幅 a の対称な井戸の中の粒子の固有値問題については，固有関数の形，固有値 E_n が満たすべき超越方程式が判っています．しかし，具体的な固有値や固有関数を自分で求めることは手計算では困難です．ところが，Octave を用れば数値解析解を具体的に求めることができ，判った気になります．理論の前に，井戸の深さを入力できるようにしたスクリプトと深さを $4\,\mathrm{eV}$, $8\,\mathrm{eV}$ にし

第3章 応用

たときの結果を図 3.9 に示します．

```
eec = 1.602e-19; hb =(6.626e-34)/(2*pi); me = 9.109e-31;
Vau = hb**2/(2*me*(1e-9)**2*eec);
# Vau = 0.03811 [eV]. V0, E in [eV]. a in [nm].
a = 1;
Va = pi**2*Vau/a**2;
V0 = input("V0 = ");
nmax = floor(sqrt(V0/Va)+1)

function ret = eigen(x, Va, V0, n)
  ret = n*pi - 2*asin(sqrt(x/V0)) - pi*sqrt(x/Va);
endfunction

function ret = wavef(x, a, AL, K)
  d = atan2(K, AL);
  c0 = sin(d); c1 = sin(K*a+d)*exp(AL*a);
  ret = [ x <= 0 ].*[c0*exp(AL*x)]...
      + [ 0 < x ].*[ x <= a ].*[sin(K*x+d)]...
      + [ a < x ].*[c1*exp(-AL*x)];
endfunction

DIV = 301;
x = linspace(-a,2*a,DIV);
xlabel("x", "fontsize", 16);
ylabel("U", "fontsize", 16);
tstr = sprintf("Wavefunctions in a well \
potential: V0 = %.1f", V0);
title(tstr, "fontsize", 20);

hold("on");
for n = nmax:-1:1
  E = fsolve(@(x)eigen(x, Va, V0, n), 0.001);
  al = sqrt((V0 - E)/Vau);
  k = sqrt(E/Vau);
  key = sprintf("%d;E_{%d}=%.3f;", n, n, E);
  AL = al; K = k;
  f = wavef(x, a, al, k);
  C = quad(@(x)abs(wavef(x,a,AL,K))^2, -4*a, 5*a
  plot(x, f/sqrt(C) + E, key, "linewidth", 2);
  ylim([-1 9]);
endfor
pot = [-a, V0; 0, V0; 0, 0; a, 0; a, V0; 2*a, V0
plot(pot(:,1), pot(:,2), "0;;", "linewidth", 1.0
box("on");
legend("boxoff");

print("well.pdf", "-S600,450");
```

well.ovs

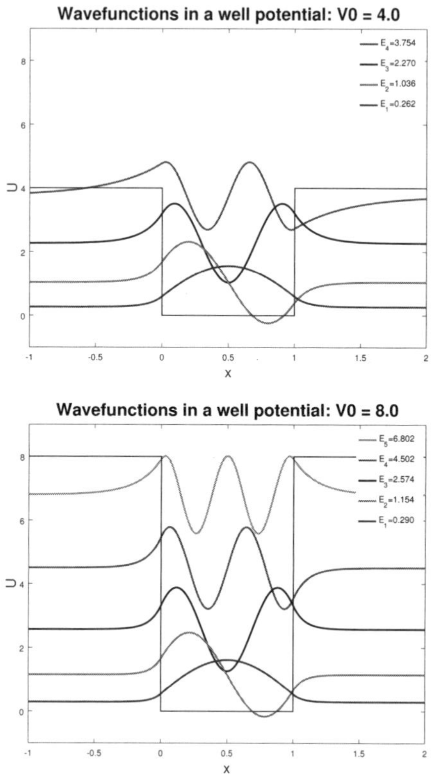

図 3.9 有限深さ井戸の中の粒子の固有状態

さて，理屈を簡単に説明します．教科書によれば，井戸の両端を $0, a$ とすると，束縛状態 $E < V_0$ の固有関数 ϕ は

$$\phi = \begin{cases} Ae^{\alpha x} & (x<0) \\ B\sin(kx+\delta) & (0<x<a) \\ Ce^{-\alpha x} & (x<0) \end{cases}$$

$$\alpha \equiv \sqrt{\frac{2m(V_0-E)}{\hbar^2}}, \quad k \equiv \sqrt{\frac{2mE}{\hbar^2}}$$

$$A = B\sin\delta, \quad C = Be^{a\alpha}\sin(kx+\delta), \quad \delta = \arctan\frac{\alpha}{k}$$

と表されます．固有エネルギー E は

$$\sqrt{\frac{2ma^2 E}{\hbar^2}} = n\pi - 2\arcsin\sqrt{\frac{E}{V_0}} \tag{3.25}$$

より定まり，ついで α, k, δ が決定できます．また固有関数の係数 A, B, C は，正規化条件

$$\int_{-\infty}^{\infty} |\phi|^2 \, dx = 1 \tag{3.26}$$

より求められます．

　紙と鉛筆ではとても最後まで計算する気になれませんが，Octave を使えば式 (3.25) は `fsolve`，式 (3.26) は `quad` をそれぞれ用いて計算することができます．ここで，a や V_0 を実行時にキー入力して計算に入るようなスクリプトを組む場合に，n の最大値が問題となります．その値は

$$\sqrt{\frac{2ma^2 V_0}{\pi^2 \hbar^2}} + 1$$

を越えない整数の最大値です．

3.3.2 多変数

以下のような，2 変数の場合の問題がマニュアルに掲載されています．

$$\begin{cases} f_1(x,y) = -2x^2 + 3xy + 4\sin(y) - 6 \\ f_2(x,y) = 3x^2 - 2xy^2 + 3\cos(x) + 4 \end{cases}$$

この問題も連立方程式の部分を間違いなく打ち込めれば 5 行で解けます．

第3章 応用

```
octave:> function y = f(x)
octave:>    y(1) = -2*x(1)^2 + 3*x(1)*x(2)   + 4*sin(x(2)) - 6;
octave:>    y(2) =  3*x(1)^2 - 2*x(1)*x(2)^2 + 3*cos(x(1)) + 4;
octave:> endfunction
octave:>
octave:> [x, fval, info, out] = fsolve(@f, [1:2])
x =
   0.57983   2.54621
fval =
  -2.8991e-08   4.9167e-07
info = 1
out =
  scalar structure containing the fields:
    iterations = 16
    successful = 13
    funcCount  = 32
```

info=1 は収束したという報告です．14回繰り返したことも表示されます．

対話モードで間違いなく入力するのは大変ですから，結局スクリプトを作成することになるでしょう．すると，ついでですからヤコビ行列を与えて解いてみましょう．2変数の場合 2×2 の行列となって，

$$J(1,1) = \frac{\partial f_1}{\partial x} = -4x + 3y, \qquad J(1,2) = \frac{\partial f_1}{\partial y} = 3x + 4\cos(y)$$
$$J(2,1) = \frac{\partial f_2}{\partial x} = 6x - 2y^2 - 3\sin(x), \quad J(2,2) = \frac{\partial f_2}{\partial y} = -4xy$$

```
function [y, J] = f(x)
  y(1) = -2*x(1)^2 + 3*x(1)*x(2)   + 4*sin(x(2)) - 6;
  y(2) =  3*x(1)^2 - 2*x(1)*x(2)^2 + 3*cos(x(1)) + 4;
  if nargout > 1
    J(1,1) =  3*x(2) - 4*x(1);  J(1,2) =  4*cos(x(2)) + 3*x(1);
    J(2,1) = -2*x(2)^2 - 3*sin(x(1)) + 6*x(1); J(2,2) = -4*x(1)*x(2);
  end
endfunction

format compact
options = optimset('Jacobian','on');
[x, fval, info, out] = fsolve(@f, [1 2], options)
[x, fval, info, out] = fsolve(@f, [2 2], options)
```
demo_fsolve2.ovs

ヤコビ行列は $f(x)$ 関数の定義に含めるとよいでしょう．そして，ヤコビ行列を使うようにオプションをセットします．また，$f_1 = 0, f_2 = 0$ の大域的な曲線を描くと（次の段落で説明します）交点は2つあることが判るので，もう一つの解に収束するよう初期値を変えて計算しなおしています．実際にスクリプトを走らせてみると，この例ではヤコビ行列を明示的に与えても繰り返しの回数の減少に関して効果のないことが判ります．

さて1変数の場合と同様に2つの関数を描いてどのあたりに解（交点）がありそうか眺めてみたいものです．特にこの例には周期関数が含まれていますから，厄介なことになりそうな気がします．以下にezplotを用いたスクリプト例と得られる図を示します．2変数の場合には60×60の解像度で描きますので若干滑らかでないところが現われています．

```
f1 = @(x,y)[-2*x.^2 + 3*x.*y + 4*sin(y) - 6];
f2 = @(x,y)[3*x.^2 - 2*x.*y.^2 + 3*cos(x) + 4];
L = 20;
x = -0.5:0.02:3;
y = -L:0.1:L;
[X Y] = meshgrid(x,y);
Z1 = f1(X,Y);
Z2 = f2(X,Y);

hold("on")
H1 = ezplot(f1, [-0.5 3 -20 20]);
H2 = ezplot(f2, [-0.5 3 -20 20]);
plot([0.57983 2.5922], [2.54621 2.0412], "o3",
     "markersize", 6, "linewidth", 1)
box("on")
grid("on")
set(gca, "gridlinestyle", ":");
set([H1 H2], "linewidth", 1.4)

print("fsolve2_ez.pdf", "-S300,300");
system("evince fsolve2_ez.pdf");
```

fsolve2_ez.ovs

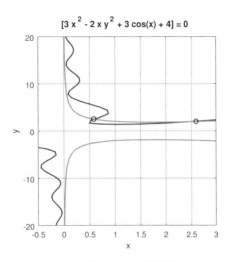

図 **3.10** 2変数の2つの陰関数 $f_1(x,y) = 0$, $f_2(x,y) = 0$ を等高線図 (contour) を利用して表示し，予め fsolve で数値計算した交点の座標に中空の丸を描いた図．

■ **糸で継がれた2つの重りの釣り合い**　多変数の問題として，図3.11のように糸で継がれた2つの重りの釣り合いを考えます．

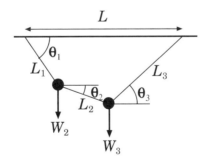

図 **3.11**　2つの重りの釣り合い．

働く力は，重力と張力ですが，その釣り合いより，水平・垂直成分に分けて重り1，2について2つずつ計4つの方程式 (3.29)(3.30) が得られます．また，3本目の糸の端の位置が束縛条件として，2つの式 (3.27)(3.28) が加わり合計6つの非線形連立方程式を解かな

第 3 章 応用

ければなりせん（未知数は，3 つの糸の張力と角度で計 6 ですからぴったり）．

$$\sum_{i=1}^{3} L_i \cos\theta_i - L = 0 \tag{3.27}$$

$$\sum_{i=1}^{3} L_i \sin\theta_i = 0 \tag{3.28}$$

$$T_i \cos\theta_i - T_{i+1}\cos\theta_{i+1} = 0 \quad (i=1,2) \tag{3.29}$$

$$T_i \sin\theta_i - T_{i+1}\sin\theta_{i+1} - W_i = 0 \quad (i=1,2) \tag{3.30}$$

糸の長さ $L_1 = L_2 = 1, L_3 = 2$，重りの重さ $W_1 = 1$ として，3 本目の糸の位置 $(= L)$ と 2 番目の重りの重さ W_2 を入力パラメータとして計算するようにスクリプトを組んだ例 fsolve_mass2.ovs を示します．また，$W_2 = 0.3, L = 3$ とした時の結果を図 3.12 に示します．図を描く上では張力の値は必要ありません，糸の水平からの傾きはそれぞれ，

```
 70.46    8.52   -33.04
```

と計算されました．

```
function r = f(x,W1,W2,L,LL)
  r(1) = sum(L.*cos(x(1:3))) - LL;
  r(2) = sum(L.*sin(x(1:3)));
  r(3:4) = x(4:5).*cos(x(1:2)) - x(5:6).*cos(x(2:3));
  r(5:6) = x(4:5).*sin(x(1:2)) - x(5:6).*sin(x(2:3)) - [W1 W2];
endfunction

W1 = 1;
W2 = input("W2 = ");
L = [1, 1, 2];
LL = input("L (<= 3) = ");
q0 = [1, 1, -1,  1, 1, 1];
[q, INFO, MSG] = fsolve(@(x)f(x,W1,W2,L,LL), q0);
rr = [(L.*cos(q(1:3)))' (-L.*sin(q(1:3)))'];
r = [[0 0]; rr(1,:); sum(rr(1:2,:)); [LL 0]];
q*180/pi

plot(r(:,1), r(:,2), "-0;;", "linewidth", 2, 
     r(2:3,1), r(2:3,2), "o1;;", "markersize", 6, 
     "linewidth", 5, "color", [0.5 0.75 0.75])
grid("on")
set(gca, "gridcolor", [0.6 0.6 0.6])
axis([0 3 -3 0], "square");
title(sprintf("L_{1} = L_{2} = %.1f, L_{3} = %.1f:\
 L = %.1f",L(1), L(3), LL), "fontsize", 14)
label1 = sprintf("W_{1} = %.1f", W1);
label2 = sprintf("W_{2} = %.1f", W2);
text(r(2,1), r(2,2)-0.2, label1)
text(r(3,1), r(3,2)-0.2, label2)

print("fsolve_mass2.pdf", "-S300,300")
system("mupdf fsolve_mass2.pdf");
```

fsolve_mass2.ovs

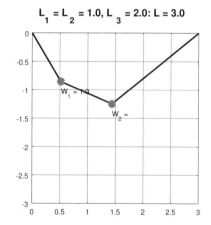

図 3.12　糸で継いだ 2 つの重りの釣り合い：糸の長さ $L_1 = L_2 = 1, L_3 = 3$，重りの重さ $W_1 = 1, W_2 = 0.3$ の 3 本めの糸の右端を原点から距離 3 離した場合の釣り合いの様子．

3.4 常微分方程式

常微分方程式の理論は工学問題の数理モデル構築の上で最も重要なものです．線形連立方程式の解法と同様に，多様な状況に対応した様々な数値解法が考案されていますが，Octave はたった一つの関数 lsode() のみを提供しています．状況に応じて適切なオプションを設定すれば，確かに大学の学部 4 年間で習うような例題には，これ一つで事足りりといえます．

```
[x, [istate, [msg]]] = lsode(fcn, X_0, t, [t_crit])
```

ここに，X_0 は解 x の初期値，t は初期値（つまり，X_0 を与える t の値）を先頭にした，値を算出する独立変数のベクトル（一般には時間 t であることが多い）です．すなわち，解ベクトルは $x(t)$ として計算されます．最も重要な fcn は方程式を定義する**関数ハンドル（あるいは二重引用符で括られた関数名の文字列）**で，解ベクトル x の微分を返却するように記述します．

```
xdot = FCN(x, t)
```

このような構造になっている理由は，数値解析の講義で学習するように，以下のような数値解法の原理に基づいているからです．すなわち，『$x(t)$ に関する陽な形の 1 階の微分方程式の初期値問題

$$\frac{d\boldsymbol{x}}{dt} = f(\boldsymbol{x}, t) \tag{3.31}$$

$$\boldsymbol{x}(t_0) = \boldsymbol{x}_0 \tag{3.32}$$

は形式的には積分

$$\boldsymbol{x} = \boldsymbol{x}_0 + \int_{t_0}^{t} f(\boldsymbol{x}, t)\, dt \tag{3.33}$$

により求まるので，これを数値的に近似計算することが可能である』という考え方です．

3.4.1 基本的な常微分方程式の解法

以下のような簡単な例題を解いてみましょう．

$$\frac{dx}{dt} = 1 + x^2, \quad x(0) = 0$$

これは変数分離形と呼ばれるもので，解析解が以下のように求まります．

$$\int \frac{dx}{1 + x^2} + x_0 = \int dt + t_0 \ \leftrightarrow\ \arctan(x) = t \ \therefore\ x(t) = \tan(t)$$

```
function xdot = fcn1(x,t)
  xdot(1) = 1 + x(1).^2;
endfunction

x0 = 0;
t = linspace(0, 1.5, 100)';
x = lsode(@fcn1, x0, t);
plot(t,x,'o; lsode ;', t,tan(t),"; tan(t) ;")
grid("on");
set(gca, "gridlinestyle", ":");
legend("boxoff");
legend("left");

print("demo_lsode1.pdf", "-S360,300");
system("evince demo_lsode1.pdf");
```

demo_lsode1.ovs

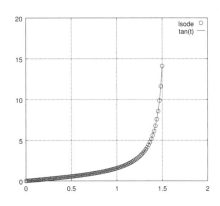

図 3.13 常微分方程式の初期値問題 $\dot{x} = 1 + x^2$, $x_0 = 0$ の数値解 (LSODE) と解析解 $x(t) = \tan(t)$ の比較. 当然ながら, 一致している.

lsode で求めた数値解と解析解を比較して図に描くスクリプトを以下に示します. 途中 x = lsode(...) をセミコロンで終端していないので, 解ベクトル x が画面に表示されます. それが, **列ベクトルに固定されている**ことに注意してください. これに合わせて変数 t も

```
t = linspace(0, 1.5, 100)';
```

などとして, 列ベクトルで与えています.

3.4.1.1 刻み幅

　常微分方程式の解法において, 刻み幅 h は重要なパラメータです. 一般に, 誤差が刻み幅の冪乗に比例すると評価されるからです. さて, 筆者も最初誤解していたのですが, lsode() に与える時間ベクトル T の隣接する要素の間隔はこの刻み幅ではありません. 刻み幅は**自動調節**されます. 従って, lsode() は大概の問題に適応して高い精度の数値解をもたらしてくれるのです. 上記の常微分方程式において T の両端は固定し途中の分割点数のみを変えて最終値における解の誤差を比較するスクリプトで確認してみましょう. 図 3.14 に示されるように, 全くといって良いほどに変化がありません.

　なお, 刻み幅の最大値・最小値・評価の繰り返し回数などは, lsode_options(...) 関数で設定することができます. 引数なしでこの関数を呼ぶと既定値の一覧が得られます.

```
graphics_toolkit "gnuplot";

x_0 = 0; tf = 1.5;
N = 20;
ex = zeros(N,1); td = zeros(N,1);
for k = 1 : N
  td(k) = 2^k;
  t = linspace(0, tf, td(k))';
  x = lsode(@(x,t) 1+x.^2, x_0, t);
  ex(k) = x(end);
endfor
rerr = ex/tan(tf) -1;

loglog(td, rerr, "linewidth", 3);
axis([1,1e6, 1e-6, 1e-4]);
xlabel("分割点数", "fontname",
       "GothicBBB-Medium-UniJIS-UTF8-H")
ylabel("最終点における相対誤差", "fontname",
       "GothicBBB-Medium-UniJIS-UTF8-H")
grid("on");

print("check_lsode1.eps","-S400,300")
system("mupdf check_lsode1.pdf")
```

check_lsode1.ovs

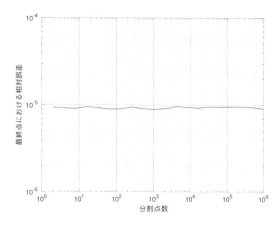

図 3.14　固定領域内で分割点数を $2 \sim 2^{20}$ に変化させて lsode() で解を求めたときの最終点での誤差：まったくといってよいほど変化しない．

```
octave:2> lsode_options()
Options for LSODE include:
  keyword                                value
  -------                                -----
  absolute tolerance                     1.49012e-08
  relative tolerance                     1.49012e-08
  integration method                     stiff
  initial step size                      -1
  maximum order                          -1
  maximum step size                      -1
  minimum step size                      0
  step limit                             100000
```

■ CR 平滑化回路　身近な応用例として，非線形方程式の解法で取り上げたダイオード整流回路 (p.194) に平滑化コンデンサーを取り付けたの回路を考えましょう（図 3.15）．ただし，コンデンサーに無限大の電流が流れるのを避けるために安定化抵抗 $R_S \ll 1$ を仮想的に取り付けます．この場合には，1 回の常微分方程式として扱わざるを得ません．

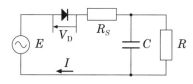

図 3.15　CR 平滑化回路

$$\begin{cases} E = V_D + IR_S + \dfrac{1}{C}\int_0^t I_C \, dt' \\ V_C = V_R = I_R R \end{cases}$$

$$\therefore \frac{dV_D}{dt} = \frac{\frac{dE}{dt} - \frac{1}{C}\left\{I_0 e^{MV_D} - \frac{E-V_D}{R}\right\}}{I_0 M e^{MV_D} R_S + 1}$$

第3章 応用

```
graphics_toolkit "gnuplot";

E = @(t)[cos(100*pi*t)];
dEdt = @(t)[-100*pi*sin(100*pi*t)];
VD = @(x,t,C,R,M,I0,Rs)...
     [ (dEdt(t) - 1/C*(I0*(exp(M*x(1))-1) - 1/R*(E(t) - x(1))) )...
       / (M*Rs*I0*exp(M*x(1))+1) ];

R = 100; CC = [1E-2 1E-3 1E-4]; Rs = 1e-15; M = 500; I0 = 1e-9; N = 200;
t = linspace(0,0.1,N)';
hold on;
for k = 1:3
  C = CC(k);
  V = lsode(@(x,t) VD(x,t,C,R,M,I0,Rs), 0, t);
  plot(t, E(t)-V, "linewidth", 4, "color", [0 1 0]*0.25*(k-0.5));
endfor
plot(t, E(t), "linewidth", 3, "color", [1 0.3 0]);
axis([0 0.1 -1 1.2]);
grid("on");
xlabel("時間 t [s]", "fontsize", 12,
       "fontname", "GothicBBB-Medium-UniJIS-UTF8-H");
ylabel("電圧 V(t)", "fontsize", 12,...
       "fontname", "GothicBBB-Medium-UniJIS-UTF8-H");
title("CR 平滑化半波整流回路", "fontsize", 14, "fontweight", "normal",...
       "fontname", "GothicBBB-Medium-UniJIS-UTF8-H");

print("CRrect_ode.pdf","-S400,300")
system("mupdf CRrect_ode.pdf")
```
CRrect_ode.ovs

紙面の節約のため，関数定義などの記述が判りにくいスクリプトになっていますが，リップル率の CR 依存性などが確認できます．

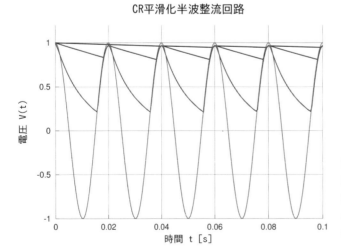

図 3.16 半波整流を CR 回路で平滑化した波形：周波数 50 Hz，平滑化の時定数 $CR = 1,\ 0.1,\ 0.01\,[\mathrm{s}]$ の場合．

3.4.2 連立常微分方程式

求める関数が複数ある場合には連立微分方程式となりますが，陽形式で表現できれば同時に求めることができます．餌となる生物とそれを捕食する生物のそれぞれの個体数 x_1, x_2 の時間変化をモデル化したロトカ–ボルテラ方程式

$$\begin{aligned}\frac{dx_1}{dt} &= x_1(a - bx_2)\\ \frac{dx_2}{dt} &= -x_2(c - dx_1)\end{aligned} \tag{3.34}$$

を解いてみましょう．パラメータ a, b, c, d は正の定数で，それぞれ餌となる生物の自然増加率，捕食を考慮した減少率，捕食する生物の自然死亡率，捕食を考慮した増加率を表しています．

```
function dx = lv(x,t,p)
  dx(1) = x(1)*(p(1) - p(2)*x(2));
  dx(2) = -x(2)*(p(3) - p(4)*x(1));
endfunction

P = [1 1 2 1];
u_0 = 2.5;
t = linspace(0, 5.5, 200)';
k = 0;
hold on; grid on; box on;
for v_0 = 1:0.5:3
  k++;
  x = lsode(@(x,t)lv(x,t,P), [u_0;v_0], t);
  atrrib = sprintf("-%d;%4.1f ;", k, v_0);
  plot(x(:,1),x(:,2),atrrib, "linewidth", 2)
endfor
axis("equal", [0 5 0 4])
xlabel("x_1", "fontsize", 16)
ylabel("x_2", "fontsize", 16)
legend("boxoff")
set(gca, "gridlinestyle", ":")

print("ode_LV.pdf","-S600,450")
system("mupdf ode_LV.pdf");
```

ode_LV.ovs

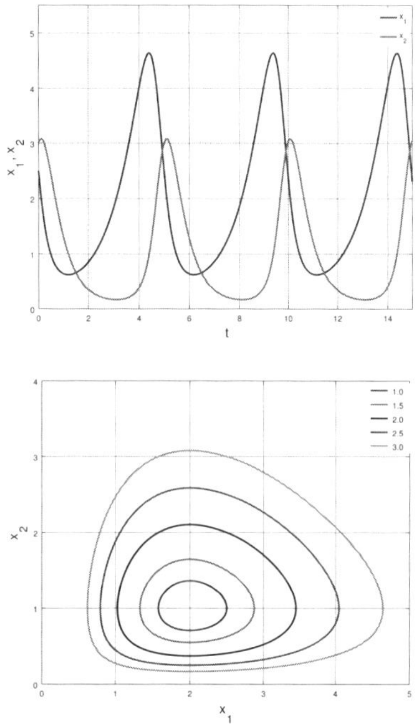

図 3.17 餌となる生物と捕食する生物の個体数をモデル化した，ロトカ-ボルテラ方程式の解曲線

図 3.17 は，$a = b = d = 1$, $c = 2$ とし，初期値 $x_1(0) = 2.5$, $x_2(0) = 1, 1.5, \cdots, 3$ に対する解を描いたものです．$x_1(t)$, $x_2(t)$ の経時変化は，点 $(c/d, a/b)$ を中心にした周期的な振動となりますので（図 3.17 上），しばしば $x_1 x_2$ 相図で表現されます（図 3.17 下）．

3.4.2.1 スティッフ

lsode_options() で設定するオプションのうち"integration method"には, "stiff", "non-stiff", "bdf", "adams"の指定が可能です. **stiff（硬い）**とは陽的解法が苦手とする構造を持つ常微分方程式のことで正確な定義や説明は専門書 [24] に譲るとして, スティッフな方程式に対しては, 数値解析の入門段階で習う万能選手たる **4 次の Runge-Kutta 法**がしばしば長大な時間がかかったり失敗したりするということを記憶にとどめましょう. lsode() は既定がスティッフに対応した解法を用いることになっているのでそのような問題に対しても解を算出してくれます.

この辺の事情を, スティッフな常微分方程式の解法テストに用いられる次の Robertson 反応（速度が極端に異なる化学反応が含まれる系）問題で確かめてみましょう.

$$\begin{cases} x_1' = -0.04 x_1 + 10^4 x_2 x_3 \\ x_2' = 0.04 x_1 - 10^4 x_2 x_3 - 3 \times 10^7 x_2^2 \\ x_3' = 3 \times 10^7 x_2^2 \\ x_1(0) = 1, \ x_2(0) = 0, \ x_3(0) = 0 \end{cases} \quad (3.35)$$

特に何もオプション指定することなく, lsode() で解くスクリプトと得られた数値解を示します. さて, lsode_options() を記している行の行頭から#を削除して, 既定の

```
function dx = robertson(x,t)
   dx(1) = -0.04*x(1) + 1e4*x(2)*x(3);
   dx(2) =  0.04*x(1) - 1e4*x(2)*x(3) - 3e7*x(2).^2;
   dx(3) = 3e7*x(2).^2;
endfunction

#lsode_options("integration method", "non-stiff")
x_0 = [1, 0, 0]';
t = logspace(-6,10,1000)';
x = lsode(@robertson, x_0, t);
semilogx(t,x(:,[1,3]), "linewidth",2,
         t,x(:,2)*1e4, "linewidth",3);
axis([1e-6, 1e10]);
xlabel("t","fontsize", 14)
ylabel("y_1, 10^{4}y_2, y_3", "fontsize", 14)
text(10,0.88,"y_1", "fontsize",14)
text(10,0.32,"y_3", "fontsize",14)
text(0.01,0.41,"y_2", "fontsize",14)
grid("on"); grid("minor", "off");
set(gca, "gridlinestyle", ":");

print("ode_robertson.pdf", "-S600,450");
system("mupdf ode_robertson.pdf");
```
ode_robertson.ovs

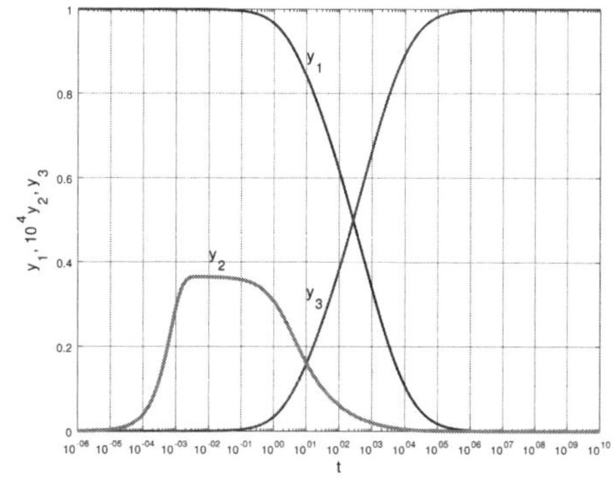

図 3.18 ロバートソン反応問題の lsode() の "stiff"な積分法による数値解

"stiff"を"non-stiff"に変えてから再度実行してみると.... Athlon 3GHz のホストで 3 分待って, 結局失敗しました（"stiff"ならば 1 秒未満で終了）.

3.4.2.2 高階常微分方程式

力学で最も重要な運動方程式は 2 階の常微分方程式です．表向き 1 階の微分に対する数値解法では扱えないように思えますが，解析力学で学ぶように変位 r と速度 v を並べた新たなベクトル

$$x \equiv \begin{pmatrix} r \\ v \end{pmatrix} = \begin{pmatrix} r \\ r' \end{pmatrix} \tag{3.36}$$

を考えれば適用可能です．

最も簡単な，一次元調和振動子を例にしましょう．$x(t)$ の 2 階の常微分方程式を，以下の様に 1 階の連立常微分方程式に書き改めます．

$$\frac{dx^2}{dt} + \omega^2 x = 0$$
$$\Leftrightarrow \frac{dx_1}{dt} = x_2, \ \frac{dx_2}{dt} = -\omega^2 x_1 \ \left[x_1 \equiv x, \ x_2 \equiv v_x = \frac{dx}{dt} \right]$$

すなわち，$x \to (x, v_x) = (x_1, x_2)$ と考え直すということです．

一般解は $A\sin(\omega t + \theta_0)$ であることは良く知られています．初期値 (x_0, v_0) に対する任意定数 A, θ_0 は，$\theta_0 = \arctan(\omega x_0/v_0)$, $A = a/\sin(\theta_0)$ と求まります．

```
function dx = harmonic(x,t,w2)
  dx(1) = x(2);
  dx(2) = -w2*x(1);
endfunction

W = pi/2; x0 = 2; v0 = 1;
X_0 = [x0; v0];
th0 = atan(W*x0/v0);
A = x0/sin(th0);
t = linspace(0, 10, 100)';
xa = A*sin(W*t + th0);
va = W*A*cos(W*t + th0);
x = lsode(@(x,t)harmonic(x,t,W^2), X_0, t);
plot(t, [xa va], "linewidth", 2,
     t, x, "ko", "linewidth", 1)
xlabel("t", "fontsize", 14, "fontangle", "italic")
ylabel("x(t), v(t)", "fontsize", 14,
       "fontangle", "italic")
grid("on")
set(gca, "gridlinestyle", ":")

print("ode_harmonic.pdf","-S400,300)
system("mupdf ode_harmonic.pdf");
```

ode_harmonic.ovs

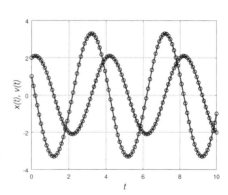

図 3.19 1 次元調和振動子 $\ddot{x} + \omega^2 x = 0$ の lsode() による数値解（○印）と解析解 $A\sin(\omega t + \theta_0)$ との比較．

第3章 応用

■ **単振り子の大振幅解**　長さ ℓ の単振り子の運動方程式は，振れ角を $\theta(t)$ として

$$\frac{d^2\theta}{dt^2} = -\frac{g}{\ell}\sin\theta \tag{3.37}$$

となります．さらに微小振れ角 $\theta \ll 1$ の場合について，近似 $\sin\theta = \theta$ を用いて以下の単振動の式を得ます．

$$\frac{d^2\theta}{dt^2} = -\frac{g}{\ell}\theta, \quad \therefore\ \theta(t) = \theta_0 \sin\left(\sqrt{\frac{g}{\ell}}t + \alpha\right) \tag{3.38}$$

筆者の所属する理工系大学初年次の基礎物理の講義では，微小でない場合については詳しく説明しません．時間が足りないだけではなく，解析解が初等関数の組み合わせではなく楕円積分で表されるため，判ったようで判らない結果となるからです．Octave を用いれば，数値解析解と解析解（これも楕円関数で結局数値解のようなものですが）とを比較できますから，多少判った気分に浸れます．角度 θ_0 で静止させた状態から振動を開始させるという初期条件 $\theta(0) = \theta_0$, $\dot\theta(0) = 0$ の場合の一般解は，次のように求まります（p.283 参照）．

$$\theta(t) = 2\arcsin\left[\sin\frac{\theta_0}{2}\mathrm{sn}\left\{\sqrt{\frac{g}{\ell}}\left(\frac{T}{4} - t\right)\right\}\right] \tag{3.39}$$

ここに，T は次式で与えられる振動の周期です．

$$T = 4\sqrt{\frac{\ell}{g}}\int_0^{\frac{\pi}{2}} \frac{d\phi}{\sqrt{1 - k^2\sin^2\phi}}, \quad k = \sin\frac{\theta_0}{2} \tag{3.40}$$

また $\mathrm{sn}(u)$ は楕円関数で，第1種楕円積分の逆関数として以下のように定義されます．

$$u = \int_0^\phi \frac{d\theta}{\sqrt{1 - k^2\sin^2\theta}}, \quad \mathrm{sn}(u) = \sin\phi \tag{3.41}$$

Octave では楕円関数 `eliipj()` と完全楕円積分 `ellipke()` がバージョン4から標準配布となっています．初期角度を引数にして，`lsode()` による数値解と解析解 (3.39) を図に描くスクリプト，および $\theta_0 = 1.0, 2.9$ の場合の振動の様子を図3.20に示します．

```
$ octave -q pendulum.ovs 2.9
```

3.4 常微分方程式

```
G = 9.8; L = G/(2*pi)^2; DIV = 50;
if (nargin > 0) TH0 = str2num(argv(){1}) else TH0 = 2.9 endif;
[k e] = ellipke(sin(TH0/2)^2);
T = 4*sqrt(L/G)*k;
ta = linspace(0, 2, DIV);
[sn,cn,dn] = ellipj((T/4-ta)*sqrt(G/L),sin(TH0/2)^2);
tha = 2*asin(sin(TH0/2)*real(sn));

t = linspace(0,2,100);
function dx = pend(x,t,G,L)
  dx(1) = x(2);
  dx(2) = -G/L*sin(x(1));
endfunction
th = lsode(@(x,t)pend(x,t,G,L), [TH0; 0], t);

hold on; box on;
plot(ta, tha, "o3;elliptic;", "linewidth", 1);
plot(t, th(:,1), "-;o.d.e;", "linewidth", 2);
axis([0  2 -3 3]);
xlabel("t [s]", "fontsize", 14);
text(-0.18, 0.3, "[rad]", "fontsize", 14, "rotation", 90);
ylabel("q", "fontname", "Symbol", "fontsize", 14);
legend("boxoff"); legend("location","southwest")

fname = sprintf("pendulum_%.0d", round(TH0*180/pi));
print([fname,".pdf"], ,"-S400,300");
```

pendulum.ovs

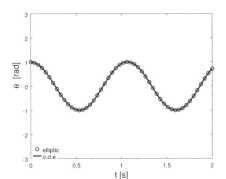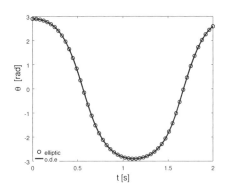

図 3.20 （剛体）単振り子の振動の様子．最大振れ角を $\theta_0 = 1(57^\circ), 2.9(166^\circ)$ とした場合の比較．$\theta_0 = 2.9$（右図）では，明らかに三角関数（単振動）ではなくなっていることが分かります．

第 3 章 応用

■ **3 体問題** 平滑化回路はまず実物があり，ダイオードのモデル近似も粗いものですから，まあ実際の現象の大体のところがシミュレーションで示せればよろしいとすべきでしょう．対して，3 体問題は特別な場合を除き解析的な一般解が存在せず，数値計算に頼らざるを得ないという状況ですから，数値計算の精度が問われます．ピタゴラス 3 体問題とは辺が整数比で表される三角形の頂点にそれぞれの対辺に比例した質量を置いた場合の 3 体問題です．最も有名な $3:4:5$ の比の三角形について数値計算により解いたとする論文は 1967 年に報告されました．質点の運動方程式は，他の 2 質点からの万有引力の和が外力となりますから，質点 m_k の位置ベクトルを $\boldsymbol{r}_k$ とすると，一般的な記号 $\boldsymbol{r}_{kn} = \boldsymbol{r}_k - \boldsymbol{r}_n$, $r_{kn} = |\boldsymbol{r}_{kn}|$ を用いて，

$$\frac{d^2 \boldsymbol{r}_\alpha}{dt^2} = G \frac{m_\beta}{r_{\beta\alpha}^3} \boldsymbol{r}_{\beta\alpha} + G \frac{m_\gamma}{r_{\gamma\alpha}^3} \boldsymbol{r}_{\gamma\alpha} \quad (\alpha, \beta, \gamma) = [(1,2,3), (2,3,1), (3,1,2)] \qquad (3.42)$$

と表されます．この連立微分方程式を定義する関数を `threebody345.m` として独立な関数ファイルとしました．関数ファイルおよびメインスクリプト中の配列 `r` は $(r_{1x}, r_{1y}, r_{2x}, r_{2y}, r_{3x}, r_{3y}, v_{1x}, v_{1y}, v_{2x}, v_{2y}, v_{3x}, v_{3y})$ という並びの 12 元の横ベクトルです．また，質量 3,4,5 の静止状態の初期位置はそれぞれ $(1,3), (-2,-1), (1,-1)$ です．

```
function dr = threebody345(r, t, M3, M4, M5)
  r45 = sqrt((r(3)-r(5))^2 + (r(4)-r(6))^2);
  r53 = sqrt((r(5)-r(1))^2 + (r(6)-r(2))^2);
  r34 = sqrt((r(1)-r(3))^2 + (r(2)-r(4))^2);

  for k=1:6  dr(k) = r(k+6); endfor;
  dr(7)  = M4*(r(3)-r(1))/r34^3 + M5*(r(5)-r(1))/r53^3 ;
  dr(8)  = M4*(r(4)-r(2))/r34^3 + M5*(r(6)-r(2))/r53^3 ;
  dr(9)  = M5*(r(5)-r(3))/r45^3 + M3*(r(1)-r(3))/r34^3 ;
  dr(10) = M5*(r(6)-r(4))/r45^3 + M3*(r(2)-r(4))/r34^3 ;
  dr(11) = M3*(r(1)-r(5))/r53^3 + M4*(r(3)-r(5))/r45^3 ;
  dr(12) = M3*(r(2)-r(6))/r53^3 + M4*(r(4)-r(6))/r45^3 ;
endfunction
```

threebody345.m

軌跡を計算するスクリプトと，`lsode` のオプションに 'stiff'，'non-stiff' と変化させた場合の結果を図 3.21 に示します．

3.4 常微分方程式

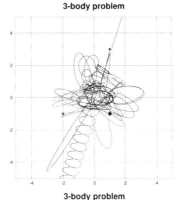

```
graphics_toolkit "gnuplot";

DM = 70;                    # 最大時間
DT = 0.2;                   # 1区間当たりの時間
ND = 20;                    # 1区間当たりの記録データ数
NM = uint32(DM/DT*ND);      # 描画点数
rr = zeros(NM,7);
M3 = 3; M4 = 4; M5 = 5;
R0 = [ 1, 3, -2, -1, 1, -1, zeros(1,6)];
ri = R0;
lsode_options("integration method", "non-stiff");
lsode_options("absolute tolerance", 1e-14);
lsode_options("relative tolerance", 1e-14);

for k = 1: DM/DT
  t = linspace(0, DT, ND);
  [r ist msg] = lsode(@(r,t)...
                threebody345(r,t,M3,M4,M5), ri, t);
  ri(1,:) = r(ND,:);
  rr((k-1)*ND+1:k*ND, 1:6) = r(1:ND, 1:6);
  rr((k-1)*ND+1:k*ND, 7) = t(1,:)+(k-1)*DT;
  printf("%f\r", k*DT);
endfor
plot(rr(1:NM,1),rr(1:NM,2), "-1;;", "linewidth", 2,
     rr(1:NM,3),rr(1:NM,4), "-2;;", "linewidth", 2,
     rr(1:NM,5),rr(1:NM,6), "-3;;", "linewidth", 2,
     1, 3,"1o;;","markersize",3, "linewidth", 6,
     -2, -1,"2o;;","markersize",4, "linewidth", 8,
     1, -1,"3o;;","markersize",5, "linewidth", 10);
axis("equal", [-5,5,-5,5]);
title("3-body problem", "fontsize", 18);
grid("on");
rr([3000 4000 5000 6000],:)
save("pythagoras.dat","rr");

print("pythagoras.pdf","-S400,400");
system("mupdf pythagoras.pdf");
```

pythagoras.ovs

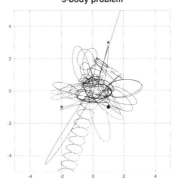

図 3.21　質量比 $3:4:5$ のピタゴラス3体問題の軌跡．lsode のオプションとして，'stiff' を与えた場合（上），'non-stiff' を与えた場合（下）の比較．

図ではほとんど区別できませんが，$t = 30, 40, 50, 60$ における位置を出力させた結果を見ると，$t = 40$ までは5桁の精度で同一ですが，$t = 60$ では2桁しか合ってません．もちろん，'stiff' の解が正しいと信じてます．

```
# 'stiff'
    0.85634    2.28709   -0.87798   -0.86596    0.18858   -0.67949   30.00000
   -0.62200    1.85832    0.17355   -2.36841    0.23437    0.77974   40.00000
   -2.70139   -3.79697    1.50567    0.96090    0.41630    1.50946   50.00000
    0.74861    1.95270    0.26547   -0.73715   -0.66154   -0.58190   60.00000

# 'non-stiff'
    0.85634    2.28709   -0.87798   -0.86596    0.18858   -0.67949   30.00000
   -0.62200    1.85832    0.17355   -2.36841    0.23437    0.77974   40.00000
   -2.70129   -3.79666    1.50534    0.96100    0.41650    1.50919   50.00000
    0.75469    1.96867    0.26675   -0.74389   -0.66621   -0.58609   60.00000
```

3.4.3 微分代数方程式

陽的常微分方程式 (3.31) よりも一般的な常微分方程式の形は以下のような陰的常微分方程式です．

$$0 = \boldsymbol{F}(t, \boldsymbol{x}, \boldsymbol{x}') \tag{3.43}$$

この式を具体的に記述すると，$\boldsymbol{x}$ の一部の変数は単に代数方程式（微分方程式ではなく）で表される制約条件を満たすようにモデル化される場合があります．むしろ，微分変数 $\boldsymbol{y}$ に代数変数 $\boldsymbol{z}$ を追加して $\boldsymbol{x}$ が構成されるといった方がよいかもしれません．すなわち，微分方程式と代数方程式を組み合わせたものは，**微分代数方程式**（Differential–Algebraic Equations）と呼ばれます [25]．

3.4.3.1 基本的な例

とにかく例題を解いてみましょう．MATLAB には陽的常微分方程式を解く `ode15s` という関数に微分代数方程式を扱うオプション指定が提供されていますが，その解説にある陽的 ODE の初期値問題，本書では常微分方程式の節 3.4.2.1 で取り上げた式 (3.35) を，以下の微分代数方程式 (3 番目に定常解に基づく単純な代数方程式が含まれています) に定式化しなおして考えてみようというわけです．

$$\begin{cases} x_1' = -0.04 x_1 + 10^4 x_2 x_3 \\ x_2' = 0.04 x_1 - 10^4 x_2 x_3 - 3 \times 10^7 x_2^2 \\ 0 = x_1 + x_2 + x_3 - 1 \\ x_1(0) = 1, \quad x_2(0) = 0 \end{cases} \tag{3.44}$$

`daspk()` は，`lsode()` よりも呼び出しが少し複雑です．

```
[x, [xdot, [istate, [msg]]]]
    = daspk(fcn, x_0, xdot_0, t, [t_crit])
```

`lsode` との大きな違いが 2 つあります．

1. 初期値 $\boldsymbol{x}_0$ に加えて，微分の初期値 $\boldsymbol{x}_0'$ が必要
2. 第 1 引数の関数 `fcn` の仕様が異なる．前項に関連して引数として $\boldsymbol{x}_e$ に加えてその微分 $\boldsymbol{x}_e'$ を取る．また，戻り値は $\boldsymbol{x}'$ ではなく，引数 $\boldsymbol{x}_e, \boldsymbol{x}_e'$ と関数内部での推定値 $\boldsymbol{x}, \boldsymbol{x}'$ との差（これが 0 になるように計算が進行する）

Robertson 問題を微分代数方程式で定式化した式 (3.44) を，`daspk()` で解くスクリプト例を示します．

```
    function res = robertson(x, xd, t)
        res(1) = xd(1) - (-0.04*x(1) + 1e4*x(2)*x(3));
        res(2) = xd(2) - (0.04*x(1) - 1e4*x(2)*x(3) - 3e7*x(2).^2);
#       res(3) = xd(3) - 3e7*x(2).^2;
        res(3) = x(3) - (1 - x(1) -x(2));
    endfunction

    x_0 = [1, 0, 0]';
    xd_0 = [-0.04, 0.04, 0]';
    t = logspace(-6,8,1001)';
    [x xd] = daspk(@robertson, x_0, xd_0, t);
    semilogx(t,x(:,[1,3]), t, x(:,2)*1e4);
    drawnow();
    pause;
```

<u>dae_robertson.ovs</u>

微分代数方程式の定義関数 robertson() 中，#でコメントアウトした res(3) の差分の計算式を活かし，その下の res(3) の行を#でコメントアウトしても解は得られます．もちろん，それでは単なる常微分方程式を定義したことになり，あまり有意義ではなくなりますが，単なる常微分方程式も daspk() で解くことが可能であることが理解できます．すなわち daspk() は lsode() よりも汎用性が高いことを示唆しています．

3.5 偏微分方程式

残念なことに Octave は偏微分方程式の解法関数を装備していません．従って，数値計算の教科書を参考にして自分でプログラムを書かなければなりません．もちろん，C や C++ よりもずっと少ない行数で記述できるので，数値解法のアルゴリズムそのものを理解し易いのではないかと思います．

3.5.1 1 次元熱伝導方程式

発熱がない場合の細い棒の中の温度分布 $T(x', t')$ は，一般に次のような偏微分方程式でモデル化されます．

$$\frac{\partial T}{\partial t'} = \frac{\kappa}{c\rho}\frac{\partial^2 T}{\partial x'^2} = \mathcal{D}^2 \frac{\partial^2 T}{\partial x'^2} \tag{3.45}$$

ここに，κ は熱伝導率，c は比熱，ρ は密度で，$\mathcal{D}^2 = \kappa/c\rho$ は熱拡散率と呼ばれます．無次元の変数 x, t を導入し，x', t' に対して $x' = \lambda x, t' = \tau t$ により $\mathcal{D}^2 \tau/\lambda^2 = 1$ となるようにスケーリングします．また温度も，$T(x', t') = T_0 u(x, t)$ として無次元化しておきます．

このようにして得られた以下の標準形の 1 次元熱伝導方程式を考察の対象とします．

第 3 章 応用

$$\frac{\partial u}{\partial t} = \frac{\partial^2 u}{\partial x^2} \quad (0 \leq x \leq 1,\ t \geq 0) \tag{3.46}$$

さて，これだけでは，解を定めることができません．適当な初期条件や境界条件を与える必要があります．そこで，両端の温度が一定で，初期分布が与えられているという条件を付け加えます．

$$u(x, 0) = f(x) \qquad \text{（初期条件）}$$
$$u(0, t) = 0, u(1, t) = u_1 \qquad \text{（境界条件）}$$

実は，Fourier 級数展開により解析的な形式解を求めることができますが，それは数値解法の検算のために後で述べます．

3.5.1.1 FTCS 法

数値的に解を求めるにはどうするかというと，一言でいえば「**微分を差分近似する**」に尽きます．FTCS 法（Forward Time Centered Space method）では式 (3.46) は

$$\frac{1}{k}(u_{i,j+1} - u_{i,j}) = \frac{1}{h^2}(u_{i+1,j} - 2u_{i,j} + u_{i-1,j}) \tag{3.47}$$

と表すことができます．ここに，k は t 方向の格子幅，h は x 方向の格子幅です．図 3.22 の左側に格子点のとり方の様子を示します．

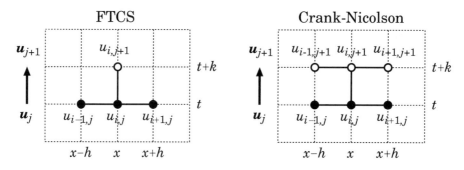

図 3.22 熱伝導方程式（放物型偏微分方程式）の差分法の格子点のとりかた：FTCS 法（左），Crank-Nicolson 法（右）．黒丸は既知，白丸は未知であることを表しています．

実際の計算の手順は，x 方向に並んだ列ベクトル $\boldsymbol{u}_j = [u_{i,j}]$ $(i = 0, 1, \cdots, N = h^{-1})$ を t に関し j を進めながら計算するというものです．具体的には，$u_{i,j+1}$ について解いた形式が見やすいです．すなわち，

3.5 偏微分方程式

$$u_{i,j+1} = (1-2r)u_{i,j} + r\left(u_{i+1,j} + u_{i-1,j}\right) \qquad r = \frac{k}{h^2} \tag{3.48}$$

$$\boldsymbol{u}_{j+1} = \begin{pmatrix} s & r & & 0 \\ r & s & \ddots & \\ & \ddots & \ddots & r \\ 0 & & r & s \end{pmatrix} \boldsymbol{u}_j = P\boldsymbol{u}_j \qquad s = 1-2r \tag{3.49}$$

と表現してみると，初期値ベクトルは $\boldsymbol{u}_0 = [\,u_{i,0}\,] = [\,f(x_i)\,]$ で与えられますから，$t = jk$ における値が

$$\boldsymbol{u}_j = P^j \boldsymbol{u}_0 \tag{3.50}$$

のように求まってしまいます．ただし，境界条件より $u_{0,j} = u_{N,j} = 0$ とします．これは**陽的解法**と呼ばれ計算はとても簡単ですが，安定な解を得るには次の条件が必要です（ここでは証明略）．FTCS 法の打ち切り誤差は一般に $\mathcal{O}(h^2, k)$ ですが，$r = 1/6$ のときには特別に小さく抑えることができて，$\mathcal{O}(h^4, k^2)$ となります．

$$r = \frac{k}{h^2} < \frac{1}{2} \tag{3.51}$$

初期条件として，最も単純な $u(x,0) = f(x) = 0$，境界条件 $u_1 = 1$ を与えた場合の数値解を求めるスクリプトを示します．また，その結果を図 3.23 に示します．直観的に $\lim_{t\to\infty} u(x,t) = x$ の直線になることが明らかで，計算結果も（途中ですが）直線に漸近していく様子が伺えます．さらに，最後の $r = 65/128$ は $1/2$ よりわずかに大きな値ですが，全く意味のない解となっており，安定条件 $r \leq 1/2$ が存在することを確認できます．

```
N = 33; h = 1/(N-1); n = 0;
for r = [1/6, 1/2, 65/128]
  k = r*h^2; n++; M = round(300/r)
  u = zeros(N,M); u(N, 1) = 1;
  P = toeplitz([1-2*r, r, zeros(1, N-2)]);
  for m = 1 : M-1
    u(:, m+1) = P* u(:,m); u(1, m+1) = 0; u(N, m+1) = 1;
  endfor
  dk = round(20/r), uu = u(:, 1:dk:M);
  [X Y] = meshgrid([0:dk*k:(M-1)*k], [0:h:1]);
  subplot(2,2,n); plot(Y(:,1:2:M/dk), uu(:,1:2:M/dk), "b-")
endfor
subplot(2,2,4); mesh(X, Y, uu);

print("pde_ftcs.pdf","-S600,450","-F:4");
```
pde_ftcs.ovs

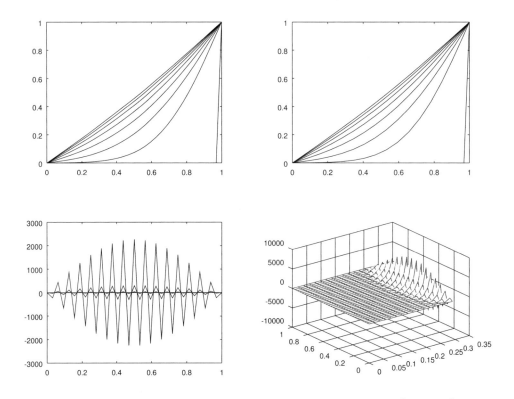

図 3.23 一次元熱伝導方程式 (3.46) の FTCS 法による数値解．刻み幅を $h^2 = 1/32^2$ に固定，$r = 1/6, 1/2, 65/128$ と変化させた結果．初期条件：$u(x, 0) = 0$, 境界条件：$u(0, t) = 0, u(1, t) = 1$.

3.5.1.2 Fourier 級数解

この境界条件に対しては，解析的な解がフーリエ級数展開を用いて，

$$u(x, t) = x - \frac{2}{\pi} \sum_{n=1}^{\infty} \frac{(-1)^{n-1}}{n} \sin(n\pi x) \exp\left(-n^2 \pi^2 t\right)$$

であることが判っています．とはいえ無限級数和を含むので最後は数値計算に頼らざるを得ないのですが，有限項で打ちきるならば計算自体はずっと楽です．100 項までの級数和を計算して解を求めるスクリプトと解 $z = u(x, t)$ を図 3.24 に示します．

```
graphics_toolkit "gnuplot";
N = 33; h = 1/(N-1); r = 1; k = r*h^2; M = 1001;
u = zeros(N,M); x = [0:N-1]*h; t = [0:M-1]*k;
for p = [1:100]
   u += (-1)^(p-1)*sin(p*pi*x)'*exp(-(p*pi)^2*t)/p;
endfor
u = x'*ones(1,M) - 2/pi*u; u(:,1)= 0; u(N,1) = 1;
dk = 20; uu = u(:, 1:dk:M);
[X Y] = meshgrid([0:dk:M-1]*k, [0:h:1]);
mesh(X, Y, uu, "linewidth", 2);
axis([0 (M-1)*k 0 1 0 1]);
xlabel("t", "fontsize", 14, "fontangle", "italic");
ylabel("x", "fontsize", 14, "fontangle", "italic");

print("pde_fourier.pdf", "-S450,300");
```

pde_fourier.ovs

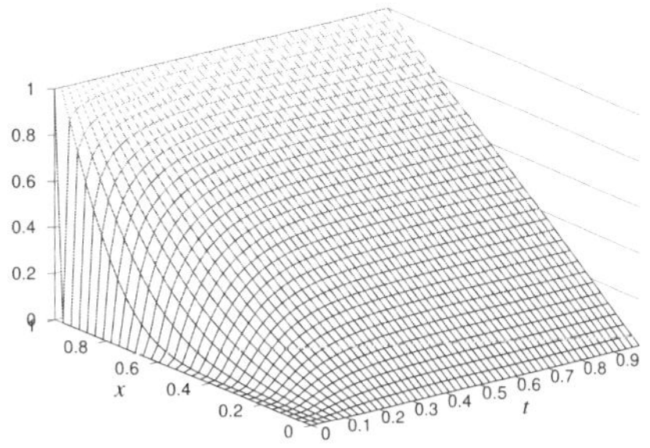

図 **3.24** 1 次元熱伝導方程式 (3.46) の，Fourier 展開法による解析解

3.5.1.3 Crank-Nicolson 法

(3.46) 式を以下の差分で近似する方法は Crank-Nicolson 法と呼ばれます．

$$\frac{u_{i,j+1} - u_{i,j}}{k} = \frac{1}{2}\left(\frac{u_{i+1,j+1} - 2u_{i,j+1} + u_{i-1,j+1}}{h^2} + \frac{u_{i+1,j} - 2u_{i,j} + u_{i-1,j}}{h^2}\right) \quad (3.52)$$

これは整理すると，

$$-ru_{i-1,j+1} + (2+2r)u_{i,j+1} - ru_{i+1,j+1} = ru_{i-1,j} + (2-2r)u_{i,j} + ru_{i+1,j} \quad (3.53)$$

となります．ここに $r = k/h^2$ です．式 (3.53) の左辺には未知数が三つ含まれており，陰的 (implicit) と呼ばれます．これは $p = 2+2r$, $q = 2-2r$ とし，二つの 3 重対角行列を使って以下のように書き表すことができます．

$$\begin{pmatrix} p & -r & & 0 \\ -r & p & \ddots & \\ & \ddots & \ddots & -r \\ 0 & & -r & p \end{pmatrix} \bm{u}_{j+1} = \begin{pmatrix} q & r & & 0 \\ r & q & \ddots & \\ & \ddots & \ddots & r \\ 0 & & r & q \end{pmatrix} \bm{u}_j + \bm{b}_j \quad (3.54)$$

ここに，$\bm{b}_j = (0, 0, \cdots, 2r)^T$ は，連立方程式 (3.53) の 1 行目に u_0，最終行目に u_{N+1} の項が含まれており行列式では表しきれていないことに対する修正項です．すなわち，第 1 式と第 N（最終）式は，以下のようになりますが

$$-ru_{0,j+1} + pu_{1,j+1} - ru_{2,j+1} = ru_{0,j} + qu_{1,j} + ru_{2,j}$$
$$-ru_{N-1,j+1} + pu_{N,j+1} - ru_{N+1,j+1} = ru_{N-1,j} + qu_{N,j} + ru_{N+1,j}$$

u_0, u_{N+1} の項を右辺に移行し，さらに境界条件より $u_0(=u_1) = 0, u_{N+1}(=u_N) = 1$ を代入して，

$$pu_{1,j+1} - ru_{2,j+1} = qu_{1,j} + ru_{2,j} + ru_{0,j} + ru_{0,j+1}$$
$$= qu_{1,j} + ru_{2,j} + 0 \tag{3.55}$$
$$-ru_{N-1,j+1} + pu_{N,j+1} = ru_{N-1,j} + qu_{N,j} + ru_{N+1,j} + ru_{N+1,j+1}$$
$$= ru_{N-1,j} + qu_{N,j} + 2r \tag{3.56}$$

と書き改めることを行っています．もちろん，第 2 行から第 $N-1$ 行は修正する必要はありません．更に整理をすすめると，

$$(2I - rC_n)\boldsymbol{u}_{j+1} = (2I + rC_n)\boldsymbol{u}_j + \boldsymbol{b}_j$$
$$\therefore \quad \boldsymbol{u}_{j+1} = (2I - rC_n)^{-1}(2I + rC_n)(\boldsymbol{u}_j + \boldsymbol{b}_j) \tag{3.57}$$

となります．ここに C_n は

$$C_n = \begin{pmatrix} -2 & 1 & & 0 \\ 1 & -2 & \ddots & \\ & \ddots & \ddots & 1 \\ 0 & & 1 & -2 \end{pmatrix} \tag{3.58}$$

式 (3.57) の右辺の行列の固有値の絶対値が安定性の指標となりますが，任意の r に対して 1 以下であることが示されますから，解は安定となります．すなわち，陽的な FTCS 法に比べて，陰的な Crank-Nicolson 法は非常に安定であることが判ります．ただし，「安定＝誤差が小さい」のではありません．Crank-Nicolson の打ち切り誤差は $\mathcal{O}(h^2, k^2)$ と見積もられ，FTCS 法の最適値（$r = 1/6$ の時）$O(h^4, k^2)$ に比べて大きいです．

図 3.25 に，$h^2 = 1/128^2$ と固定して，$r = 1, 2, 4$ と変化させて得た結果を示します．どの r に対しても意味のある数値解が得られており，安定性の高い解法であることを確認できます．

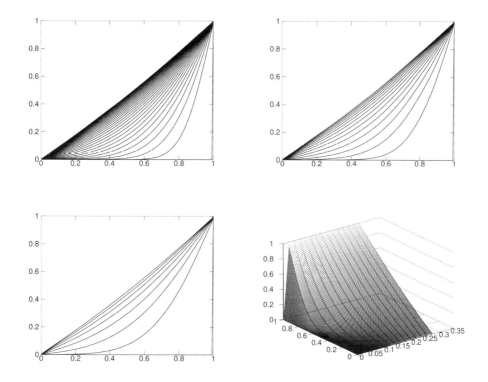

図 3.25 一次元熱伝導方程式 (3.46) の Crank-Nicolson 法による数値解．刻み幅は $h^2 = 1/128^2$ に固定し，$r = 1, 2, 4$ と変化させた結果．初期条件：$u(x, 0) = 0$，境界条件：$u(0, t) = 0, u(1, t) = 1$

3.5.1.4 sparse matrix 型の効用

Crank-Nicolson 法は安定ですが，打ち切り誤差を少なくするためには空間の刻み幅 h をかなり小さくする必要があり，計算時間を要します．ところで，途中現れる 3 重対角行列の長さは刻み幅の 2 乗の逆数 $N = h^{-2}$ に比例し，疎行列としての密度は $\sim 3N/N^2 = 3/N = 3h^2$ となって，h^2 に連れて疎になっていきます．Octave では，疎行列については単なる matrix 型を sparse matrix 型に変換することが可能です．そして，ここが肝心なところですが，もし，変換後の sparse 型で計算をすすめられるならば，速度が飛躍的に向上すると期待できます．単純 matrix 型の行列 A から，同じ内容を表す sparse 型の行列 SA への変換は，sparse() 関数を使って極めて容易に実行できます．

```
SA = sparse(A)
```

このことを確かめてみましょう．図 3.25 を描くためのスクリプトと実行時の画面を以下に示します．

```
graphics_toolkit("gnuplot");
N = 129; h = 1/(N-1); n = 0;
for r = [1 2 4]
  k = r*h^2; n++; M = round(4800/r);
  u = zeros(N,M); u(N, 1) = 1;
  C = toeplitz([-2, 1, zeros(1,N-2)]);
  A = sparse(2*eye(N) - r*C);
  B = sparse(2*eye(N) + r*C);
  b = zeros(N,1);
  b(end) = 2*r;
  tic
  for m = 1 : M-1
    u(:,m+1) = A\(B*u(:,m)+b); u(1,m+1) = 0; u(N,m+1) = 1;
  endfor
  toc
  dk = 80; uu = u(:, 1:dk:M);
  [X Y] = meshgrid([0:dk*k:(M-1)*k], [0:h:1]);
  subplot(2,2,n);
  plot(Y(:,1:2:M/dk), uu(:,1:2:M/dk), "b-", "linewidth", 2)
endfor
subplot(2,2,4); mesh(X, Y, uu, "linewidth", 2);

print("pde_CN.pdf", "-S600,450","-F:4");
```
pde_CN.ovs

```
$ octave -q pde_CN.ovs
Elapsed time is 0.36202 seconds.
Elapsed time is 0.186401 seconds.
Elapsed time is 0.0926201 seconds.
```

u を逐次求める繰り返し処理を tic,toc で挟んで時間を計測して，その計測結果が画面表示されます．繰り返しの上限が r に逆比例してますから，実行時間もその傾向を示しています．このスクリプト中の sparse(....) を外して sparse 型に変換せずに単純 matrix 型のままで計算させたらどうなるか，実行結果を以下に示します．

```
$ octave -q pde_CN.ovs
Elapsed time is 4.30907 seconds.
Elapsed time is 2.14336 seconds.
Elapsed time is 1.07098 seconds.
```

実行速度が 10 倍も違っています．まさに，sparse 形式様々といったところでしょうか．

3.5.1.5 複素数の偏微分方程式：Schrödinger 方程式

Octave は複素数の計算も教科書と同じ記述で可能です．例えば，量子力学においては，波動関数 $\psi(x,t)$ の 2 乗が空間における粒子の存在確率 $P(x,t)$ を表しますが，波動関数自体は複素数です．波動関数の運動を記述する方程式は Schrödinger 方程式と呼ばれ，1 次元においては

$$i\hbar \frac{\partial \psi}{\partial t} = -\frac{\hbar^2}{2m}\frac{\partial^2 \psi}{\partial x^2} + V(x,t)\psi \tag{3.59}$$

となります．ここに $V(x,t)$ はポテンシャル障壁です．この方程式は拡散方程式ですので，熱伝導方程式と同じ扱いが可能です．ただし，$\psi(x,t)$ は複素数ですから，C 言語で記述するのは四則演算を関数で記述しなければならず大変面倒です．ところが Octave は複素数の四則演算を教科書の通り記述できますから，実数演算の場合と同じ調子です．この問題では，V に時間変化がないので，以下の行列方程式に定式化できます．

$$i\boldsymbol{\psi}_{j+1} = \begin{pmatrix} p_1 & -r & & 0 \\ -r & p_2 & \ddots & \\ & \ddots & \ddots & -r \\ 0 & & -r & p_N \end{pmatrix} \boldsymbol{\psi}_j \quad p_i = i + 2r + kV_i, \ r = \frac{k}{h^2} \tag{3.60}$$

狭い空間に存在確率が集中している古典的な粒子を表現するにはガウス分布関数の形の波束が用いられます．すなわち，中心が $\bar{x}$，平均運動量 $\bar{p}$ の 1 次元自由粒子の波束は，

$$\psi(x,t) = \frac{1}{\sqrt[4]{2\pi\Delta x^2}} \exp\left\{ \frac{-(x-\bar{x})^2}{4\Delta x} + i\bar{p}x \right\} \tag{3.61}$$

で表現されます（$P = \psi^*\psi$ が中心 $\bar{x}$，幅 Δx のガウス分布となっています）．この粒子が途中にある矩形のポテンシャル障壁で完全反射されることなく，存在確率の一部が障壁を通過してしまう様子は粒子の波動性を表す最も有名なシミュレーションです．$|\psi(x,t)|$ の経時変化を描くスクリプト schiff.ovs を p.222 に示します．

波動関数の初期値 ph0 や，中程にある行列 A,P の計算に純虚数単位 i が含まれており，複素数行列を扱っていることが明らかです．時間の刻み幅 k を細かくしないと発散してしまうので，総ステップ数をかなり大きくせざるを得ないため，10000 ステップに 1 回の割合でスナップを描くように仕組んでいます．結果を図 3.26 に示します．

この問題は，$\psi_k = \psi(x_k, t)$ に関する次の形の連立常微分方程式と捉えて数値解を求めることも可能ですが [1]，

$$i\hbar \frac{d\psi_k}{dt} = -\frac{\hbar^2}{2m}\frac{\psi_{k+1} - 2\psi_k + \psi_{k-1}}{h^2} + V_k\psi_k$$

第 3 章 応用

lsode() が旨く動作せず苦労した記憶があります（結局標準実装されていない 4 次の Runge-Kutta 法を利用して解決しました）．

```
MP = 100; X0 = -0.3; DX = 0.05; VW = 0.04; VH = 0.84*(MP)^2;
DIM = 500; M = 12; phi = zeros(DIM+1,M);
x = linspace(-1, 1, DIM+1)'; V = VH * [abs(x) < VW/2];
ph0 = exp(-(x-X0).^2/(4*DX^2)+ i*MP*x)/(2*pi*(DX)^2)^0.25;
phi(:,1) = ph0;
H = 2/DIM; r = 1/500; k = r*H^2;
A = diag(i + 2*r + k*V); B = diag(-r*ones(1,DIM),1);
P = -i*sparse(A + B + B'); PP = P^(10);
for m = 2:M
  for n = 1:1000  ph0 = PP*ph0; endfor
  phi(:,m) = ph0;
endfor

VL = [-1 -VW/2 -VW/2 VW/2 VW/2 1; 0 0 1 1 0 0]';
for m = 1: M
  subplot(4,3,m)
  plot(x, abs(phi(:,m)), "linewidth", 2, VL(:,1), VL(:,2), "-r");
  axis([-1 1 -1 4]);
endfor

print("schiff.pdf","-S800,600");
```
schiff.ovs

3.5 偏微分方程式

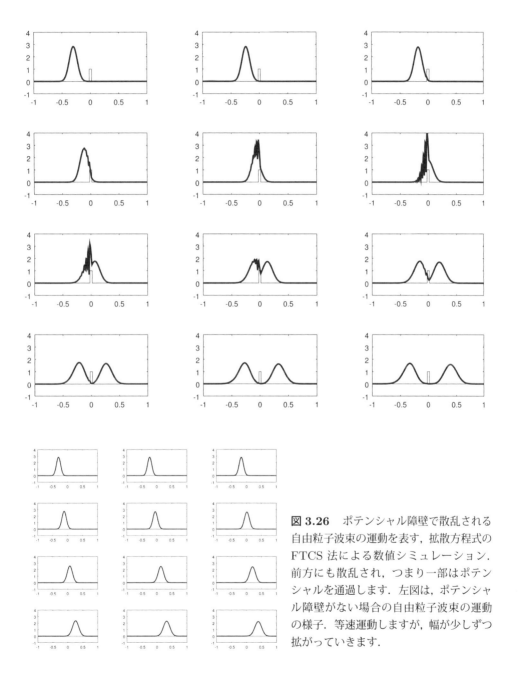

図 3.26 ポテンシャル障壁で散乱される自由粒子波束の運動を表す，拡散方程式のFTCS法による数値シミュレーション．前方にも散乱され，つまり一部はポテンシャルを通過します．左図は，ポテンシャル障壁がない場合の自由粒子波束の運動の様子．等速運動しますが，幅が少しずつ拡がっていきます．

3.6 最適化問題

Octave は種々の最適化問題の数値解法を持っています．

表 3.1　最適化問題の数値解法

タイプ	概要	関数名
線形計画法	制約条件 $A\boldsymbol{x} = \boldsymbol{b},\ 0 \leq \boldsymbol{x}$ の下に $f(\boldsymbol{x}) = C\boldsymbol{x}$ を最小にする．	glpk
2 次計画法	制約条件 $A\boldsymbol{x} = \boldsymbol{b},\ \boldsymbol{l} \leq \boldsymbol{x} \leq \boldsymbol{u},\ Al \leq A_{in}\boldsymbol{x} \leq Au$ の下に $\frac{1}{2}\boldsymbol{x}^T H \boldsymbol{x} + \boldsymbol{x}^T \boldsymbol{q}$ を最小にする．	qp
非線形計画法 (逐次 2 次計画法)	制約条件 $g(\boldsymbol{x}) = 0,\ h(\boldsymbol{x}) \geq 0,\ \boldsymbol{l} \leq \boldsymbol{x} \leq \boldsymbol{u}$ の下に $\phi(\boldsymbol{x})$ を最小にする．	sqp
線形最小 2 乗法	Y を $t \times p$ 行列，X を $t \times k$ 行列とし，平均が 0 となるガウシアン誤差を仮定して（加えて），可能な限り $Y = XB$ で表される様にパラメータ行列 B ($k \times p$ 行列) を定める．つまり，$Y = XB + e,\ \bar{e} = 0$ にフィッティングを試みる．	ols, gls, lsqnonneg

3.6.1 線形計画法

変数 $\boldsymbol{x} = (x_1, x_2, \cdots, x_m)^T$ の線形結合関数 (**目的関数**) の値を，$\boldsymbol{x}$ の線形不等式で表される領域上で最大化（最小化）する問題は，線形計画法と呼ばれます．

不等式の扱いを一般化するために変数 $x_{m+1} \cdots x_n$（スタック変数と呼ばれる）を加えて拡張した標準形で表すと，目的関数

$$f = c_1 x_1 + c_2 x_2 + \cdots + c_n x_n \tag{3.62}$$

の値が以下の**制約条件**

$$\begin{aligned} & a_{11}x_1 + a_{12}x_2 + \cdots + a_{1n}x_n = b_1, \\ & a_{21}x_1 + a_{22}x_2 + \cdots + a_{2n}x_n = b_2, \\ & \cdots \\ & a_{m1}x_1 + a_{m2}x_2 + \cdots + a_{mn}x_n = b_m, \\ & x_i \geq 0 \quad (i = 1, 2, \cdots, n) \end{aligned} \tag{3.63}$$

の下で最大（最小）となるときの，$\boldsymbol{x}$ と $f(\boldsymbol{x})$ の値を求める問題となります．

変数の数が多いと検算が大変なので，手始めに 2 次元の問題を考えます．すなわち，

> 線形関数 $f(x, y) = 5x + 4y$ が以下の不等式で表される領域において取りうる最大値を求めなさい．

$$\begin{aligned} &x + 3y \le 15 \\ &2x + y \le 10 \\ &x \ge 0,\ y \ge 0 \end{aligned} \tag{3.64}$$

という簡単な問題を考えます．これは実際に不等式が表す領域図を描くと判り易いです．直線群 $C = 5x + 4y$ は，C に応じて平行移動しますが，図から明らかに点 $(3, 4)$ で接する

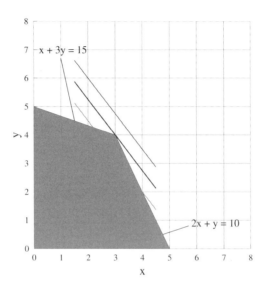

図 3.27 線形計画法の例題の図形的説明

とき領域における最大値が得られます．したがって，$5 \cdot 3 + 4 \cdot 4 = 31$ が求める値となります．この問題を glpk() で解いてみましょう．

```
c = [5 4];
a = [1 3; 2 1]; b = [15,10]';
l = [0 0]'; u = [];
ctype = "UU";
vartype = "CC";
s = -1;
[xmin, fmin status] \
= glpk(c, a, b, l, u, ctype, vartype, s)
```
demo_glpk.ovs

```
$ octave -q demo_glpk.ovs
xmin =

   3
   4

fmin =  31
status = 0
```

xmin は変ですが，確かに $(3, 4)$ で最大値 31 をとると答えます．status = 0 は計算が正常終了したことを示しています．さて，関数 glpk() には**目的線形関数**、**制約条件**を与えなければならないので引数がたくさん必要です．

```
[xopt, fmin, status, extra]
 = glpk(c, A, b, lb, ub, ctype, vartype, sense, param)
```

表 3.2 にその内容を示します．

表 3.2　線形計画法の解法 glpk の引数の意味と書式

引数	意味	書式
C	目的関数の係数 c_i	行ベクトル
A	行列方程式左辺の係数行列 A_{ij}	行列
B	行列方程式右辺の定数 b_i	列ベクトル
LB	変数 x_i の下限値	列ベクトル
UB	変数 x_i の上限値	列ベクトル
CTYPE	制約条件のタイプ	"F"：制約なし.
		"U"：上限が与えられた不等式
		"S"：（不等式でなく）等式を制約とする.
		"L"：下限が与えられた不等式
		"D"：上限・下限が両方共与えられた不等式
VARTYPE	列ベクトルのデータ型	"I"：整数
		"C"：連続数
SENSE	最大化・最小化	1：最小化，−1：最大化
PARAM	解法の挙動を定めるパラメータ	（略）

式 (3.64) の上の 2 式は不等式であり，等式 (3.63) で示される標準形とは異なり不安です．その標準形に変換するにはスタック変数を加えます．すなわち，

$$x_1 = x,\ x_2 = y,\ x_3 = 15 - x_1 - 3x_2,\ x_4 = 10 - 2x_1 - x_2 \tag{3.65}$$

と変数を定めると（x_3, x_4 がスタック変数），制約条件は

$$\begin{aligned} x_1 + 3x_2 + x_3 &= 15 \\ 2x_1 + x_2 + x_4 &= 10 \\ x_i &\geq 0\ (i = 1, 2, 3, 4) \end{aligned} \tag{3.66}$$

と標準形の記述となりました．glpk 関数への引数の中身も次のスクリプトのように少し記述が増えますが，答えはもちろん同じです．

```
c = [5 4 0 0];
a = [1 3 1 0; 2 1 0 1]; b = [15,10]';
l = [0 0 0 0]'; u = [];
ctype = "UU";
vartype = "CCCC";
s = -1;
[xmin, fmin status] \
= glpk(c, a, b, l, u, ctype, vartype, s)
```
demo_glpk2.ovs

```
$ octave -q demo_glpk2.ovs
xmin =
   3
   4
   0
   0
fmin =   31
status = 0
```

3.6.2 2次計画法

線形計画法は最大化（最小化）する目的関数が変数の線形結合すなわち1次関数であったのに対し，2次までの関数を目的関数とする場合が2次計画法です．つまり目的スカラー関数 $f(\boldsymbol{x})$ は以下のような形になります．

$$f(x_1, x_2, \cdots, x_n) = \sum_{i,j}^{n} a_{ij} x_i x_j + \sum_{i}^{n} q_i x_i \tag{3.67}$$

(3.67) 式右辺第1項は，変数 x_i, x_j が交換可能であることより，係数を $a'_{ij} = a'_{ji} = \frac{1}{2}(a_{ij} + a_{ji})$ と改めて，n 次の実対称行列 $H_{ij} = 2A'_{ij}$ を用いて，

$$\boldsymbol{x}^T A \boldsymbol{x} = \boldsymbol{x}^T A' \boldsymbol{x} = \frac{1}{2} \boldsymbol{x}^T H \boldsymbol{x} \tag{3.68}$$

と表すことができます．また，実対称行列は適当な直交行列 U を用いて対角化可能です．すなわち，

$$\boldsymbol{x}^T A' \boldsymbol{x} = \boldsymbol{y}^T (UA'U) \boldsymbol{y} = (y_1, \cdots, y_n) \begin{pmatrix} \lambda_1 & & 0 \\ & \ddots & \\ 0 & & \lambda_n \end{pmatrix} \begin{pmatrix} y_1 \\ \vdots \\ y_n \end{pmatrix}$$

$$= \lambda_1 y_1^2 + \cdots + \lambda_n y_n^2$$

となります．ここに λ_i は行列 A' の固有値です．

さて，線形計画法の例題と同じ制約に対して，2次関数

$$f(x, y) = (x-8)^2 + (y-4)^2 = x^2 + y^2 - 16x - 8y + 80$$

の最小化を考えます．実際には定数部分を省いた

$$f^*(x, y) = \frac{1}{2}(2x^2 + 2y^2) + (-16x - 8y)$$

を考えることになります．Octave の2次計画法の関数

```
[x, obj, info, lambda]
    = qp(x0, H, Q, A, b, lb, ub, a_lb, a_in, a_ub)
```

を用いてみましょう．引数は線形計画法とほぼ同じですが，2次の項を表す行列 *H* と初期推定値 *x0* が加わりました．また1次の項を表す行列の名前が（マニュアルがそうなっているので）*C* から *Q* に変わっていますし，線形計画法の細かいオプション指定 *ctype*, *vartype*, ... はありません．出力側も名前（マニュアル上の）が変わっていますが意味は明らかです．標準形に変換して解いたスクリプトと実行例を示します．

第 3 章 応用

```
H = [2 0 0 0;
     0 2 0 0;
     0 0 0 0;
     0 0 0 0];
q = [-16 -8 0 0]';
A = [1 3 1 0; 2 1 0 1]; b = [15 10]';
l = [0 0 0 0]'; u = [];
x0 = [4 2 1 1]';
[x obj info] = qp(x0, H, q, A, b, l, u)
```
demo_qp.ovs

```
$ octave -q demo_qp.ovs
x =
   4.00000
   2.00000
   5.00000
   0.00000
obj = -60.000
info =
  scalar structure containing the fields:
    solveiter = 3
    info = 0
```

$x=4, y=2$ で最小値をとると答えがでました．info=0 は正常終了を表しています．これを図形的に検証してみましょう．関数 $f(x,y) = r^2$ は，半径 r，中心 $(8,4)$ の円を表します．したがって，この円の円周と領域が交わる場合の半径 r の最小値を求める問題と言い換えられます．図から明らかに $2x+y=10$ で表される辺と円が接する場合に半径は最小となります．この接点は，点 $(8,4)$ から直線 $2x+y=10$ への垂線の足で座標値は確かに $(4,2)$ です．

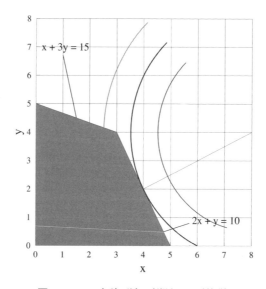

図 3.28 2 次計画法の例題の図形的説明

線形計画法では最大（最小）は閉領域を表す多角形の頂点で実現しますが，2 次計画法ではその限りではありません．例えば，この問題で円の中心を領域内部に設定した場合には明らかに中心で最小値をとることからも，『頂点以外の点になる場合がある』ことは明らかです．

3.6.3 非線形計画法

Octave は一般的な非線形の最小値問題に対しては,逐次 2 次計画法を用いた解法を提供しています.

```
[x, obj, info, iter, nf, lambda]
= sqp (x, phi, G, H, lb, ub, maxiter, tolerance)
```

例題として,2 次の Rosenbrock 関数を取り上げます.

$$f(x,y) = 100(y - x^2)^2 + (1-x)^2 \tag{3.69}$$

この関数は明らかに点 $(1,1)$ で最小値 0 をとります.制約条件として,$0 \leq x, y \leq 2$ だけ

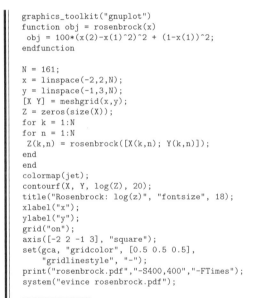

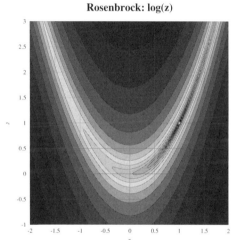

図 **3.29** 2 次の Rosenbrock 関数:$(1,1)$ のまわりで緩やかに変化する様子を強調するため,$\log(z)$ を描いている.

を課し,$(1,1)$ からは山越えとなり(図 3.29 参照)探索が困難な初期位置 $(-1,3)$ から計算を開始させるスクリプトと実行結果を示します.

```
rosenbrock = ...
 @(x) 100*(x(2)-x(1)^2)^2 + (1-x(1))^2;

x0 = [-1; 3];
[x obj info] = sqp(x0, rosenbrock, [],
                   [], [0; 0], [2; 2] )
```
demo_sqp.ovs

```
$ octave -q demo_sqp.ovs
x =
   1.00000
   0.99999
obj =  2.0054e-11
info =   101
```

しっかりと $(1,1)$ を探しあてました.

3.6.4 線形最小2乗法

p 個の変量 $\boldsymbol{y}=(y_1,y_2,\cdots,y_p)$ が k 個の変数 $\boldsymbol{x}=(x_1,x_2,\cdots,x_k)$ の1次式

$$(y_1, y_2, \cdots, y_p) = (x_1, x_2, \cdots, x_k) \begin{pmatrix} b_{11} & \cdots & b_{1p} \\ \vdots & \ddots & \vdots \\ b_{1k} & \cdots & b_{kp} \end{pmatrix} \tag{3.70}$$

で表されると推定される場合の係数行列 b_{ij} を求める数値解法のことです.推定するには係数行列の大きさ分,$k \times p$ 個のデータが最小限必要ですが,一般に十分大きい数 t の観測値があるとして,式 (3.70) の y_i, x_i を大きさ t の縦ベクトル $\boldsymbol{y}_i, \boldsymbol{x}_i$ に置き換えた関係式を成立させる係数行列 b_{ij} を求めます.

あまりに一般化されているので,よくある $y = ax + b$ へのデータのあてはめ問題が定数 b があるため解けない気がします.しかし,$x_1 = x$ と置き,仮に変数 $x_2 = 1 = $ 一定 と置いてしまえば,$y_1 = y$ との線形関係 $y_1 = x_1 b_{11} + x_2 b_{21}$ の問題 ($p=1, k=2$) に定式化できます.$a=3, b=5$ として大きさ 10 個のデータ (y に誤差を与えて実際のデータらしく偽装したもの) を作成し,そのデータから a, b を推定するスクリプトと実行結果を示します.

```
a = 3;
b = 5;
x1 = [0:0.1:1]';
x2 = ones(size(x1));
y = a*x1 + b + 0.001*randn(size(x1));

[B S R] = ols(y,[x1 x2])
```
demo_ols.ovs

```
$ octave -q demo_ols.ovs
B =
   2.9994
   5.0001
S =  1.5357e-06
R =
   4.7606e-04
  -4.0008e-04
...(略)...
```

$a=2.9994, b=5.0001$ とかなり良い値になりました.実際,分散が $\sigma=1.5357 \times 10^{-6}$ と十分小さいので信頼できる結果であると結論することになるでしょう.

3.6.5 曲線へのあてはめ

未知パラメータ p を含む理論曲線 $f(p,x)$ に実験データ (x_e, y_e) を当てはめて，パラメータを決めるという作業，すなわち **curve fitting** は実験物理屋にとってとても大切なデータ処理です．一般には，次のような 2 乗誤差

$$\sum |y_e - f(p, x_e)|^2 \qquad (3.71)$$

を最小にするパラメータを求めることになります．さて，式がパラメータ p について線形ならば解析的な推定式に基づいて求めることが可能ですが，非線形な場合には数値的に最小値を求める他に方法がありません．そこで，式 (3.71) の最小値問題として曲線のあてはめを取り扱うという考えが湧きます．この最小値を見つける関数としては，sqp() を使うことができますが，もう少し記述が楽な fminunc() を用いてみましょう．unc は制約条件無 (unconstrained) の意味です．

```
[x, [fvec, [info, [output, [fjac]]]]]
    = fminunc(fcn, x0, [options]])
```

2 乗誤差 (3.71) の内容を記述する関数 *fcn* と，適切な初期パラメータ *x0* を与えて呼び出すだけです．

```
function res = twoexp(p,xe,ye,dd)
  y = p(1)*normpdf(xe, p(2), p(3)^2);
  res = sum((ye - y).^4/dd^2);
endfunction

A = 8; xm = 4.5; s = 1.2; err = 0.1;
N = 100; randn("seed", 0);
X = linspace(0,10,N)';
Y = A*normpdf(X,xm,s^2)+err*randn(N,1);
dd = 0.1;
p0 = [10 5 2]';
[p fvec info] ...
    = fminunc(@(x)twoexp(x,X,Y,dd),p0);
p
plot(X, Y, "o;;", "markersize", 5, ...
     "color", [0 0.5 0], ...
     X, p(1)*normpdf(X, p(2), p(3)^2), ...
     "linewidth", 2);
print("demo_fminunc.pdf","-S400,300");
```

demo_fminunc.ovs

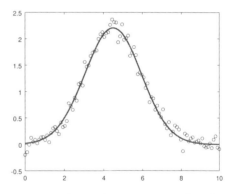

図 3.30 ガウス型のピークを示す擬似実験データへの曲線あてはめの結果．

```
$ octave -q demo_fminunc.ovs
p =
   8.0060
   4.4920
   1.2028
```

ガウス関数型のピークを示す擬似実験データを作成し，それに対する最適パラメータを求めるスクリプト，および擬似実験データとあてはめで得られる曲線との比較を図 3.30 に

示します．なおガウス型関数として以下のような正規分布密度関数 normpdf() を利用しています．

$$f(x:\mu,\sigma^2) \equiv \frac{1}{\sqrt{2\sigma^2\pi}}\exp\left[-\frac{(x-\mu)^2}{2\sigma^2}\right] \tag{3.72}$$

実行画面例のように結果は，与えたパラメータ値 $(8, 4.5, 1.2)$ に対して，最適推定値 $(8.10, 4.49, 1.21)$ となりました．まあ実用になるといえましょう．

■ leasqr()　実は，オプションパッケージ optim には，非線形最小 2 乗法として最も有名な解法の一つである（評価も高い）Levensberg-Marquart 法を実装した関数があります．筆者は，この関数が結構気に入っています．数値解法上の優劣は判断しかねますが，定義関数の記述があてはめる曲線の関数形のままでよい（2 乗誤差 (3.71) でなくてよい）からです．

```
pkg("load", "optim");
function ret = fit(x, p)
  ret = p(1)*normpdf(x, p(2), p(3)^2);
endfunction

A = 8; xm = 4.5; s = 1.2; err = 0.1;
N = 100; randn("seed", 0);
X = linspace(0,10,N)';
Y = A*normpdf(X,xm,s^2)+err*randn(N,1);
PIN = [10 5 2];
[F p] = leasqr(X, Y, PIN, @fit);
p
plot(X, Y, "o;;", "markersize", 5,
     "color", [0 0.5 0],...
     X, p(1)*normpdf(X, p(2), p(3)^2),
     "linewidth", 2);
print("demo_leasqr.pdf","-S400,300");
```

demo_leasqr.ovs

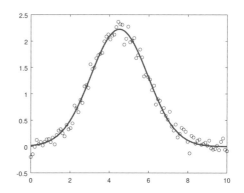

図 3.31　leasqr() による，ガウス型のピークを示す擬似実験データへの曲線あてはめの結果．

```
$ octave -q demo_leasqr.ovs
p =
   8.0394
   4.5021
   1.2006
```

fminunc() 関数を用いた場合と比較するために，スクリプトの中 rnadn("seed",0) として，常に同じ乱数列（即ち同じデータ）を発生するようにしました．両者の結果を見比べると，パラメータの推定値について大きな差はないようです．

3.6.5.1 外部データファイルの利用

前節では，同じスクリプト内部でデータの生成と読み込みを実行しましたが，実際に実験データを処理する場合には，別のツールで作成した外部データファイルを読み込むことになります．ところで，別ツールを特定することはできないので，ここでは 1）データの

ファイルを作成する，2) 後でそれを読み込んで処理をする，という 2 つの Octave スクリプトに分けてみましょう．

さて最初にデータファイルの仕様を決める必要があります．あまり数が多くない場合には，エディタで内容を確認できるテキストファイル（ascii）で保存するのがよいでしょう．Octave の save() で作成されるデータファイルには，先頭部分にヘッダが付きます．Octave 以外のツールでこのヘッダを処理するのもそれなりに手間ですから，ヘッダなしの生に近いデータファイルを扱う関数 dlmread(), dlmwrite() を使うことにします．dlm***() は，CSV 形式の数値データを扱います．したがって，データファイル内の空白文字は無視されます．また，

```
xy = dlmread("filename")
```

のように，任意の変数を初期化できる点も扱いやすいです（load, save では，ヘッダ部分の変数名で確保されてしまうので，時として混乱します）．

コマンドラインに各パラメータ値を引数として与えて，gauss.dat という CSV 数値データファイルを作成するスクリプト mkcsv_gauss.ovs と，2 乗誤差の最小値を探索関数として，sqp() を使った処理スクリプト fitcsv_gauss_sqp.ovs，および実行例を以下に示します．

```
N = 100;
args = argv();
A = str2num(args{1});
xm = str2num(args{2});
s = str2num(args{3});
err = str2num(args{4});
x = linspace(0,10,N)';
y = A*normpdf(x, xm, s^2) + err*randn(N,1);
plot(x, y, "o;;");
drawnow();
z = [x y];
dlmwrite("gauss.dat", z);
input("Quit?");
```

mkcsv_gauss.ovs

```
$ octave -q mkcsv_gauss.ovs 8 4.5 1.2 0.1
Quit?
$ octave -q fitcsv_gauss_sqp.ovs
p =
   7.9733
   4.4812
   1.2041
obj =  17.455
info =  104
iter =  17
```

```
format compact
function res = twoexp(p, x, y, dd)
  ys = p(1)*normpdf(x, p(2), p(3)^2);
  res = sum((ys - y).^2/dd^2);
endfunction

xy = dlmread("gauss.dat");
x = xy(:,1);
y = xy(:,2);
dd = 0.2;
p0 = [1 1 1]';
[p obj info iter] = sqp(p0, ...
       @(p)twoexp(p, x, y, dd),[],[])

hold("on");
plot(x, y, "o;;", "color", [0 0.5 0]);
plot(x, p(1)*normpdf(x,p(2),p(3)^2),...
       "linewidth", 2);
print("fitcsv_sqp.pdf", "-S400,300");
system("evince fitcsv_sqp.pdf")
```

fitcsv_gauss_sqp.ovs

3.7 多項式

多項式は降冪の順に並べた係数ベクトルにより表現されます．すなわち，係数ベクトル $c = (c_i)$ は，以下の多項式を表します．

$$p(x) = \sum_{i=1}^{N+1} c_i x^{N+1-i} = c_1 x^N + c_2 x^{N-1} + \cdots + c_N x + c_{N+1} \tag{3.73}$$

3.7.1 多項式の表現

■ polyout()　多項式を馴染みのある文字式で表現する関数が polyout(P,[S]) です．P は係数ベクトル，S には変数の文字（既定は s）を指定できます．

```
octave:> P = [1 3 -3 2 5 1];
octave:> polyout(P)
1*s^5 + 3*s^4 - 3*s^3 + 2*s^2 + 5*s^1 + 1
octave:> polyout([1 -3 3 -1],'x')
1*x^3 - 3*x^2 + 3*x^1 - 1
```

■ poly()　多項式 $p(x)$ は根を X_i とすると，以下のように $(x - X_i)$ の積で表されます（因数分解）．

$$p(x)/c_1 = \prod_{i=1}^{N}(x - X_i) = (x - X_1)(x - X_2)\cdots(x - X_N) \tag{3.74}$$

poly(X) は根を要素とするベクトル X が引数に与えられた場合には，多項式（の係数ベクトル）を生成します．なお，正方行列 A が与えられた場合には，その特性多項式

$$p(x) = \det(xI - A) \tag{3.75}$$

（の係数ベクトル）を生成します．

```
octave:> poly([-2 1 3 7])
ans =
     1    -9     9    41   -42
octave:> polyout(ans)
1*s^4 - 9*s^3 + 9*s^2 + 41*s^1 - 42
```

■ polygcd()　整数の最大公約数 (Greatest Common Divisor) になぞらえて，二つの多項式の最大公約因数を見つける関数が polygcd() です．解法が不安定なので，大きな多項式は扱えないとのことです．

```
octave:> G = polygcd(poly(1:8), poly(3:12))      <- 3 から 8 が共通の根
G =
      1     -33     445    -3135   12154   -24552   20160
octave:104> roots(G)'
ans =
   8.0000   7.0000   6.0000   5.0000   4.0000   3.0000  <- おみごと！
octave:> G = polygcd(poly(1:9), poly(3:12))
G = 1                                            <- 9 次でもうダメ，残念
```

■ **コンパニオン行列**　N 次多項式の係数ベクトル (c_i) $(c_1 \neq 0, i = 1, 2, \cdots, N+1)$ に対応した以下の $N \times N$ 行列はコンパニオン行列と呼ばれ，固有値がその多項式の根になっています．

$$A = \begin{bmatrix} -c_2/c_1 & -c_3/c_1 & \cdots & -c_N/c_1 & c_{N+1}/c_1 \\ 1 & 0 & \cdots & 0 & 0 \\ 0 & 1 & \cdots & 0 & 0 \\ \vdots & \vdots & \ddots & \vdots & \vdots \\ 0 & 0 & \cdots & 1 & 0 \end{bmatrix} \tag{3.76}$$

```
octave:134> S = [1 -5 6 1 -5 6]; CP = compan(S)
CP =
    5   -6   -1    5   -6
    1    0    0    0    0
    0    1    0    0    0
    0    0    1    0    0
    0    0    0    1    0
（右画面に続く）
```

```
octave:135> eig(CP)
ans =
   3.00000 + 0.00000i
   2.00000 + 0.00000i
  -1.00000 + 0.00000i
   0.50000 + 0.86603i
   0.50000 - 0.86603i
```

3.7.2　多項式の評価

多項式 P の値を算出する mapping 関数

| `Y = polyval(P, X)`

は，Horner 法を用いて値を計算しています．2 次多項式 $y = x^2 + 2x + 1$ の値を 0 から 10 までの整数に対して求めるには以下のようにします

```
octave:3> P = [1 2 1]; polyval(P,0:10)
ans =
     1     4     9    16    25    36    49    64    81   100   121
```

行列に対する多項式の値を計算する `polyvalm(C, X)` もあります．すなわち，n 次正方行列 X に対して以下の値を計算します．ただし，X^0 は n 次単位行列です．

$$p(X) = \sum_{i=1}^{N+1} c_i X^{N+1-i} \tag{3.77}$$

3.7.3 多項式=0 の根

代数方程式 $p(x) = 0$ の根を求めるには関数 roots(P) を用います．例えば $x^3 + 1 = 0$ の根は以下の様に求まります．

```
octave:3> roots([1 0 0 1])
ans =
  -1.00000 + 0.00000i
   0.50000 + 0.86603i
   0.50000 - 0.86603i
```

ここに $0.86603 = \dfrac{\sqrt{3}}{2}$ です．

3.7.4 多項式の乗除
3.7.4.1 多項式の積

conv は 2 つの多項式の積の係数ベクトルを算出します．

| conv(A, B)

この関数は実際には，長さ m, n の 2 つのベクトル $\boldsymbol{a}, \boldsymbol{b}$ の畳み込み

$$c(k) = \sum_{j=1}^{m} a(j)b(k+1-j) \qquad [\, k = 1, 2, \cdots, m+n-1 \,] \tag{3.78}$$

を計算するものです．ベクトル $\boldsymbol{c}$ の長さは $m+n-1$ となります．$\boldsymbol{a}, \boldsymbol{b}$ が多項式の係数ベクトルである場合，多項式の積の係数ベクトルと一致します．

前項の $P(x) = x^3 + 1$ と $Q(x) = x^2 - 5x + 6 = (x-2)(x-3)$ の積 $S(x) = P(x)Q(x)$ を求めて，多項式 $S(x) = 0$ の根，これは当然 $P(x) = 0, Q(x) = 0$ の根ですが，を求めてみましょう．

```
octave:1> P = [1 0 0 1]; Q = [1 -5 6];
octave:2> S = conv(P,Q)
S =
   1  -5   6   1  -5   6
octave:3> polyout(S)
1*s^5 - 5*s^4 + 6*s^3 + 1*s^2 - 5*s^1 + 6
（右画面に続く）
```

```
octave:45> roots(S)
ans =
   3.00000 + 0.00000i
   2.00000 + 0.00000i
  -1.00000 + 0.00000i
   0.50000 + 0.86603i
   0.50000 - 0.86603i
```

3.7.4.2 多項式の割り算

多項式 $Y(x)$ を多項式 $A(x)$ で割って商と余りの多項式 $B(x), R(x)$（係数ベクトル）を算出します．すなわち，$Y(x) = A(x)B(x) + R(x)$ という関係を満たす多項式 $B(x), R(x)$ を求めます．

| [B, [R]] = deconv(Y, A)

```
octave:> Y = [1 -5 6  -5 6]; A = [1 3 2 -1];
octave:> [B R] = deconv(S,A)
B =
    1   -8   28
R =
    0    0    0  -66  -69   34
octave:> conv(A,B) + R
ans =
    1   -5    6    1   -5    6
```

■ polyreduce() 割り算の余りの多項式は，被除算式と同じ大きさの係数ベクトルが用意されるので，先頭部分が 0 であることがあります．この先頭部分の（無意味な）0 を取り除いて．意味のある最小の係数（ベクトル）に変換する関数が polyreduce() です．

```
octave:> R
R =
    0    0    0  -66  -69   34
octave:> polyreduce(R)
ans =
  -66  -69   34
```

3.7.4.3 部分分数展開

多項式の操作に関して最も有用と感じられる関数の一つに多項式の分数を部分分数に展開する関数 residue(B,A) です．すなわち，2 つの多項式 $A(s), B(s)$ の分数を，以下のように部分分数式の和 $R(s)$ と剰余多項式 $K(s)$ に展開する関数です．微積分方程式を代数方程式に置き換えて解析する，Laplace 変換や Fourier 変換で，解を求める際に部分分数展開は決定的な役割を果たしますが，手計算はけっこう煩わしいのでとても重宝するはずです．

$$\frac{B(s)}{A(s)} = R(s) + K(s) = \sum_{m=1}^{M} \frac{r_m}{(s-p_m)^{e_m}} + \sum_{i=1}^{N} k_i s^{N-i} \tag{3.79}$$

係数ベクトル B, A の多項式を分子・分母とする分数式の部分分数展開は

```
[R, P, K, E] = residue(B, A)
```

により求まります．縦ベクトル R, P, E はそれぞれ係数 r_m，極 p_m，多重度 e_m，横ベクトル K は剰余多項式の係数ベクトル k_i です．以下に例を示します．

```
octave:> b = [1 -7 23 -53 64]; a = [1 -7 15 -9];
octave:> [r p k e] = residue(b,a);
octave:> rpe = [r'; p'; e'], k
rpe =
   1.0000   2.0000   7.0000
   3.0000   3.0000   1.0000
   1.0000   2.0000   1.0000
k =
   1   0
```

この計算から以下のような部分分数展開が得られます.

$$\frac{s^4 - 7s^3 + 23s^2 - 53s + 64}{s^3 - 7s^2 + 15s - 9} = \frac{1}{s-3} + \frac{2}{(s-3)^2} + \frac{7}{s-1} + s$$

residue() は R, P, K, E を引数に与えると, 部分分数展開の逆変換を行い, 式 (3.79) の左辺の分子・分母の多項式を表す係数ベクトル B, A を算出します.

3.7.5 多項式の微分と積分

多項式 (3.73) の微積分は以下のような多項式となることが判ってますから, 自分でも係数を簡単に求めることができます.

$$\frac{d}{dx}p(x) = \sum_{i=1}^{N+1} c_i \frac{d}{dx}x^{N+1-i} = \sum_{i=1}^{N}(N+1-i)\,c_i\,x^{N-i} \tag{3.80}$$

$$\int p(x)\,dx = \sum_{i=1}^{N+1} c_i \int x^{N+1-i}dx = \sum_{i=1}^{N+1}\frac{c_i}{N+2-i}x^{N+2-i} + c_{N+2} \tag{3.81}$$

3.7.5.1 多項式の微分

多項式の係数ベクトル c に対して, その導関数の係数ベクトルを返却します. もし, 2 つの係数ベクトル a, b と, 出力引数 q が設定された場合には, 両者の積 ba の導関数の係数ベクトルが出力引数に返却されます. 2 つの出力引数が設定された場合には, 多項式の割り算 b/a の導関数が一般に有理式となりますから, その分子の多項式と分母の多項式の係数ベクトルをそれぞれ q, r に返却します. polyder() は全く同じ機能の関数です.

```
polyderiv(c)
[q] = polyderiv(b, a)
[q, r] = polyderiv(b, a)
```

3.7 多項式

```
octave:> polyderiv([1 -7 23 -53 64])
ans =
    4  -21   46  -53
octave:13> [q r] = polyderiv([1], [1 0 1])
q =
  -2  -0
r =
   1   0   2   0   1
```

2 番目の例は以下の微分計算を表しています．

$$\frac{d}{dx}\left(\frac{1}{x^2+1}\right) = \frac{-2x}{(x^2+1)^2} = \frac{-2x}{x^4+2x^2+1}$$

3.7.5.2 多項式の積分

係数ベクトル c で表される多項式の積分の係数ベクトルを返却します．k に積分の任意定数を与えます（省略時には 0）．polyinteg() を起動すると，将来なくなる旨のメッセージが表示されます．

> polyint(c, k)

```
octave:> c = [ 1 2 1 ]
c =
   1   2   1
octave:> polyint(c, 1)
ans =
   0.33333   1.00000   1.00000   1.00000
```

実行例は以下の積分を表しています．

$$\int (x^2+2x+1)\,dx = \frac{1}{3}x^3 + x^2 + x + C, \quad C = 1$$

3.7.6 多項式補間

3.7.6.1 polyfit()：n 次多項式近似

データの組 (x, y) を n 次多項式で最小二乗法を用いて近似する関数が polyfit です．

> [p, [s, [mu]]] = polyfit(x, y, n)

出力引数なしあるいは出力第 1 引数 p に係数ベクトルが渡されます．2，3 番目の変数 s，mu には，多項式近似に関するいろいろな情報が戻されます．一般に，次数の高い多項式にあて嵌めると局所的にはデータ点の近くを通るものの，全体としては的外れの曲線となってしまいます（図 3.32）．

```
p = [1 -0.5 -1 0.5 0]
x = linspace(-1.5, 1.5, 20);
y = polyval(p,x) + 0.1*randn(size(x));
xx = linspace(-1.5, 1.5, 200);
pf4 = polyfit(x, y, 4);
pf0 = polyfit(x, y, 16);
yf4 = polyval(pf4, xx);
yf0 = polyval(pf0, xx);
plot(xx,yf4,";4th-order ;", "linewidth",2,
     xx,yf0,";16th-order ;", "linewidth",2,
     x, y, "o;raw data ;", "linewidth", 1,
     "markersize",8, "color", [0 0.5 0]);
xlabel("x", "fontsize",14);
ylabel("y", "fontsize",14);
grid on; legend boxoff;

print("demo_polyfit.pdf","-S400,300",
      "-FTimes");
system("evince demo_polyfit.pdf");
```

demo_polyfit.ovs

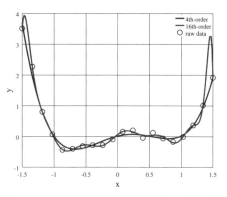

図 3.32 20 組の (x, y) データを 4 次多項式と 16 次多項式にあて嵌めた結果．16 次では明らかに余分な振動が見られます．

3.7.6.2 spline()：3 次スプライン補間

データ点 (x, y) を 3 次スプライン補間し，各区分毎の 3 次係数ベクトルを含む区分多項式 pp を返却します．第 3 引数に評価点ベクトル xi が与えられた場合には補間式を用いた y の値が返却されます．

$\quad pp$ = spline(x, y, [xi])

x はベクトル（大きさ N）ですが，y にはベクトルあるいは行列が与えられます．もし y が大きさ N のベクトルならば，両端を「非節点」として扱います．もし $N + 2$ ならば，1 番目と最後は両端の微係数です．

3.7.6.3 pchip()：区分的 3 次エルミート補間

データ点 (x, y) を 3 次式で微係数も連続となるようにエルミート補間し，各区分毎の 3 次係数ベクトルを含む区分多項式 pp を返却します．第 3 引数に評価点ベクトル xi が与えられた場合には補間式を用いた y の値が返却されます．

$\quad pp$ = pchip(x, y, [xi])

x は単調（増加・減少どちらも可）であることが必要です．区分エルミート補間は関数値と微係数が連続という条件だけであるため，無数の解があります．どのような微係数の決定方法を採用しているかを見ようとして，pchip.m を調べたら，途中 __pchip_deriv__ なる関

数が呼ばれており，それは oct という拡張子がつくバイナリファイルで，もうソースを見るしか手がありません．__pchip_deriv__.cc には，Fortran のライブラリ SLATEC/PCHIP の DPCHIM のラッパーであるという記述がありました．このソースは Octave のソースを展開したディレクトリの libcruft/slatec-fn にあります．それで，まあざっとみたのですが，アルゴリズムが分かりません．結局，そのうち，きっと，作者の書いた文献 [27] を読もうという結論です．つまり分からず終い．しかし，PCHIPD の解説文書には，"steep" や"flat"な部分がある場合には，3 次 spline よりも，納得のいく補間が得られるとありました．3 次 spline() よりも自然な曲線が得られるということを示すスクリプトとその結果を図 3.33 に示します．

```
x = [-1.5:0.5:1.5];
y = [1 1 1 0 -1 -1 -1];
xx = linspace(-1.5, 1.5, 100);
ph = pchip(x, y);
ps = spline(x, y);
yh = ppval(ph, xx);
ys = ppval(ps, xx);
plot(xx, yh, "-;hermite;", "linewidth", 1.5,...
     xx, ys, "-;cspline;", "linewidth", 1.5,...
     x, y, "o;raw data;", "linewidth", 1.5,...
     "markersize", 10, "color", [0 0.5 0])
grid on; legend boxoff;

print("check_pchip.pdf", "-S400,300", ...
      "-FTimes");
system("mupdf check_pchip.pdf");
```
check_pchip.ovs

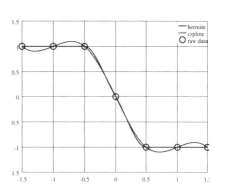

図 3.33 区分的 3 次スプライン補間と区分的 3 次エルミート補間の比較．スプラインは不自然な振動がみられますが，エルミートはそれがないことが一目瞭然です．

■ mkpp()　節点ベクトル x と係数の行列 p から区分的多項式を作成します．区間 $[x_i\ x_{i+1}]$ における多項式の係数が p の第 i 行ベクトルで与えられます．オプション d により，各区分に複数の多項式を設定することができます．

```
pp = mkpp(x, p)
pp = mkpp(x, p, d)
```

■ ppval()　与えられた点 xi における区分的多項式 pp の値を求めます．もし，$pp.d$ が 2 以上である場合には，複数の多項式が定義されているとして，各点に対して複数の値が返却されます．

```
ppval(pp, xi)
```

■ interp1()　標本点 x,y に基づき，点 xi における多項式補間値を計算します．標本点 x は単調であることが求められます．

```
interp1(x, y, xi, [method], [extrap])
interp1(x, y, 'pp', [method], [extrap])
```

オプション $method$ で，次の補間方式を指定することができます．既定は'linear'です．

　　　　'nearest'　　最近傍点補間
　　　　'linear'　　　線形補間
　　　　'pchip'　　　区分的 3 次エルミート補間
　　　　'cubic'　　　4 つの隣接点を用いた 3 次補間
　　　　'spline'　　　（1 次及び 2 次微分が全区間で連続な）3 次スプライン補間

指定文字列の先頭にアスタリスク*がついた場合には，標本点は等間隔であるとみなされ，最初の 2 点 $x1,x2$ だけが参照されます．

$extrap$ に'extrap' が指定されると，補外を行います．$extrap$ が数値であれば，補外値はその数値に置き換わります．

'pp' が指定された場合には，区分的多項式構造体を返却します．この場合，xi を引数に含んではいけません．

図 3.34 はマニュアルに記載されているサンプルスクリプト（'doc interp1' や'help interp1' により見ることができます）を実行させたものです（線を太くするよう少し手を加えました）．補間方式に応じた描画曲線の違いが判ります．

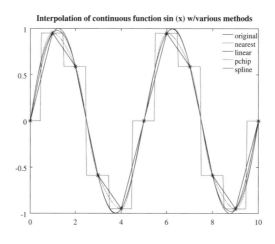

図 3.34　interp1() 関数のマニュアルにあるサンプルスクリプトに少し手を加えて実行した例．各補間方式に応じて描かれる曲線の違いが判ります．

■ interp2()　2 次元の補間を行う関数です．x,y は単調であることが求められます．

```
interp2(x, y, z, xi, yi)
interp2(z, xi, yi)
interp2(z, n)
interp2(..., [method], [extraval])
```

第1の書式では，xi,yi で定められる格子点上の値の行列 z が返却されます．第2の書式では，x,y は整数の格子点，すなわち x=1:rows(z), y=1:columns(z) と解釈されます．第3の書式では，z を再帰的に n 回中間点に対する補間を繰り返して z を拡張（曲面は細分化）します．n が省略された場合には $n=1$ とみなされます．1次元の場合と異なり，補外のオプションは数値への置き換えしかありません．

■ interp3()　3次元の補間を行う関数です．次元数が増えただけで，文法上は2次元補間と同じです．

```
interp2(x, y, z, v, xi, yi, zi)
interp2(v, xi, yi, zi)
interp2(v, n)
interp2(..., [method], [extraval])
```

■ interpn()　n次元の補間を行う関数です．次元数が増えただけで，文法上は2次元補間と同じです．

■ interpft()　x を周期関数の関数値とみなしてフーリエ変換を行い，逆変換時に n 点における値を返却します．x が配列ならば，列優先に作用します．dim が与えられた場合には，その次元方向に作用します．

```
interpft(x, n, [dim])
```

3.8 数値積分

数値積分の関数は，バージョン3からはかなり充実しました．重積分も実装されましたが，残念ながら今のところ実行時間が遅くあまり実用的ではありません．充実した1変数の積分を工夫して利用するのが得策です．

3.8.1　1変数の積分

現在，Octave には関数 $f(x)$ の定積分

$$I = \int_a^b f(x)\,dx \tag{3.82}$$

を求める 6 種類の積分関数が導入されています．その名前と計算のアルゴリズムを表 3.3 に示します．

表 3.3　数値積分関数とアルゴリズム

名前	アルゴリズム
quad	Fortran のライブラリ QUADPACK を用いた求積
quadl	適応型 Lobatto 求積法
quadgk	適応型 Gauss-Kronrod 求積法
quadcc	二重適応型 Clenshow-Curtis 求積法
quadv	ベクトル化された適応型 Simpsons 則による求積
trapz	台形則による求積

書式はわかりやすく，quad ならば以下のようになっています．

```
[v ier nfun err] = quad(f, a, b, [tol, [sing]])
```

ここに，f は関数名文字列"func"あるいは関数ハンドル@func，a,b は積分区間の両端の値，tol は許容誤差，$sing$ は特異点ベクトルです．出力の ier は積分の成否に関する情報 (0 で正常終了)，$nfun$ は被積分関数の評価回数，err は誤差の見積り値です．また関数

```
quad_options(opt, val)
```

により，細かにオプションを指定することが可能です．積分は微分に比べて，手計算が困難ですが，数値積分ならば以下のように手軽に実行できます．

```
octave:> quad("sin", 0, pi/2)
ans =  1.0000
octave:> quad(@asin, 0 , 1)
ans =  0.57080
octave:> quad(@(x) 1/(1+x^2), 0 , 1)
ans =  0.78540
```

バージョン 3 からは**匿名関数**「@(x) *defines*」が使えるようになったので，パラメータを持つ被積分関数の記述が楽になりました．どういうことかといいますと，パラメータを含む積分，例えば

$$I = \int_a^b e^{-\beta x^2} \, dx$$

を積分する場合に，quad で呼び出す関数形は $f(x)$ に限定されており，$f(x,b)$ などとして外からパラメータを渡すことができません．したがって，パラメータは**グローバル変数**宣言して外から制御せざるを得なかったのです．ところが，匿名関数を用いると「@(x) f(x,b)」のような記述が可能となり，引数が x だけの関数を見かけ上与えることができます．実際のコードを眺め，比べてください．

3.8 数値積分

```
function ret = fg(x)
  global B;
  ret = exp(-B*x^2);
endfunction

global B;
for B = [0 0.5 1];
  quad(@fg, 0, 1)
end
```
comp_quad1.ovs

```
function ret = fp(x,b)
  ret = exp(-b*x^2);
endfunction

for b = [0 0.5 1];
  quad(@(x) fp(x,b), 0, 1)
end
```
comp_quad2.ovs

■ quadl(), quadv()　実はMATLABのquad()は被積分にパラメータを渡せる仕様となっています．Octaveでは，quadv(), quadl()が同じ仕様となりました．

> quadv(*f, a, b, [tol, [trace], p1, p2,...]*)

p1,p2,... がパラメータで，以下のように被積分関数を定義して，引き取ります．

> function *ret = f(x, p1, p2,...)*

なお，*tol,trace* を既定のままにするには，空行列"[]"を与えます．パラメータ積分

$$\int_0^1 e^{-ax}\,dx = \begin{cases} \dfrac{1-e^{-ax}}{a} & (a \neq 0) \\ 1 & (a = 0) \end{cases}$$

を計算するスクリプトと結果を示します．

```
format compact
function ret = expa(x, a)
  ret = exp(-a*x);
endfunction

a = [0:0.1:0.3]';
[a quadv(@expa, 0, 1, [], [], a),...
  (1 - exp(-a))./a ]
```
demo_quadv_parm.ovs

```
$ octave -q demo_quadv_parm.ovs
ans =
   0.00000   1.00000       NaN
   0.10000   0.95163   0.95163
   0.20000   0.90635   0.90635
   0.30000   0.86394   0.86394
```

3.8.2 特異積分

積分区間が無限大に広がったり区間内に特異値がある場合の積分，いわゆる**特異積分**を扱う必要がしばしば生じます．例えば，$\lambda > 0$ に対して，

$$\int_0^\infty e^{-\lambda x}dx = \frac{1}{\lambda}, \quad \int_0^\lambda \frac{dx}{\sqrt{x}} = 2\sqrt{\lambda}, \quad \int_0^\infty e^{-\lambda x^2}\cos\omega x\, dx = \frac{1}{2}\sqrt{\frac{\pi}{\lambda}}e^{-\frac{\omega^2}{4\lambda}}$$

となることを示してくれるでしょうか．下記実行例をみると大丈夫なようです．

```
octave:> L = 3; [quad(@(x)exp(-L*x), 0, inf), 1/L]
ans =
   0.33333   0.33333
octave:> L = 3; [quad(@(x)x^(-1/2), 0, L), 2*sqrt(L)]
ans =
   3.4641   3.4641
octave:> L = 3; W = pi;
octave:> [quad(@(x)e^(-L*x^2)*cos(W*x),0,inf), sqrt(pi/L)/2*e^(-W^2/(4*L))]
ans =
   0.22480   0.22480
```

また，積分が困難な場合というのは，特異点があるという以外にも存在します．例えばOctaveのマニュアルに記されている例題は激しく振動する関数（図 3.35 を参照のこと，ただし 0 付近での振動の様子が判るように x は対数軸としている）の積分

$$\int_0^3 x\sin\left(\frac{1}{x}\right)\sqrt{|1-x|}\,dx \tag{3.83}$$

ですが，正しく計算してくれるでしょうか．

```
octave:> format long
octave:> quad(@(x)x.*sin(1./x).*sqrt(abs(1-x)), 0, 3)
 ABNORMAL RETURN FROM DQAGP
ans =  1.98194122455795
octave:> quadgk(@(x)x.*sin(1./x).*sqrt(abs(1-x)), 0, 3)
ans =  1.98194121117524
```

式 (3.83) の積分は，quad() では異常終了の警告 ABNORMAL... が出ました．これは既定値の許容誤差（およそ 1.5×10^{-8}）には到らなかったことを通知しています．quadgk() では正常終了しました．両者の計算値は小数点以下 7 桁まで一致しています．許容誤差を設定し直すと警告は出なくなります．

```
octave:> quad(@(x)x.*sin(1./x).*sqrt(abs(1-x)), 0, 3, 2e-7)
ans =  1.98194130073814
octave:119> quadgk(@(x)x.*sin(1./x).*sqrt(abs(1-x)), 0, 3, 1e-8)
ans =  1.98194120491094
```

8 桁以上の精度で計算させたくとも quadgk は，許容誤差が 10^{-8} 以下では正常終了しません．quadl は，積分区間が 0 では error がでますが，0 に近い小さな値にすると許容誤差 10^{-11} でも正常終了しました．

```
octave:> quadl(@(x)x.*sin(1./x).*sqrt(abs(1-x)), 1e-15, 3, 1e-10)
ans =  1.98194120305220
octave:119> quadl(@(x)x.*sin(1./x).*sqrt(abs(1-x)), 1e-15, 3, 1e-11)
ans =  1.98194120307420
```

真の値は 1.9819412030.... となりそうです.

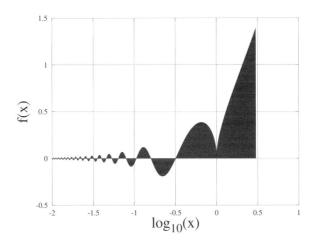

図 3.35 積分 (3.83) の被積分関数とその求積の様子.

3.8.3 重積分

関数 $f(x, y)$ の矩形区間 $[x_0, x_1] \times [y_0, y_1]$ 内での2重積分を数値計算する関数 dblquad() が，標準で実装されました．

$$I = \int_{x0}^{x1} \int_{y0}^{y1} f(x, y)\, dxdy \tag{3.84}$$

引数の関数 F の仕様には少し注意が必要です．x に関してはベクトルを与えて要素毎の演算となるように記述しなければならないからです．*quadf* には，内部で使う1変数の積分関数を quadv, quadl, quadgk (**既定**) から指定します．quad は再帰呼び出し不可なので指定できません．

> dblquad(*f, xa, xb, ya, yb, [tol, [quadf], ...*)

半径 R の半球を一辺 $L < R/\sqrt{2}$ の小さな正方形領域で区切った立体（図 3.36）の体積を計算してみましょう．このとき半球の表面の高さ z は

$$z = f(x, y) = \sqrt{R^2 - x^2 - y^2}$$

で与えられますから，手計算では

$$4\int_0^L dx \int_0^L \sqrt{R^2 - x^2 - y^2}\, dy$$
$$= 2\int_0^L \left[L\sqrt{R^2 - L^2 - x^2} + (R^2 - x^2)\arctan\frac{L}{\sqrt{R^2 - L^2 - x^2}} \right] dx$$
$$L = \alpha R, \quad \alpha < \frac{1}{\sqrt{2}} \tag{3.85}$$

まではいきますが，その先はちょっと面倒です．ただし特別な場合，例えば $\alpha = \frac{1}{\sqrt{2}}$ のときには，$\frac{5-2\sqrt{2}}{3\sqrt{2}}\pi R^3 = 1.60801 R^3$ となることが手計算でも得られます．一般の α を引数にスクリプトを起動して，2重積分値と1変数の積分 (3.85) の値を表示するスクリプトを示します．

```
R = 1;
function ret = sph(x,y,r)
  ret = sqrt(r^2 - (x.^2 + y.^2));
endfunction

if nargin == 0
  L = R/sqrt(2)
else
  L = str2num(argv(){1})*R
end
dblquad(@(x,y) sph(x,y,R), -L, L, -L, L)
2*quad(@(x) L*sqrt(R^2-L^2-x^2) + ...
  atan(L/sqrt(R^2-L^2-x^2))*(R^2-x^2), 0, L)
```
demo_dblquad.ovs

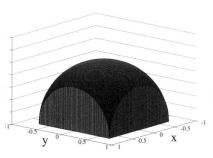

図 3.36　矩形領域 $-\frac{1}{\sqrt{2}} \leq x, y \leq \frac{1}{\sqrt{2}}$ における，$z = f(x,y) = \sqrt{1 - x^2 - y^2}$ の重積分（体積）．

$\alpha = 1/\sqrt{2}, 1/2$ を与えた場合の実行例は以下のようになります．

```
$ octave -q demo_dblquad.ovs
L =  0.70711
ans =  1.6080
ans =  1.6080
$ octave -q demo_dblquad.ovs 0.5
L =  0.50000
ans =  0.91097
ans =  0.91097
```

3.8.3.1　非矩形領域での重積分

積分領域が円などの非矩形であるような場合には，以下のように関数 $f(x,y)$ を工夫して，無理やりその領域を包括する矩形領域の積分に持ち込みます．領域外は 0 なのでいくら足しても無関係という発想です．

$$z = \begin{cases} f(x,y) & (x,y) \text{ が領域内} \\ 0 & (x,y) \text{ が領域外} \end{cases} \tag{3.86}$$

半径 1 の半球の体積を積分するスクリプトの例を示します．領域内外の判定結果のベクトルを生成する方法に工夫が要ります．

```
if (nargin > 0) quadf = argv(){1};
else quadf = "quadv"; endif
R = 1;

function ret = f(x,y,r)
  region = r^2 - (x.^2 + y.^2) >= 0;
  ret = region.*sqrt(r^2 - (x.^2 + y^2));
endfunction

tic();
dblquad(@(x,y)f(x,y,R), -R,R,-R,R,[], quadf)
toc();
```

demo_dblquad2.ovs

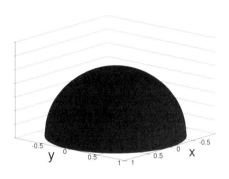

図 3.37 半径 1 の半球の積分

quadf に指定する積分関数を引数に与えて実行時間 (tic,toc を使います) を比較してみます．

```
$ octave -q demo_dblquad2.ovs
ans =  2.0944
Elapsed time is 0.178433 seconds.

$ octave -q demo_dblquad2.ovs quadgk
ans =  2.0944
Elapsed time is 0.957759 seconds.
```

quadgk() はかなり時間がかかります．

3.8.3.2 累次積分

2 重積分は，一般には以下のような累次積分により求めます．この方法を実践しようとすると $g(x)$ は積分を含む関数となります．

$$I = \int_{x_0}^{x_1} \left[\int_{y_0(x)}^{y_1(x)} f(x,y)\,dy \right] dx = \int_{x_0}^{x_1} g(x)\,dx \tag{3.87}$$

ところが，quad() は Fortran で書かれているために再帰呼び出しができません（現バージョンでもです）．すなわち，累次積分を quad() のみで実践することはできないということだったのです．しかしながら，バージョン 3 からは再帰呼び出しも可能な積分関数が標準実装されましたから，累次積分を実践することができます．例えば，前節の問題は

$$I = 4\int_0^L \left[\int_0^{y_m(x)} \sqrt{R^2 - x^2 - y^2}\,dy\right]dx = 4\int_0^L g(x)\,dx$$

$$g(x) = \int_0^L \sqrt{R^2 - x^2 - y^2}\,dy, \quad y_m(x) = \begin{cases} L & (x < L) \\ \sqrt{R^2 - x^2} & (L \leq x) \end{cases}$$

と表現されますから，quadv() などを用いて素直に quad2d.ovs のようにコーディングできますし，dblquad() よりも相当に速いです．

```
R = 1;
function ret = g(x, r, L)
  if   x <= sqrt(r^2 - L^2) ym = L;
  else ym = sqrt(r^2 - x^2);
  endif
  ret = quad(@(y)sqrt(r^2-x^2-y^2), 0, ym);
endfunction

if nargin == 0
  L = R/sqrt(2)
else
  L = str2num(argv(){1})*R
end
tic; 4*quadv(@(x)g(x, R, L), 0, L), toc
```
quad2d.ovs

```
$ octave -q quad2d.ovs
L =  0.70711
ans =  1.6080
Elapsed time is 0.03812 seconds.

$ octave -q quad2d.ovs 0.5
L =  0.50000
ans =  0.91097
Elapsed time is 0.01479 seconds.

$ octave -q quad2d.ovs 1
L = 1
ans =  2.0944
Elapsed time is 0.04807 seconds.
```

3.8.3.3　3 重積分

直方体領域における 3 重積分の数値計算関数 triplequad() も実装されました．

$$I = \int_{x0}^{x1}\int_{y0}^{y1}\int_{z0}^{z1} f(x,y,z)\,dxdydz \tag{3.88}$$

書式は 2 重積分とほぼ同じで，z の区間指定が増えているに過ぎません．

> triplequad(f, xa, xb, ya, yb, za, zb, [tol, [$quadf$], ...)

3 重積分は少し時間がかかります．直方体の体積を計算するという最も単純な例の時間を計測してみますと，

```
octave:> tic;triplequad(@(x,y,z)1, 0,1,0,1,0,2,[],"quadv"),toc
ans =  2
Elapsed time is 1.48771 seconds.
```

1.5 秒かかりました．バージョン 3 の時には数十秒もかかってましたから，速度はかなり改善はされています．

3.8.4 数値解析の例題

3.8.4.1 ガウス-ルジャンドル積分

区間 [-1 1] の定積分を，シンプソンの公式などに比べて少ない関数値の評価回数で高速に実行させる方法が考えられています．すなわち，ルジャンドル多項式の零点 x_k での関数値 $f_k = f(x_k)$ を重み w_k を付けて和をとった以下の式は，ガウス-ルジャンドル積分公式と呼ばれます．

$$\int_{-1}^{1} f(x)\,dx \cong \sum_{k=1}^{n} w_k f_k \tag{3.89}$$

ここに n 次ルジャンドル多項式の零点 x_k と重み係数 w_k は p.282 の表 A.2 のようになっています．この値を算出するスクリプト gauss_legendre.m も示してあります．すると，(3.89) 式は，単に w_k と f_k の内積を計算するだけですから，以下のような簡単な関数にまとめることができます．

```
function ret = quadgl(f, n)
  pw = gauss_legendre(n);
  ff = feval(f, pw(:,1));
  ret = dot(pw(:,2), ff);
endfunction
```
quadgl.m

$f(x) = e^{-x} \cos\left(\frac{\pi}{2}x\right)$ を被積分関数に選んで quad() と比較してみましょう．厳密解は $2\pi(e + e^{-1})/(4 + \pi^2) = 1.3980876875915767788\cdots$ です．

```
octave:> format long
octave:45> [v ier fnum] = quad(@(x)exp(-x).*cos(pi*x/2), -1, 1)
v =  1.39808768759158
ier = 0
fnum =  21
octave:46> quadgl(@(x)exp(-x).*cos(pi*x/2), 5)
ans =  1.39808799332194
octave:47> quadgl(@(x)exp(-x).*cos(pi*x/2), 7)
ans =  1.39808768759115
octave:1> quadgl(@(x)exp(-x).*cos(pi*x/2), 9)
ans =  1.39808768759157
```

quad() は 21 回の関数評価が行われています．ガウス-ルジャンドル公式における関数の評価回数は次数そのものです．5 次で 7 桁，7 次では 13 桁，9 次では 14 桁まで一致しており，効率の高さが確認できます．

3.8.4.2 シンプソンの公式

比較のため標本点が等間隔であるものの代表的な公式，Simpson の公式による数値積分関数 simpson.m を作成してみましょう．公式は次のとおりです．

$$\int_a^b f(x)\,dx \cong \frac{h}{3}\left(f_0 + 4\sum_{k=1}^{m} f_{2k-1} + 2\sum_{k=1}^{m-1} f_{2k} + f_{2m}\right) \tag{3.90}$$

素直に考えれば，以下のようになるでしょう．関数の評価回数は $2m+1$ となります．

```
function ret = simpson(f, a, b, m)
  h = (b-a)/(2*m);
  x = linspace(a, b, 2*m+1);
  f0 = sum(feval(f, [x(1) x(2*m+1)]));
  f1 = sum(feval(f, x(2:2:2*m)));
  f2 = sum(feval(f, x(3:2:2*m-1)));
  ret = h/3*(f0 + 4*f1 +2*f2);
endfunction
```

simpson.m

実際に Simpson 公式により計算した結果は，次のようになりました．

```
octave:> simpson(@(x)exp(-x).*cos(pi*x/2), -1, 1, 4)
ans =  1.39802085271222
octave:> simpson(@(x)exp(-x).*cos(pi*x/2), -1, 1, 40)
ans =  1.39808768197787
octave:> simpson(@(x)exp(-x).*cos(pi*x/2), -1, 1, 400)
ans =  1.39808768759102
octave:> simpson(@(x)exp(-x).*cos(pi*x/2), -1, 1, 427)
ans =  1.39808768759115
octave:> simpson(@(x)exp(-x).*cos(pi*x/2), -1, 1, 1650)
ans =  1.39808768759158
```

quadgl() の次数 7 と同等の精度を得るには約 850 回，quad() と同等の精度を得るには，なんと 3300 回もの関数評価（= 分割数）が必要となります．これはシンプソン公式の誤差評価からすれば当然の結果です．すなわち，シンプソンの公式の誤差 ε の範囲は，被積分関数の 4 階導関数 $f^{(4)}$ の区間内における最大値 $M_{\min}^{(4)}$ と最小値 $M_{\max}^{(4)}$ を用いて

$$CM_{\min}^{(4)} \leq \varepsilon \leq CM_{\max}^{(4)}, \quad C = -\frac{(b-a)}{180}h^4 \tag{3.91}$$

のように見積もられます．被積分関数の 4 階導関数および区間 $[-1,1]$ における最大・最小値は

$$f^{(4)} = \left\{1 + \left(\frac{\pi}{2}\right)^2\right\}^2 e^{-x}\cos\left(\frac{\pi}{2}x\right)$$

$$M_{\min}^{(4)} = 0,\ M_{\max}^{(4)} = f(x_{\max}) = 14.55\cdots,\ x_{\max} = \frac{2}{\pi}\tan^{-1}\left(\frac{2}{\pi}\right)$$

となりますから，$|\varepsilon| \sim 10^{-14}$ となるためには $h = \left[180 \times 10^{-14}/(2 \times 14.55)\right]^{1/4} \sim 5 \times 10^{-4}$，従って $(b-a)/h = 2/h \sim 4000$ に分割する必要があるのです．

3.9 信号処理

Octave には，制御工学や通信工学で重要な信号処理のための関数が充実しています．中でも高速フーリエ変換についていえば，もし fftw というオープンソースのライブラリをリンクしてコンパイルされている場合には，素晴らしい性能を発揮します．

3.9.1 高速フーリエ変換

一般に信号 $y(t)$ のフーリエ変換は連続な実数空間上の積分で定義されますが，離散フーリエ変換は，以下のような N 個の等間隔なサンプリング時刻 $t_m = m\Delta$ での信号強度 $y_m = y(t_m)$ に対して，また逆離散フーリエ変換は N 個の係数列 $G_0, G_1, \cdots, G_{N-1}$ に対して，級数和の形で以下のように定義されます．

$$G_k = \sum_{m=0}^{N-1} y_m \exp\left(-\frac{2\pi i}{N} km\right) \tag{3.92}$$

$$y_m = \frac{1}{N} \sum_{k=0}^{N-1} G_k \exp\left(\frac{2\pi i}{N} mk\right) \tag{3.93}$$

なお，係数 G_k は基本周波数 $(N\Delta)^{-1}$ の $k+1$ 倍の周波数成分を表しています．この定義に忠実に係数を求めようとすると計算量は N^2 のオーダーになり，大きな N でリアルタイム変換するという要求には応えられません．高速フーリエ変換（Fast Fourier Transform）は，展開関数の周期性を利用して計算量を $N \log_2 N$ に減らす工夫をしています．とくに，N が 2 のべき乗の場合に最も効率が高くなります．

3.9.1.1 一次元

■ fft() 1 次元の信号のデータ y に対する離散フーリエ係数を算出します．もし，引数が行列であれば，ベクトルごとに列優先に作用した結果を変換します．第 2 引数 n は a の要素のうち変換にかかる個数を指定します．

```
fft(a, n, dim)
```

次のような，第 2, 5 高調波を含む信号の仮想データを作成して fft() にかけスペクトルを表示させてみましょう．

$$y(t) = \sin(\omega_0 t) + 0.5 \sin(2\omega_0 t) + 0.2 \sin(10\omega_0 t) \tag{3.94}$$

基本角振動数は $\omega_0 = 2\pi f = 2\pi 50 = 100\pi$（振動数 50[Hz]）としましょう．フーリエ係数 G_k は一般に複素数ですが，その絶対値 $|G_k|$ を強度としてスペクトルを描きます．また，

サンプリング数 N で割って正規化しています．

```
N = 512;
t = linspace(0,1/10,N);
w0 = 2*pi*50;
y = sin(w0*t) + 0.5*sin(2*w0*t) + 0.2*sin(10*w0*t);
G = fft(y);
P = abs(G)/N;
subplot(2,2,1); plot(t,y, "linewidth", 1.2);
                xlabel("x", "fontsize",14, "fontangle", "italic");
subplot(2,2,2); h1 = stem([0:N-1],P); axis([1 N]); box("on")
                xlabel("k", "fontsize",14, "fontangle", "italic");
subplot(2,2,3); h2 = stem([0:N-1],P); axis([1 N/2]); box("on")
                xlabel("k", "fontsize",14, "fontangle", "italic");
subplot(2,2,4); h3 = stem([0:N-1],P); axis([1 60]); box("on");
                xlabel("k", "fontsize",14, "fontangle", "italic");
set([h1 h2 h3], "markersize", 0, "linewidth", 2);
print("demo_fft.pdf", "-S800,600", "-Ftimes");
system("evince demo_fft.pdf");
```
demo_fft.ovs

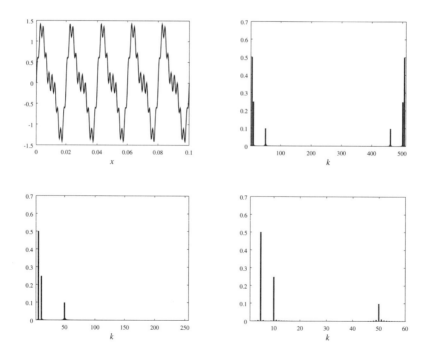

図 3.38 $y(t) = \sin(\omega_0 t) + 0.5\sin(2\omega_0 t) + 0.2\sin(10\omega_0 t)$, $\omega_0 = 100\pi$, $T = 0.1$ 秒, $N = 512$ 点の仮想信号データとそのフーリエスペクトル．

図 3.38 の右上がスペクトルの全体を示しています．中央より右側のピークは，負の周波数成分 G_{-k} が G_{N-k} の位置に表れたものです．下の 2 つの図は左側の部分を拡大表示さ

せたもので，値が 0.5, 0.25, 0.1 と元の信号の振幅比を保っています（値が半分なのは負周波数側にも分配されているからです）．

■ ifft()　逆離散フーリエ変換を行う関数が ifft() です．最も単純な関係 y = ifft(fft(y)) を検証するために，元の関数 y とフーリエ変換を逆フーリエ変換で戻した関数 $\mathcal{F}^{-1}[\mathcal{F}[y]]$ との差を描くスクリプトと結果を図 3.39 に示します．両者の差は $\sim 10^{-16}$ とほぼ 0 であることが判りました．

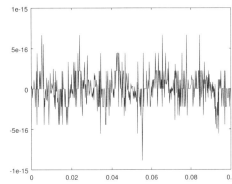

```
N = 512;
t = linspace(0,1/10,N);
w0 = 2*pi*50;
y = sin(w0*t) + 0.5*sin(2*w0*t)...
    + 0.2*sin(10*w0*t);
G = fft(y);
Dy = ifft(G) - y;
plot(t,Dy);

print("demo_ifft.pdf","-S400,300");
```
demo_ifft.ovs

図 3.39　式 (3.94) の試験関数 y とそのフーリエ変換の逆フーリエ変換 $\mathcal{F}^{-1}[\mathcal{F}[y]]$ との差

■ fftshift()　負の周波数成分がシフトして $F_{N-k} = F_{-k}$ に表れているもの，および 0 付近の正の周波数成分を，中央に移動する関数が fftshift(V, DIM) です．ガウス関数

$$f(x) = \exp\left(-\frac{a^2}{x^2}\right)$$

について確かめるスクリプトと結果を図 3.40 に示します．

```
N = 256; a = 1; x = linspace(-5,5,N); y = exp(-x.^2/a^2);
G = fft(y); P = abs(G)/N;
SG = fftshift(G); SP = abs(SG)/N;
subplot(2,2,1); plot(x,y, "linewidth",2);
                xlabel("x","fontsize", 14, "fontangle", "italic");
subplot(2,2,2); h1 = stem(P); axis([1 N]); box("on");
subplot(2,2,3); h2 = stem([0:N-1],SP); axis([1 N]); box("on");
subplot(2,2,4); h3 = stem([0:N-1],SP); axis([N/2-10 N/2+10]); box("on")
                xlabel("k", "fontsize", 14, "fontangle", "italic");
set([h1 h2 h3], "markersize", 0, "linewidth", 2);
print("demo_fftshift.pdf", "-S800,600", "-FTimes");
```
demo_fftshift.ovs

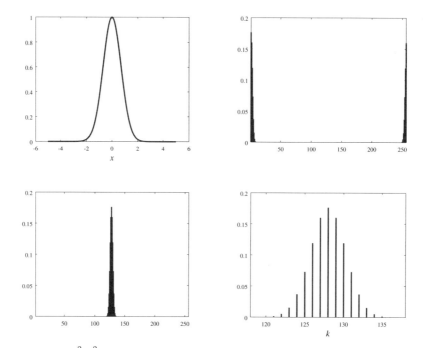

図 3.40 $f(x) = e^{-x^2/a^2}$, $a = 1$, $N = 256$ 点 の仮想サンプルデータとそのフーリエスペクトルおよび fftshift() の働き．下図は，フーリエスペクトルの 1 周期分の構造がよく見通せる．

3.9.1.2 二次元

関数 $f(x, y)$ を x, y それぞれに関してフーリエ変換したものが 2 次元フーリエ変換です．得られた波数空間上の関数 $G(k_x, k_y)$ は 2 次元の逆フーリエ変換により元の関数に戻ります．等間隔の 2 次元離散値に対しても 1 次元と同様に離散フーリエ変換が定義されます．

■ fft2(),ifft2()　2 次元高速フーリエ変換法によりフーリエ係数ベクトルを返す関数が fft2() です．2 次元逆フーリエ変換関数は ifft2() という名前となっています．引数は行列となります．また，fftshift() は 1 次元と共通です．2 次元の場合は行列の 4 隅付近の低波数の成分を中央に移動させます．3 次元グラフィクスのデモ関数 peaks() のフーリエ変換とそのフーリエ逆変換により元の関数が再現されることを確かめるスクリプトと得られた結果を図 3.41 に示します．

3.9 信号処理

```
N = 128; x = linspace(-5,5,N); f = peaks(x);
G = fft2(f); P = abs(G)/N;
SG = fftshift(G); SP = abs(SG)/N;
ff = ifft2(G);

colormap(bone);
subplot(2,2,1); imagesc(f); axis("square");
subplot(2,2,2); imagesc(log(P)); axis("square");
subplot(2,2,3); imagesc(log(SP)); axis("square");
subplot(2,2,4); imagesc(real(ff)); axis("square");

print("demo_2fft.pdf", "-S600,600");
system("mupdf demo_2fft.pdf");
```
demo_2fft.ovs

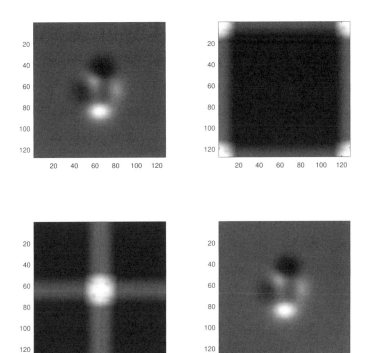

図 3.41 3次元プロットのデモ関数 `peaks()` の z 値を強度とした画像（左上），その2次元フーリエ変換強度像（右上），`fftshift` により低波数成分を中央へシフトさせた像（左下），フーリエ変換画像の逆変換画像（右下）．フーリエ変換画像はコントラストが高すぎるので対数をとってなだらかにした．

3.9.1.3 多次元

通常お目にかかる 1，2 次元のフーリエ変換に加えて，n 次元の離散フーリエ変換・逆変換関数があります．fftn()，ifftn() という名前がつけられています．3 次元以上になると，全体をいっぺんに見渡せる表現手段がないので，x 軸上に置かれた 2 つの等電荷が形成するポテンシャルのフーリエスペクトルの断面図，および逆変換で元に戻る様子を表示する例を示します．

図が小さく軸が煩わしいので，軸名だけを text() 関数で書き込んでいます．

```
graphics_toolkit("gnuplot");
N = 64; t = linspace(-5,5,N); [x y z] = meshgrid(t,t,t);
r1 = sqrt((x-1).^2 + y.^2 + z.^2);
r2 = sqrt((x+1).^2 + y.^2 + z.^2);
f = 1./r1 + 1./r2 ; G = fftn(f); ff = ifftn(G);
Gyz32=[]; for k =1:N; Gyz32=[Gyz32, G(:,N/2, k)]; end

subplot(2,2,1, "position", [0.05 0.55 0.45 0.45]);
surfl(f(:,:,N/2)); shading("flat");
axis("off");text(-5, N/2, "y");text(N/2, -5, "x");
subplot(2,2,2, "position", [0.52 0.55 0.45 0.45]);
surfl(abs(fftshift(G(:,:,N/2)))/N); shading("flat");
axis("off"); text(-10, N/2, "k_y");text(N/2, -10, "k_x");
subplot(2,2,3, "position", [0.05 0.10 0.45 0.45]);
surfl(abs(fftshift(Gyz32))/N); shading("flat");
axis("off"); text(-10, N/2, "k_z");text(N/2, -10, "k_y");
subplot(2,2,4, "position", [0.52 0.10 0.45 0.45]);
surfl(real(ff(:,:,N/2))); shading("flat");
axis("off");

print("demo_fftn.pdf","-S600,450");
```

demo_fftn.ovs

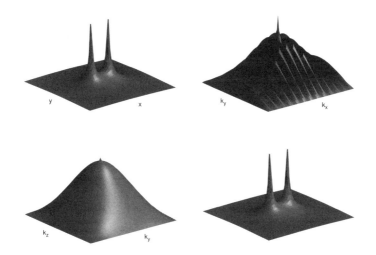

図 3.42 2つの等電荷が形成する静電ポテンシャルの3次元高速フーリエ変換像．実空間上のポテンシャル（左上），波数空間上の $k_x k_y$ 断面図（右上），波数空間上の $k_y k_z$ 断面図（左下），フーリエ変換像の逆フーリエ変換像（原像と一致）．

3.10 統計

現在，フリーの統計ツールといえば **R** で決まりということになっています．Octave の統計関数は非常に基本的なものしか実装されていませんが，入門レベルには十分過ぎる程度に整っています．

3.10.1 データの整理

3.10.1.1 度数分布

研究対象とする集団からある特性を**変量**として数値的に採取することから調査が始まります．変量は，連続値を取る**連続変量**，可算な（数えられる）**離散変量**に分類されます．特性の全体像を把握しやすくするため，変量を区分して整理したものが**度数分布表**です．分けられた区間を**階級**，階級に属するデータの個数を**度数**，区分の中央値を**階級値**と呼びます．

■ **ヒストグラムの表示**　ヒストグラム（柱状図）は度数分布表を棒グラフで表現したものです．関数 hist() は，データ x を，y に従って区分（指定しない場合には等幅に10区分）した度数分布を作成し，そのヒストグラムまでも表示する大変便利な関数です．

```
hist(x, [y, [norm]])
[nn, [xx]] = hist(...)
```

第 3 章 応用

y がベクトルであれば，それは階級値の並びと解釈されます．*norm* は棒の長さ (=度数) の総和がその値となるように全体を規格化します．例えば，確率分布関数を描くのであれば 1 とすべきものです．出力引数が与えられた場合には，*nn* に度数，*xx* に階級値が渡されます．標準正規分布に従う乱数を発生する関数 randn(n,m) を用いて疑似データを作成し，その度数分布，ヒストグラムを表示させてみましょう．

```
octave:> X = randn(100000,1);
octave:> hist(X, "facecolor", "c");
octave:> print("hist000.pdf", "-S400,300");
```

hist() は，データの最大値と最小値を見つけてその間を 10 等分してしまい，切りのよい階級値とはなりません．標準正規分布は 0 を中心にして対称な分布なのですが，階級値が対称ではなくなると度数分布の対称性が見え難くなってしまいます（図 3.43 左）．そこで，切りのよい階級値ベクトルを与え，ついでに 1 に規格化すると，確かに標準正規分布であるように見えます（図 3.43 右）．

```
octave:> hist(X, [-4:1:4], 1, "facecolor", "c");
octave:> print("hist001.pdf", "-S400,300");
```

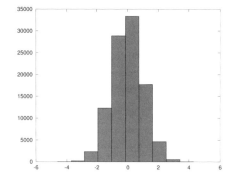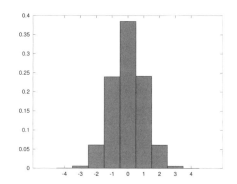

図 3.43 標準正規分布に従う乱数のデータのヒストグラム．オプション引数なしで描くと，階級値が半端な数値に設定され 0 のまわりの対称性が判り難いです（左）．オプションとして切りのよい階級値ベクトルを与えると 0 での対称性がはっきりします（右）．

ヒストグラムは分布の概要が一目でわかるのでたいへん効果的ですが，統計解析には度数分布の数表が必要です．それは，hist() に出力引数を与えて呼び出せば簡単に作成できます．

```
octave:> [NN XX] = hist(X, [-4:1:4]);
octave:> [XX' NN']
ans =
  -4.00000    0.00022
  -3.00000    0.00579
  -2.00000    0.05972
  -1.00000    0.24025
   0.00000    0.38306
   1.00000    0.24379
   2.00000    0.06079
   3.00000    0.00613
   4.00000    0.00025
```

3.10.2 代表値と散布度

分布の特性を1つの値で表わすものとして，分布の中心的な位置を示す**代表値**，代表値の周りのばらつきの度合いを示す**散布度**があります．代表値としては，**平均値**，**中央値**，**最頻値**などが用いられ，散布度としては，**分散**，**標準偏差**，**範囲**などが用いられれます．

3.10.2.1 代表値

■ mean()：**平均値** 代表値として最も良く用いられるものは平均値で，$\bar{x}$ と表わします．定義は，知っての通り

$$\bar{x} = \frac{1}{N}\sum_{i=1}^{N} x_i \tag{3.95}$$

です．度数分布表に整理されている場合は，ある階級に属する度数 f_i のデータ値が階級値 x_i に等しいと考えて，近似的に

$$\bar{x} \simeq \frac{1}{N}\sum_{j=1}^{K} X_j f_j \quad \left(N = \sum_{j=1}^{K} f_j\right) \tag{3.96}$$

で与えられることになります．Octave では，x の平均値を与える関数は mean(x) です．また，平均値を原点とした相対値を与える（すなわち，平均値を引いた値を与える）center(x) という関数もあります．

■ median()：**中央値** データを大きさの順に並べたとき，中央に位置する値は中央値（メジアン）と呼ばれ，通常 Me と表わされます．定義は以下のように，データの総数 n が偶数か奇数かによって分かれます．

$$\mathrm{Me} = \begin{cases} x_{(n+1)/2} & n：奇数 \\ \frac{1}{2}\left(x_{n/2} + x_{n/2+1}\right) & n：偶数 \end{cases} \tag{3.97}$$

Octave には呼び名そのままの関数 median(x) があります．

■ **最頻値（モード）** 度数 f_i の最大値を与える階級値は最頻値と呼ばれ，通常 Mo で表わされます．Octave では，その名の通りの関数 mode() がありますが，これは本当にデータの値を 1 つ 1 つ比べるもので, 度数分布の最大値を算出しません．

3.10.2.2 散布度

一般に，実際に採取したデータにはばらつきが見られます．したがって 2 つの分布を比べたとき，代表値が等しくともその周りの分布の様子が同じとは限りません．図の A,B のように素直なばらつき（偏りや歪，サブピークがない）は，代表値との差の平方和を基に表わすことができます．

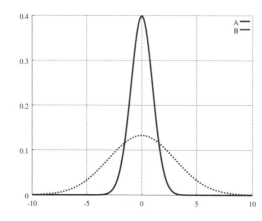

図 3.44 平均値は等しいけれども，分散（ばらつき）が異なる分布の比較．A, B の面積は等しいですが，A の分布は鋭く，B はバラツキが大きく緩やか．

■ **sumsq()：平方和** 平方和 S とは，各データと平均値 $\bar{x}$ との差の 2 乗（平方）の和のことです．すなわち定義は次のようになります．

$$S = \sum_{i=1}^{n}(x_i - \bar{x})^2 \tag{3.98}$$

Octave では sumsq() という名前の関数があります．

■ **分散と標準偏差** 平均値からの隔りの 2 乗の平均は，平方和をデータ総数 n で割れば求まります．この価は分散と呼ばれ，s^2 で表わされます．

$$s^2 = \frac{S}{n} = \frac{1}{n}\sum_{i=1}^{n}(x_i - \bar{x})^2 \tag{3.99}$$

また分散の平方根 s は標準偏差と呼ばれます．

$$s = \sqrt{\frac{S}{n}} = \sqrt{\frac{1}{n}\sum_{i=1}^{n}(x_i - \bar{x})^2} \tag{3.100}$$

ところで，標本についての S を n で割った値は，標本の母集団の分布の分散 σ^2 とは僅かに異っており，理論的には S を $n-1$ で割った値が正しいのです．したがって，単に分散，標準偏差といった場合には $n-1$ で割った値（不偏分散）を指すのが普通です．

$$s = \sqrt{\frac{S}{n-1}} = \sqrt{\frac{1}{n-1}\sum_{i=1}^{n}(x_i - \bar{x})^2} \tag{3.101}$$

`std()` が標準偏差 s を求める関数です．また，分散は `cov()` に引数を1つだけ与えて求めることができます．

3.10.3 確率分布関数

確率分布関数の定義や性質については付録 A.4 確率分布（p.284）にまとめました．ここでは Octave の関数と使用例について説明します．

3.10.3.1 正規分布関数と標準正規分布関数

正規分布 $N(\mu, \sigma^2)$ の確率密度関数および確率分布関数は Octave においてはそれぞれ `normpdf()`,`normcdf()` となっています．標準正規分布関数 $N(0,1)$ は正規分布関数で $\mu=0, \sigma=1$ を指定すればよいのですが，第2, 3引数を省略して呼び出した場合の既定としても得られます．あるいは，別個に `stdnormal_pdf()`,`stdnormal_cdf()` という関数もあります．

```
normpdf(x, m, s)
normcdf(x, m, s)
```

統計学の教科書には，標準正規分布関数の数表が巻末にあって，正規分布の計算は一旦標準正規分布に変換して計算し，元の正規分布に逆変換するという手続きを学習します．任意の正規分布の数表を載せることは不可能ですから，それは当然の成り行きです．ところが，Octave を用いるならば，正規分布関数 $N(\mu, \sigma^2)$ に関する計算をわざわざ標準正規分布関数に変換して計算する必要はありません．例えば，

$$P(a \leq X \leq b) = \int_a^b N(\mu, \sigma^2) dx$$

を求めるには，`M` $= \mu$，`V` $= \sigma^2$ とおいて

```
normcdf(b, M, V) - normcdf(a, M, V)
```

とすればよいことになります．従って，今度は，わざわざ標準正規分布関数を特別扱いする必要がないように思えますが，以下のような問題を考えるとやはり標準正規分布を特別に扱う必要があることを納得できます．

第 3 章 応用

> **正規分布のパラメータを推定する問題**
>
> ある学校のテストの成績分布が正規分布に従っています．80 点以上が 10%，50 点以下が 30% であるとき，この正規分布の平均 μ と分散 σ^2 を求めなさい．

この問題では正規分布の平均と分散自体が判らないので，正規分布関数の使い様がありません．そこで，標準正規分布に従う確率変数 Z に変換して考えます．

$$P(X \leq 50) = P\left(Z \leq \frac{50-\mu}{\sigma}\right) = 0.3$$

$$P(X \leq 80) = P\left(Z \leq \frac{80-\mu}{\sigma}\right) = 1 - 0.1 = 0.9$$

標準正規分布関数の逆関数を用いれば，累積確率が 0.3, 0.9 となる確率変数値 Z_1, Z_2 が

```
Z1 = stdnormal_inv(0.3),  Z2 = stdnormal_inv(0.9)
```

と求まりますから，次のような σ, μ の連立 1 次方程式が立ちます．

$$\begin{cases} Z_1 \sigma + \mu = 50 \\ Z_2 \sigma + \mu = 80 \end{cases} \Leftrightarrow \begin{pmatrix} Z_1 & 1 \\ Z_2 & 1 \end{pmatrix} \begin{pmatrix} \sigma \\ \mu \end{pmatrix} = \begin{pmatrix} 50 \\ 80 \end{pmatrix}$$

行列方程式 $A\boldsymbol{x} = B$ の解を求めるのは Octave の最も得意とするところで，左除算 A\B により簡単に求まります．

```
octave:> z1 = stdnormal_inv(0.3); z2 = stdnormal_inv(0.9);
octave:> A = [z1 1; z2 1]; b = [50; 80];
octave:> x=A\b
x =
   16.612
   58.711
```

平均 $\mu = 58.711$，標準偏差 $\sigma = 16.612$ という推定値を得ました．

3.10.3.2 その他の分布関数

Octave には，表 3.4 に示すように，統計学で扱われる基本的な分布関数が付属しています．関数の名前の後には pdf，cdf，rnd，inv のキーワードがつきます．それぞれ**確率**

表 3.4 その他の分布関数

関数名	定義・機能
normpdf, normcdf, norminv, normrnd	正規分布
stdnormal_pdf, stdnormal_cdf, stdnormal_inv, stdnormal_rnd	標準正規分布
binopdf, binocdf, binoinv, binornd	2 項分布
poisspdf, poisscdf, poissinv, poissrnd	ポアソン分布
exppdf, expcdf, expinv, exprnd	指数分布
chi2pdf, chi2cdf, chi2inv, chi2rnd	χ^2 分布
tpdf, tcdf, tinv, trnd	t 分布
fpdf, fcdf, finv, frnd	F 分布
wblpdf, wblcdf, wblinv, wblrnd	ワイブル分布

密度，**累積確率密度** (すなわち**分布関数**)，**分布関数にしたがう乱数**，**分布関数の逆**を与える関数に対応します．図 3.45 に，標準正規分布関数についての例を示します．それぞれ関数の定義や意味については統計学の教科書に譲ります．

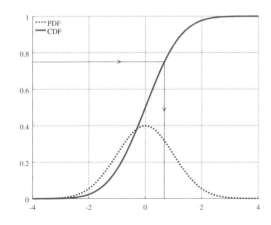

図 3.45 標準正規分布の確率密度関数 (pdf) と累積確率密度関数 (cdf)．確率分布の逆関数 (inv) は矢印の向きに値を求めることに相当します．

3.11 基礎物理学での利用

初版の中で取り上げた題目は，3年次開講の「計算物理学」という講義の中から選んだものでした．内容は多岐に渡っており学科の性格から物性物理学の話題が主流を占めています．現在は講義が無くなってしまい，初年次の「基礎物理学」と他大学の「Cプログラム」の中で時々 Octave を紹介しています．現実的には，微積分学を用いた解析的な扱い（関数で表現できる）だけで手一杯で，学生には計算でしか解の挙動が追えないような題材を教えることはできないのですが，解析的な解と数値解とが一致することを示し，数値計算が信頼に足るものであることは何とか理解してもらいたいと常々思ってます．

3.11.1 力学

3.11.1.1 空気の粘性抵抗を受ける質点の運動

地表付近の一様重力下で粘性抵抗を受ける質点の運動については，常微分方程式を解く必要があり，初年次の微積分学では常微分方程式を学習しないことが普通の現在の状況では，扱うべきか判断に迷う題材です．ただ，指数関数で表現できますから解析的にはそう難しくはありません．粘性抵抗の比例定数 b を質量 m で割った値を γ とすると，常微分方程式及び一般解は，水平に x 軸，鉛直上向きに y 軸を設定し，重力加速度ベクトルを $\boldsymbol{g} = (0, -g)$ とおいて，以下のように求められます．

$$\dot{\boldsymbol{v}} = -\gamma \boldsymbol{v} + \boldsymbol{g} \tag{3.102}$$

$$\boldsymbol{v}(t) = \left(\boldsymbol{v}_0 - \frac{\boldsymbol{g}}{\gamma}\right) e^{-\gamma t} + \frac{\boldsymbol{g}}{\gamma} \tag{3.103}$$

$$\boldsymbol{r}(t) = \int \boldsymbol{v}(t)\, dt = \frac{1}{\gamma}\left(\boldsymbol{v}_0 - \frac{\boldsymbol{g}}{\gamma}\right)\left(1 - e^{-\gamma t}\right) + \frac{\boldsymbol{g}}{\gamma} t + \boldsymbol{r}_0 \tag{3.104}$$

ここに，添え字に 0 があるのは初期値です．C プログラミングの講義では，常微分方程式の解析解は既知として構いませんから，4 次のルンゲ・クッタ法による数値解と一致することだけを，図を描いて確かめることができます．常微分方程式の解法として lsode() を用いたスクリプトと得られるグラフを図 3.46 に示します．

```
rr = @(t, gm, r0, v0, a0)...
      [(v0 - a0/gm)*(1-exp(-gm*t))/gm + a0/gm*t + r0];
mov = @(x, t, gm, G)...
      [x(2); -gm*x(2); x(4); -gm*x(4) - G];

G = 9.8; v0 = 20; qd0 = 60; q0 = qd0*pi/180;
x0 = y0 = 0;
gm = 1.0;
tm = 4;
t = linspace(0, tm, 101);
hold on; grid on; box on

for gm = [1e-6 0.2 0.5 1.0 2.0]
  vx0 = v0*cos(q0);
  vy0 = v0*sin(q0);
  r0 = [0 vx0 0 vy0];
  x = rr(t, gm, x0, vx0, 0);
  y = rr(t, gm, y0, vy0, -G);
  r = lsode(@(x,t)mov(x,t,gm,G), r0, t);
  plot(r(:,1), r(:,3), "o;;", "markersize", 3.5);
  plot(x,y,sprintf(";%.1f ;",gm), "linewidth", 1.2);
endfor

set(gca, "gridcolor", [0.7 0.7 0.7]);
axis("equal", [0 40 0 20 0 1])
legend("boxoff")
legend("left")
legend("location", "east")
xlabel("horizontal", "fontsize", 14);
text(31.6, 12.2, "b/m = "),

print("phys_parabv_gm.pdf", "-S400,240");
system("evince phys_parabv_gm.pdf");
```

`phys_parabv_gm.ovs`

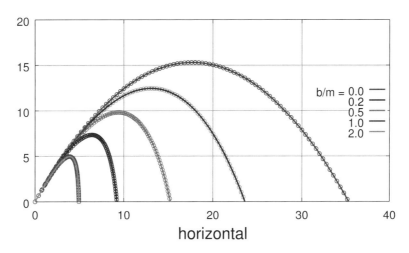

図 3.46 空気の粘性抵抗を受ける放物体の運動の解析解と数値解の比較：水平面に対する傾斜角 $60°$，初速 $20\,\mathrm{m\cdot s^{-1}}$，粘性抵抗係数 $\gamma \equiv b/m\,[\mathrm{s^{-1}}]$ を $0, 0.2, 0.5, 1.0, 2.0$ としている．

これを題材として，数値解析向きの問題を考えることができます．

■ **頂点** 質点が軌跡の頂点に達する時間 t_c と，その高さ y_c を求める問題．$v_y = 0$，即ち (3.103) の y 成分が 0 である t を求めればよく，解析的に

$$t_c = \frac{1}{\gamma} \ln\left(1 + \frac{\gamma}{g} v_{0y}\right) \tag{3.105}$$

$$y_c = y(t_c) = \frac{v_{0y}}{\gamma} - \frac{g}{\gamma^2} \ln\left(1 + \frac{\gamma}{g} v_{0y}\right) \tag{3.106}$$

と求まります．一方，常微分方程式を解くという枠内では $v_y = 0$ となる点を見出す工夫が必要で，少し手間が掛かりますが，解析解と比較することで数値解析が信頼できるものであることを確認できます．スクリプトと実行画面例を以下に示します．lsode() の許容誤差の既定値は 1.49012×10^{-8} ですから（「3.4 常微分方程式」の「3.4.1.1 刻み幅」を参照），12 桁の精度を得るためには lsode_options(OPT,VAL) を用いて，許容誤差を小さく設定する必要があります．また，実行時の引数として γ の値を渡すことができるように，str2num(argv(){1}) を用いています．

```
if (nargin >= 1) gm = str2num(argv(){1})
else gm = 1.0 endif

mov = @(x, t, gm, G)[x(2); -gm*x(2) - G];

G = 9.8; vr0 = 20; qd0 = 60; q0 = qd0*pi/180;
y0 = 0; vy0 = vr0*sin(q0);
EPS = 1e-12;
### set options of ODE solver ##################
lsode_options("relative tolerance", EPS);
lsode_options("absolute tolerance", EPS);
lsode_options("integration method", "non-stiff");
##############################################
r0 = [0 vy0];
t0 = 0; tf = tm = 4;
do
  dt = (tf - t0)/100;
  t = linspace(t0, tf, 101);
  ### ODE solver #######################
  r = lsode(@(x,t)mov(x,t,gm,G), r0, t);
  ######################################
  i = min(find(r(:,2) < 0));
  r0 = [r(i-1,:)];
  t0 = t0 + (i-2)*dt;
  tf = t0 + dt;
until (dt < EPS)

output_precision(12); format compact;
tca = log(1+gm/G*vy0)/gm
tco = t0
yca = (vy0- tca*G)/gm
yco = r(1,1)
```

phys_parabv_tc.ovs

```
$ octave phys_parabv_tc.ovs
gm =  1
tca =    1.01790781157e+00
tco =    1.01790781157e+00
yca =    7.34501152226e+00
yco =    7.34501152226e+00
$ octave phys_parabv_tc.ovs 0.1
gm =  0.10000
tca =    1.62747799880e+00
tco =    1.62747799880e+00
yca =    1.37122368747e+01
yco =    1.37122368747e+01
```

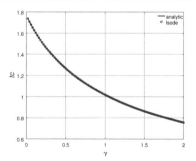

図 3.47 空気の粘性抵抗を受ける放物体が頂点に到達する時間 $t_c(\gamma)$．

スクリプト phys_parabv.ovs は，投げ上げ角度 $60°$，初速 $v_0 = 20\,\mathrm{m \cdot s^{-1}}$ の場合について，ある一つの粘性抵抗係数 γ の値に対する頂点への到達時間 t_c と頂点の高さ y_c を，

3.11 基礎物理学での利用

lsode() による数値解と解析解とで比較するものです．図 3.47 右下のグラフは，到達時間 t_c の γ に対する依存性をプロットしたものです（スクリプトは省略します）．

■ **落下点** 質点が再び地上に落下する時間 t_a とその位置 x_a を求める問題．これは (3.104) の y 成分が 0 となる時間を求める超越方程式となり，解析解は（たぶん）ありません．しかし，Octave ならば fsolve() を用いて t_a が数値的に簡単に求まります．前問と同様に常微分方程式を解くという枠内で扱って，少し工夫して $y(t) = 0$ となる時刻を見出し，fsolve() の結果と数値解析同士を比較することになります．もちろん同じ結果が得られるので両方の数値解析が共に信頼できると結論されます．

```
mov = @(x, t, gm, G)[x(2); -gm*x(2); x(4); -gm*x(4) - G];
rr = @(t, gm, v0, G)...
    [(v0 + G/gm)*(1-exp(-gm*t))/gm - G/gm*t];

G = 9.8; vr0 = 20; qd0 = 60; q0 = qd0*pi/180;
x0 = y0 = 0; vy0 = vr0*sin(q0); vx0 = vr0*cos(q0);
N = 100;
gm = 0.02*[1:N];
tao = zeros(N,1);
for k = 1 : N
  t0 = 0; tf = 4; r0 = [0 vx0 0 vy0];
  do
    dt = (tf - t0)/100;
    t = linspace(t0, tf, 101);
    r = lsode(@(x,t)mov(x, t, gm(k), G), r0, t);
    i = min(find(r(:,3) < 0));
    r0 = [r(i-1,:)];
    t0 = t0 + (i-2)*dt;
    tf = t0 + dt;
  until (dt < 1e-6)
  xao(k) = r(1);
  taf = fsolve(@(x)rr(x, gm(k), vy0, G), 2);
  xaf(k) = rr(taf, gm(k), vx0, 0);
endfor
plot(gm, xao, "o;;", gm, xaf, "linewidth", 1.4)
grid on; set(gca, "gridlinestyle", ":");
xlabel("g", "fontsize",14,"fontname","Symbol")
ylabel("xa", "fontsize",14,"fontangle","italic")

print("phys_parabv_xagm.pdf", "-S400,300");
system("evince phys_parabv_xagm.pdf");
```
phys_parabv_xagm.ovs

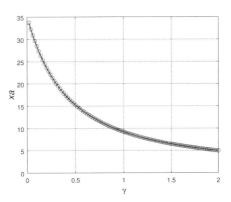

図 3.48 空気の粘性抵抗を受ける放物体の水平面上の落下点位置 $x_a(\gamma)$．投げ上げ角が 60°，初速 v_0 が $20\,\mathrm{m\cdot s^{-1}}$ の場合．実線は fsolve() の結果，丸記号は lsode() の結果を表していて，よく一致している．

さてここで少し注意が必要です．Octave の数値の表現は特に指定しなければ小数点以下 5 桁です．よって lsode()，fsolve() も精度に関しては 6 桁程度となっているようです．グラフを描いて比較する上ではこれで十分ですが，実際に数値を出力させ，できれば精度の上限一杯の 15 桁近くまで比較するとなると，頂点の解析のところで説明したように，許容誤差を小さくするオプション指定が必要です．そこで，実際に許容誤差を 1×10^{-14} などと設定して比較すると（1×10^{-15} を設定すると lsode() がギブアップしましたので），lsode() の結果が思わしくありません．その原因を探るべく $y(t)$ の値について，解析解 (3.104) との絶対誤差を算出した結果を図 3.49 に示します．lsode() は正常終了している

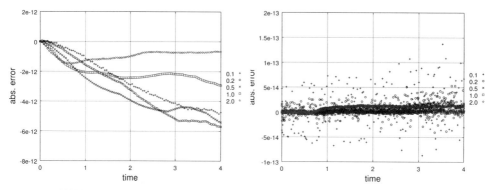

図 3.49 粘性抵抗を受ける放物体の高さ $y(t)$ の解析解 (3.104) と，ODE 解法による数値解との誤差：lsode() （左図），ode45() （右図）.

にも拘らず，絶対誤差は負に偏っていて大きさがざっと 10^{-12} 程度あるのです．もっと単純な ode45 （陽的な Runge-Kutta 法の一種で，Dormand-Prince 法として知られている．刻み幅を自動調節して精度を保証する筈）で計算した結果も示しました．時間は掛かりますが，こちらは γ が小さい場合には分散が大きいですが，$\gamma = 1.0, 2.0$ では 1×10^{-14} を保っています．精度 15 桁で計算するのは難しいです（もちろんこれは，C 言語の倍精度実数の有効桁が 15 桁であることが根本原因です）．

3.11.1.2 空気の慣性抵抗を受ける質点の運動

速度の 2 乗に比例する抵抗力（慣性抵抗）を受ける運動を表す常微分方程式は

$$\dot{\boldsymbol{v}} = -\beta |\boldsymbol{v}| \boldsymbol{v} + \boldsymbol{g} \tag{3.107}$$

であり，式 (3.102) と大きな差はないのですが，$|\boldsymbol{v}| = \sqrt{v_x^2 + v_y^2}$ であることより，x, y 成分がお互いに混じってしまい，一般に解析解が求まりません．将に数値解析で扱う以外に術のない問題です．また Octave のスクリプトにおいては常微分方程式の定義を，式 (3.102) から式 (3.107) に変更するだけで済みます．数値計算の汎用性の高さが実感できると思います．

落下点 $x_a(y=0)$ を求める問題を考えると，粘性抵抗が働く場合と同様に時間を刻んでいって算出する方法は有効ですから一応数値解が求まります．その結果をできれば他の数値解析法で検証したいものです．軌跡の解析式が求まらないので fsolve() によって見つける方法は採用できません．そこで，速度ベクトルが水平となす角度を θ として得られる運動の微分方程式（ホドグラフ方程式）

$$\frac{1}{v}\frac{dv}{d\theta} = \frac{\sin\theta + k_2 v^2}{\cos\theta} \quad \left[k_2 = \frac{\beta}{g} \right] \tag{3.108}$$

を解いて得られる，積分形の一般解

$$\frac{1}{v^2} = \cos^2\theta\Big(C - k_2\tanh^{-1}\sin\theta\Big) - k_2\sin\theta \tag{3.109}$$

$$y(\theta) = -\frac{1}{g}\int_{\theta_0}^{\theta} v^2 \tan\theta\, d\theta \tag{3.110}$$

$$x(\theta) = -\frac{1}{g}\int_{\theta_0}^{\theta} v^2\, d\theta \tag{3.111}$$

より，$y(\theta_a) = 0$ を満たす θ_a を求める問題に定式化して，fsolve() で求めることにします．初期条件より，定数 C は

$$C = \frac{\frac{1}{v_0^2} + k_2\sin\theta_0}{\cos^2\theta_0} + k_2\tanh^{-1}\sin\theta_0 \tag{3.112}$$

で与えられます．図 3.50 に lsode() と fsolve() による計算値を比較した結果を示します．

```
function ret = vv(q, k, V, Q)
  C = k*atanh(sin(Q)) + (1/V^2 + k*sin(Q))/cos(Q)^2;
  ret = 1./(cos(q).^2.*(C - k*atanh(sin(q))) - k*sin(q));
endfunction

rx = @(x,k,V,Q)[quadgk(@(q)vv(q,k,V,Q), Q, x)];
ry = @(x,k,V,Q)[quadgk(@(q)vv(q,k,V,Q).*tan(q), Q, x)];

function dx = mov(x, t, bt, G)
  v = hypot(x(2), x(4));
  dx(1) =x(2); dx(2) = -bt*v*x(2);
  dx(3) =x(4); dx(4) = -bt*v*x(4) - G ;
endfunction

G = 9.8; vr0 = 20; qd0 = 60; q0 = qd0*pi/180;
x0 = y0 = 0; vy0=vr0*sin(q0); vx0=vr0*cos(q0);
N = 51; bt = linspace(0, 0.2, N);
tao = zeros(N,1);
for k = 1 : N
  t0 = 0; tf = 4; r0 = [0 vx0 0 vy0];
  do
    dt = (tf - t0)/100; t = linspace(t0,tf,101);
    r = lsode(@(x,t)mov(x, t, bt(k), G), r0, t);
    i = min(find(r(:,3) < 0));
    r0 = [r(i-1,:)];
    t0 = t0 + (i-2)*dt; tf = t0 + dt;
  until (dt < 1e-6)
  xao(k) = r(1);
  qa = fsolve(@(x)ry(x,bt(k)/G,vr0,q0),-2*pi/5);
  xaf(k) = -rx(qa, bt(k)/G, vr0, q0)/G;
endfor
plot(bt, xao, "o;;", bt, xaf, "linewidth", 1.2)
grid on; set(gca, "gridlinestyle", ":");
axis([0 0.2 0 35]);
xlabel("g", "fontsize",14, "fontname","Symbol")
ylabel("xa", "fontsize",14, "fontangle","italic")

print("phys_parabv2_xabt.pdf", "-S400,300");
system("evince phys_parabv2_xabt.pdf");
```

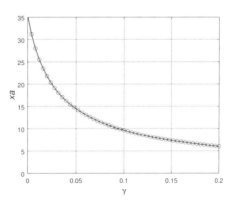

図 3.50 空気の慣性抵抗を受ける放物体の水平面上の落下点位置 $x_a(\beta)$．投げ上げ角が 60°，初速 v_0 が $20\,\text{m}\cdot\text{s}^{-1}$ の場合．実線は fsolve() の結果，丸記号は lsode() の結果を表していて，よく一致している．

3.11.1.3 万有引力下の質点の運動

惑星の運動は，太陽を焦点とした楕円軌道を描くことが知られています．太陽が動かないものとして，万有引力定数を G とおくと平面極座標系の運動方程式は

$$a_r = \ddot{r} - r\dot{\phi}^2 = -GM\frac{1}{r^2}, \quad a_\phi = r\ddot{\phi} + 2\dot{r}\dot{\phi} = 0 \tag{3.113}$$

と表されます．この微分方程式は運動 $r(\phi(t))$ そのものは解析的に求まらず，$z = r^{-1}$ なる変換を通じて，軌道が楕円を表す関数

$$r(\phi) = \frac{a(1-e^2)}{1+e\cos\phi} \quad \left[e : \text{離心率}, a : \text{楕円の長半径}\right] \tag{3.114}$$

となることを導きます．また，時間に関しては，面積速度が一定であることを用いて，周期 T が

$$T = 2\pi\sqrt{\frac{a^3}{GM}} \tag{3.115}$$

であることも示すことができ，惑星運動に関するケプラーの法則が全て説明できて，めでたしめでたしとなるのですが…．実は放物運動のように完全に解けないところが残念ですし，微分方程式の解法も特殊であり何か無駄に労力を費やしている気がしてきます．また，式 (3.114) が楕円であることもピンときませんから，学生は判った気にならないようです．

万有引力下の運動は，既にピタゴラス 3 体問題（p.210 参照）を紹介しました．極端に r が小さくならない限り，数値解析的には難しいものではありません．ここで，$GM = 1$ と規格化して，改めて

$$\ddot{r} = -\frac{1}{r^2} + r\dot{\phi}^2, \quad \ddot{\phi} = -\frac{2\dot{r}\dot{\phi}}{r} = 0 \tag{3.116}$$

なる連立常微分方程式を数値的に解いて，具体的に楕円軌道を図に描いてみることの方が，運動解析の手法として一脈通じていて，学生も納得できるのではないかと考えています．楕円軌道となることを確かめるスクリプトと描画例を図 3.51 に示します．初速度 v_0 を実行時に指定することができるようになっています．離心率は $e = v_0^2 - 1$，周期は $T = 2\pi(2 - v_0^2)^{-\frac{3}{2}}$ となりますので，楕円（円も含む）であるためには $1 \leq v_0 < \sqrt{2}$ の範囲を選ぶ必要があります．時間を等間隔にした位置が描画されますが，距離の近い方で点同士の間隔が開いていることが見て取れます．すなわち距離の近い方で速度が大きいこと（面積速度一定）が直感的に理解されます．

ところで，時間に関しては $\phi(t)$ は求まりませんが，逆関数 $t(\phi)$ は以下のように表されます．

3.11 基礎物理学での利用

```
if (nargin > 0) v0 = str2num(argv(){1})
else v0 = sqrt(1.5) endif

rq = @(x)[x(2); x(1)*x(4).^2 - 1./x(1)^2;
          x(4); -2*x(2).*x(4)./x(1)];

r0 = 1; q0 = 0;
R0 = [r0; 0; q0; v0/r0];
T = 2*pi*(2-v0^2)^(-3/2);
t = linspace(0, T, 101);
z = lsode(rq, R0, t);
h = polar(z(:,3), z(:,1), "o;;");
set(h, "linewidth", 1, "markersize", 1.4);
set(gca, "gridlinestyle", ":");

print("phys_univgrab.pdf", "-S300,300");
system("evince phys_univgrab.pdf");
```

phys_univgrab.ovs

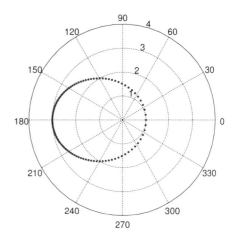

図 3.51 $-1/r^2$ の中心力を受ける質点の楕円軌道. 離心率 e は規定値が 0.5 となるようにスクリプトは組まれている.

$$t(\phi) = a^{\frac{3}{2}} \left[2\arctan\left(\sqrt{\frac{1-e}{1+e}}\tan\frac{\phi}{2}\right) - \frac{e\sqrt{1-e^2}\sin\phi}{1+e\cos\phi} \right] \tag{3.117}$$

得られた ϕ, $t(\phi)$ ベクトルの値を，それぞれ y 座標，x 座標としてプロットすれば，$t, \phi(t)$ のプロットになりますので，`lsode()` の結果と比較できます．図 3.52 に離心率 $e = 0.5, 0.96$ の場合の結果を示します．

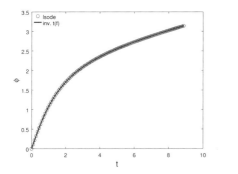
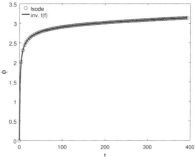

図 3.52 楕円軌道上の点の時間 t と角度 ϕ についての，`lsode()` と式 (3.117) の計算結果の比較. 離心率を $e = 0.5$ （左図），$e = 0.96$ （右図）とした.

この題材については，力学的エネルギー保存則や角運動量保存則が成立していることを解析的に示すこともできますが，`lsode()` で数値的に確かめることも意味のある事と思います．

3.11.1.4 滑らかな半円弧面上の質点の運動

運動学の平面極座標系における表現は高校では学習しないので，学生は把握が非常に苦手です．最も簡単な円運動についても，等速円運動まではイメージが湧くのですが，接線速度が変化する場合についてはヒントなしには手がつけられないという状態です．そこで，大学入試問題にも登場する滑らかな半円弧面の上を質点が滑る運動は，速度が変化する運動としては自然なものであり，このあたりの扱いに慣れるための格好の題材なのです．入試問題では，力学的エネルギー保存則を用いて算出した速度から，向心力を求め，更に垂直抗力を求めるといった問題設定が多く，加速度ベクトル自身を求める問題はあまりみかけません．しかし，実は法線方向と接線方向の加速度成分 a_r, a_θ，従って加速度ベクトル $\boldsymbol{a}$ は以下のように表されることは判っているのです．

$$\boldsymbol{a} = a_r \boldsymbol{e}_r + a_\theta \boldsymbol{e}_\theta, \quad a_r = -\frac{v^2}{R} = -2g\cos\theta, \quad a_\theta = -g\sin\theta \tag{3.118}$$

半円弧面上の各点における加速度ベクトルを描くには，デカルト座標系の成分を算出する必要があります．ベクトルを回転させるだけのことなのですが，高校数学で座標あるいは座標系の回転を学習しなくなってしまったことが禍して，理解に時間がかかります．しかしながら，時間をかければよいだけの話ですので，ドリルのつもりでこの題材を取り上げることにしています．

```
qR = linspace(-pi/12, pi/2, 101);
xR0 = sin(qR); yR0 = -cos(qR);
qR = linspace(0, pi/6, 31);
xR1 = sin(qR); yR1 = -cos(qR);
hold on;
plot([0 0 1],[-1 0 0], "-.k;;",
     [xR0,1.2], [yR0,0], "linewidth",1.5,
     0.33*xR1, 0.33*yR1, "-k;;",
     [0 sind(30)], [0 -cosd(30)], "-k;;")
text(0.08, -0.38, "q", "fontname","Symbol",
     "fontsize", 20)

G = 9.8; sc = 0.7;
q = linspace(-pi/18, pi/2, 11);
aq = -G*sin(q);
ar = -2*G*cos(q);
ax = ar.*sin(q) + aq.*cos(q);
ay = -ar.*cos(q) + aq.*sin(q);
h = quiver(sin(q), -cos(q), ax, ay, sc);
set(h, "linewidth", 3.5);
axis("equal");

print("phys_bowl.pdf", "-S400,300");
system("evince phys_bowl.pdf");
```

phys_bowl.ovs

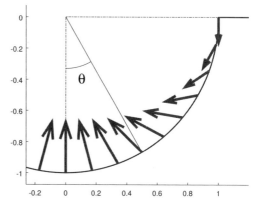

図 3.53 滑らかな半円弧面上を，縁から滑らせた場合の質点の各点における加速度ベクトル．

3.11.2 静電磁気学

3.11.2.1 双極子ポテンシャル

双極子は電荷の総和が 0 であるにもかかわらず，周囲に電場を形成するという重要な性質があり，その大きさは電荷 q と電荷間の距離 d の積に比例します．電荷に比例することは明らかですが，距離に比例することは厳密式

$$V(x,y) = \frac{q}{4\pi\varepsilon_0}\left(\frac{1}{\sqrt{\left(x-\frac{d}{2}\right)^2+y^2}} - \frac{1}{\sqrt{\left(x+\frac{d}{2}\right)^2+y^2}}\right) \tag{3.119}$$

から直ぐには判りません．そこで $r=\sqrt{x^2+y^2}\gg d$ なる遠方における近似式

$$V(x,y) \simeq \frac{qd}{4\pi\varepsilon_0}\frac{x}{(x^2+y^2)^{\frac{3}{2}}} = \frac{qd}{4\pi\varepsilon_0}\frac{x}{r^3} \tag{3.120}$$

を導いて明らかにします．ところで，十分に遠方であるとは一般に何となく d の 100 倍位を想定するのですが，等ポテンシャル面は図 3.54 のように原点から $5d$ 程度離れた所で近似式と厳密式の差が判別できなくなっています．これは実際に描いてみないと判らないことであり，図を描くことの効能が示唆されます．

```
N = 64;
r = linspace(0,1,N).^2;
g = ones(1,N)*0.2;
b = linspace(1,0,N).^2;
CMAP = [r' g' b'];
colormap(CMAP)

q = 1.6e-19; e0 = 8.854e-12; K = q/(4*pi*e0);
h = 3e-10;
V = @(x,y,h)[K./hypot(x-h,y) - K./hypot(x+h,y)];
Va = @(x,y,h)[2*K*h*x./hypot(x,y).^(3)];
c = 10;
x = c*linspace(-h,h,51);
y = c*linspace(-h,h,51);
[X Y] = meshgrid(x,y);
hold on;
v = linspace(-1,1,20)*1.9;
contour(X, Y, V(X,Y,h), v, "linestyle",":",
        "linewidth",0.8);
contour(X, Y, Va(X,Y,h), v, "linewidth",0.8);
H1 = plot3([-h], [0], [0], "ob;;");
H2 = plot3([+h], [0], [0], "or;;");
set([H1 H2], "linewidth",2.5, "markersize",3)
axis("equal", "off")
print("phys_equiV.pdf", "-S300,300")
system("evince phys_equiV.pdf")
```

phys_equiV.ovs

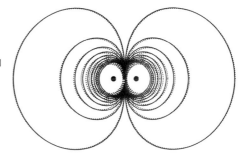

図 3.54 双極子の形成する電場の等電位の厳密解（破線）と遠方近似解（実線）との比較．電荷間距離の 5 倍程度で両者の間の差が判らなくなっている．

参考文献

[1] 早野龍五，高橋忠幸，計算物理（共立出版，1992）

[2] 小澤 哲，D. W. ヘールマン，UNIX ワークステーションによる 計算機シミュレーション入門（学術図書出版社，1995）

[3] 大石進一，Linux 計算ツール（コロナ社，2000）

[4] 平嶋洋一，モデリングとシミュレーション— Octave による算法（コロナ社，2015）

[5] 赤間世紀，Octave による画像処理入門教科書（工学社，2010）

[6] 赤間世紀，Octave によるシミュレーション入門（工学社，2008）

[7] 赤間世紀，Octave 教科書（工学社，2007）

[8] 北本卓也，Octave を用いた数値計算入門（ピアソン・エデュケーション，2002）

[9] 北村達也，はじめての MATLAB（近代科学社，2016）

[10] MATLAB ではじめるプログラミング教室，奥野貴俊，中島浩史（コロナ社，2017）

[11] A. Quarteroni, F. Salef, P. Gervasio 著，加古孝，千葉文浩 訳，MATLAB と Octave による科学技術計算［第3版］（丸善出版，2014）

[12] 上坂吉則，MATLAB プログラミング入門［改訂版］（牧野書店，2011）

[13] 池原雅章，奥田正浩，長井隆行，だれでもわかる MATLAB 即戦力ツールブック（培風館，2006）

[14] 高井信勝，「信号処理」「画像処理」のための MATLAB 入門（工学社，2002）

[15] 大石進一，MATLAB による数値計算（培風館，2001）

[16] 小国 力，MATLAB と利用の実際［第2版］（サイエンス社，2001）

[17] G. J. Borse 著，臼田昭司 他 訳，MATLAB 数値解析（オーム社，1998）

[18] 芦野隆一・Rémi Vaillancourt，はやわかり MATLAB（共立出版，1997）

[19] 上田晴彦，Maxima で学ぶ解析力学（工学社，2016）

[20] 赤間世紀，Maxima による電磁気学入門（工学社，2012）

[21] 横田博史，はじめての Maxima（工学社，2006）

[22] REDUCE http://reduce-algebra.sourceforge.net/

[23] A. C. Hindmarsh, *ODEPACK*, a Systematized Collection of ODE Solvers, in: Scientific Computing, R. S. Stephan *et. al.* Eds., (NorthHolland, 1983) pp 55-64.

[24] E. Hairer, G. Wanner 著，三井斌友 監訳，常微分方程式の数値解法 II（シュプリン

ガー・ジャパン，2008)

[25] U. M. Asher, L.R. Petzold 著，中森眞理雄 他 訳，常微分方程式と微分代数方程式の数値解法（培風館，2006)

[26] N. J. Higham and F. Tisseur, SIAM J. Matrix Anal. Appl., **21**, 1185 (2000).

[27] F. N. Fritsch and J. Butland, SIAM J. Sci. Stat. Comput. **5**, 300(1984).

付録 A

A.1 行列

A.1.1 種々の行列

線形代数で学習する種々の行列の定義と名前および記号を表 A.1 にまとめます.

表 **A.1** 種々の行列の名称と定義や記号および性質

名称	定義・記号	行列式・交換性・その他の性質
逆行列	$A^{-1}A = AA^{-1} = I$	$|A^{-1}| = |A|^{-1}$, $(AB)^{-1} = B^{-1}A^{-1}$
正則行列	A^{-1} が存在する	$|A| \neq 0$
複素共役行列	$\bar{A} = (\bar{a}_{ij})$	$|\bar{A}| = \overline{|A|}$, $\overline{(AB)} = \bar{A}\bar{B}$
転置行列	$A^T = (a_{ji})$	$|A^T| = |A|$, $(AB)^T = B^T A^T$
エルミート共役行列	$A^* = \bar{A}^T = (\bar{a}_{ji})$	$|A^*| = |\bar{A}| = \overline{|A|}$, $(AB)^* = B^* A^*$
対称行列	$A^T = A$	
交代行列	$A^T = -A$	
エルミート行列	$A^* = A$	H をエルミート行列とすると,任意の複素数ベクトル $\boldsymbol{x}$ に対して,エルミート形式 $\boldsymbol{x}^* H \boldsymbol{x}$ は実数
歪エルミート行列	$A^* = -A$	
正規行列	$A^* A = AA^*$	
直交行列	$A^T A = AA^T = I$	$|A| = \pm 1$
ユニタリ行列	$A^* A = AA^* = I$	$|A| = z$, $|z| = 1$

A.1.2 正定性

n 次実対称行列 A と,n 元の実数ベクトル $\boldsymbol{x}$ に対して,以下のように(実)**2 次形式**は定義されます.

$$\boldsymbol{x}^T A \boldsymbol{x} = \sum_{i=1}^n \sum_{j=1}^n a_{ij} x_i x_j$$

付録 A

任意の非零ベクトルに対して 2 次形式の値が正であるとき，それは，正（値）定符号あるいは正値（positive definite）と呼ばれ，A は**正定行列**と呼ばれます．同様に

$$\bm{x}^T A \bm{x} \geq 0, \quad \bm{x}^T A \bm{x} \leq 0, \quad \bm{x}^T A \bm{x} < 0$$

であれば，A はそれぞれ準正定行列，準負定行列，負定行列と呼ばれます．また，実対称行列 A が正定である条件には以下のようなものがあります．

- A の固有値が全て正である．
- 対角成分が 1 である下三角行列 L と正値の対角行列 D を用いて，$A = LDL^T$ と表される．
- 対角成分が 0 でない下三角行列を用いて，$A = LL^T$ と表される．

A.2　ガウス型積分

ある定積分を変数変換により区間 [-1,1] の定積分に変形できたとして，それを，以下のように，n 個の標本点 x_k における関数値 $f_k = f(x_k)$ の重み付きの和で近似することを考えます．

$$\int_{-1}^{1} f(x)\,dx \cong \sum_{k=1}^{n} w_k f_k \tag{A.1}$$

一般の積分公式は，標本を等間隔にとりますが，標本点のとりかたを工夫して，できるだけ高い次数 m の多項式に対して厳密になるように重み係数とともに決定して積分公式を得ることができます．

A.2.1　ガウス-ルジャンドル公式

Legendre 多項式 $P_n(x)$ の零点を標本点にとり重み係数を定めた公式は Gauss-Legendre の公式と呼ばれます．

$$P_n(x) = \frac{1}{2^n n!} \frac{d^n}{dx^n}(x^2 - 1)^n \quad \text{（ロドリーグの公式）}$$

$$P_0(x) = 1,\ P_1(x) = 1,\ P_2(x) = \frac{3x^2 - 1}{2},\ P_3(x) = \frac{5x^3 - 3x}{2},$$

$$P_4(x) = \frac{35x^4 - 30x^2 + 3}{8},\ P_5(x) = \frac{63x^5 - 70x^3 + 15x^2}{8},$$

$$P_6(x) = \frac{231x^6 - 315x^4 + 105x^2 - 5}{16},\ P_7(x) = \frac{429x^7 - 693x^5 + 315x^3 - 35x}{16},\ \cdots$$

このとき，n 次 Legendre 多項式の零点での重み係数 $w_k\ (k = 1, 2, \cdots, n)$ は

$$w_k = \frac{2(1-x_k^2)}{(n+1)^2 P_{n+1}(x_k)^2}$$

で与えられます．以上の公式より，n 次 Legendre 多項式の零点と重み係数を計算する関数の例を示します．初版では多項式の根を見つける roots を用いましたが，14 桁目も異なってしまう場合があったので，今回は fsolve を使っています．また，係数行列から多項式文字列を形成する polyout.m は，内部関数 coeff が係数を 5 桁で変換する仕様であったので，15 桁で変換するよう書き換えた ployout15.m も作成する必要がありました．この関

```
function ret = gauss_legendre_fs(n)
  p = [1  0 -1];
  for k = 1: n-1
    p = conv2(p, [1 0 -1]);
  endfor
    pp = conv2(p, [1 0 -1]);
  for k = 1: n
    p = polyder(p);
    pp = polyder(pp);
  end
  pp = polyder(pp)/(2^(n+1)*prod([1:n+1]))
  p = p/(2^(n)*prod([1:n]));
  pf = inline(polyout15(p));
  FS_OPT = optimset("TolX", 3e-16, "TolFun", 3e-16);
  for k = 1 : n
    r(k,1) = fsolve(pf, cos((k-0.25)/(n+0.5)*pi), FS_OPT);
  endfor
  w = 2*(1-r.^2)./((n+1)^2*polyval(pp,r).^2);
  ret = [r, w];
endfunction
```

gauss_legendre_fs.m

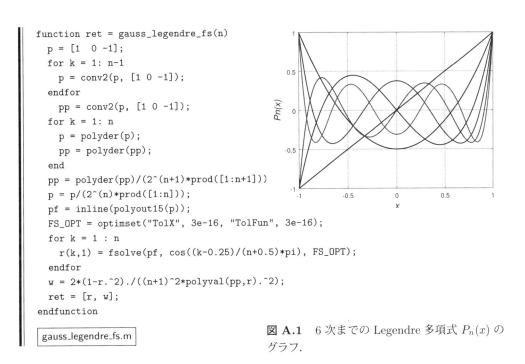

図 **A.1** 6 次までの Legendre 多項式 $P_n(x)$ のグラフ．

数を用いて計算した，7 次までの標本点と重み係数を表 A.2 に示します．また，標本点が厳密に解ける場合にはそれも付記しています．結果をよく見ると，まだ 4・6・7 次では最後の 1 桁 (15 桁目) が異なっている場合がありましたので，括弧で括り下付きに正しい数値を記してあります．なお，Octave 標準配布の Legendre 関数を用いると，スクリプトは非常に簡単になるのですが，なぜか係数 w_k が正しく求まらない場合があったのでこの計算では採用しないことにしました．

付録 A

表 A.2 ガウス-ルジャンドル積分公式の標本点と係数の計算結果．4,6,7 次で最後の桁が間違っている場合があったので，括弧でくくり正しい数値を下付きで示してあります．また代数方程式 $P_n(x) = 0$ の根，およびそれから算出される係数 w_k が求まる場合にはその式値を示しています．

m	標本点 数値	式値	係数 数値	式値
2	-0.577350269189626		1.000000000000000	
	0.577350269189626	$1/\sqrt{3}$	1.000000000000000	1
3	-0.774596669241483		0.555555555555556	
	0.000000000000000		0.888888888888889	8/9
	0.774596669241483	$\sqrt{3/5}$	0.555555555555556	5/9
4	-0.861136311594053	$-\sqrt{\dfrac{3}{7} + \dfrac{2\sqrt{30}}{35}}$	0.34785484513745$5_4$	$\dfrac{1}{2} - \dfrac{\sqrt{30}}{36}$
	-0.339981043584856		0.652145154862546	
	0.339981043584856	$+\sqrt{\dfrac{3}{7} - \dfrac{2\sqrt{30}}{35}}$	0.652145154862546	$\dfrac{1}{2} + \dfrac{\sqrt{30}}{36}$
	0.861136311594053		0.34785484513745$5_4$	
5	-0.906179845938664	$-\sqrt{\dfrac{5}{9} + \dfrac{2\sqrt{70}}{63}}$	0.236926885056189	$\dfrac{161}{450} - \dfrac{13\sqrt{70}}{900}$
	-0.538469310105683		0.478628670499366	
	0.000000000000000		0.568888888888889	$\dfrac{128}{225}$
	0.538469310105683	$+\sqrt{\dfrac{5}{9} - \dfrac{2\sqrt{70}}{63}}$	0.478628670499366	$\dfrac{161}{450} + \dfrac{13\sqrt{70}}{900}$
	0.906179845938664		0.236926885056189	
6	-0.932469514203152		0.17132449237916$5_{70}$	
	-0.66120938646626$4_5$		0.360761573048139	
	-0.238619186083197		0.467913934572691	
	0.238619186083197		0.467913934572691	
	0.66120938646626$4_5$		0.360761573048139	
	0.932469514203152		0.17132449237916$5_{70}$	
7	-0.949107912342759		0.12948496616887$8_{70}$	
	-0.74153118559939$5_4$		0.27970539148928$2_{77}$	
	-0.405845151377397		0.381830050505119	
	0.000000000000000		0.417959183673469	
	0.405845151377397		0.381830050505119	
	0.74153118559939$5_4$		0.27970539148928$2_{77}$	
	0.949107912342759		0.12948496616887$8_{70}$	

A.3 楕円関数と単振り子の一般解

本文と重複しますが,まず相当長さ ℓ の(剛体)単振り子の運動方程式は,振れ角を $\theta(t)$ として以下の2階の線形常微分方程式です.

$$\frac{d^2\theta}{dt^2} = -\frac{g}{\ell}\sin\theta$$

この場合の常套手段, $\dot{\theta}$ を両辺に掛けて積分すると(こんな面倒をしないで力学的エネルギー保存則から直接 $\dot{\theta}$ の式を導く方が楽ですが),

$$\frac{1}{2}\left(\frac{d\theta}{dt}\right)^2 = \int \frac{d\theta}{dt}\frac{d^2\theta}{dt^2}dt = -\frac{g}{\ell}\int \sin\theta\frac{d\theta}{dt}dt = -\frac{g}{\ell}\cos\theta + C$$

$$\therefore \frac{d\theta}{dt} = \pm\sqrt{\frac{\ell}{2g}}\frac{1}{\sqrt{\cos\theta - \cos\theta_0}}$$

ただし,初期には静止しておりその時の振れ角が最大振れ角 $\theta_0 = \theta(0)$ であるとしています.これは変数分離形ですからさらに積分を実行して,

$$\sqrt{\frac{2g}{\ell}}t(\theta) = -\int_{\theta_0}^{\theta}\frac{d\theta}{\sqrt{\cos\theta - \cos\theta_0}} = \int_{x}^{x_0}\frac{\sqrt{2}dx}{\sqrt{\sin^2 x_0 - \sin^2 x}} \quad [\theta = 2x]$$

$$= \int_{\phi}^{\frac{\pi}{2}}\frac{\sqrt{2}d\phi}{\sqrt{1-k^2\sin^2\phi}} \quad [\sin x = \sin x_0 \sin\phi = k\sin\phi]$$

$$\sqrt{\frac{g}{\ell}}t(\theta) = \int_{\phi}^{\frac{\pi}{2}}\frac{d\phi}{\sqrt{1-k^2\sin^2\phi}} = F\left(k, \frac{\pi}{2}\right) - F(k, \phi)$$

$$= \sqrt{\frac{g}{\ell}}\frac{T}{4} - F(k, \phi)$$

$$\therefore \sqrt{\frac{g}{\ell}}\left(\frac{T}{4} - t\right) = F(k, \phi) = \int_0^{\phi}\frac{d\theta}{\sqrt{1-k^2\sin^2\theta}}$$

が得られます.ここで,周期 T は $\phi = 0$ までの時間の4倍ですから,以下のように第1種完全楕円積分で表されます.

$$\sqrt{\frac{g}{\ell}}\frac{T}{4} = F\left(k, \frac{\pi}{2}\right) = \int_0^{\frac{\pi}{2}}\frac{d\phi}{\sqrt{1-k^2\sin^2\phi}}, \quad k = \sin\frac{\theta_0}{2}$$

$t(\theta)$ では釈然としないので,最終的には次式のように,第1種楕円積分の逆関数 $\mathrm{sn}(u)$ を用いて $\theta(t)$ を表現します.

$$\theta(t) = 2\arcsin\left[\sin\frac{\theta_0}{2}\mathrm{sn}\left\{\sqrt{\frac{g}{\ell}}\left(\frac{T}{4} - t\right)\right\}\right]$$

付録 A

なお，sn(u) は Jacobi の楕円関数と呼ばれ，第 1 種楕円積分の逆関数として以下のように定義されています．

$$F(k, \phi) = \int_0^\phi \frac{d\theta}{\sqrt{1-k^2\sin^2\theta}}, \quad \mathrm{sn}(u) = \sin\phi$$

A.4 確率分布

ある変数 X が**確率変数**であるとは，それがとりうる値 x と x となる確率 p が同時に定められた場合をいいます．確率変数 X が値 x をとる確率を改めて記号 $P(X = x)$ で表わし，これを**確率分布**と呼びます．また，確率変数 X がある値 x までをとる確率 $F(x) = P(X \leq x)$ を**分布関数**と呼びます．

サイコロの目のように確率変数が**離散的**な値である場合についてはここでは省略して，身長や体重のように確率変数が**連続的**な場合について統計学的な特性をまとめておきましょう．

連続的な場合には，任意の a, b ($a < b$) に対して X が区間 $[a, b]$ の間にある確率は，**確率密度関数** $f(x)$ の積分として次のように与えられます．

$$P(a \leq x \leq b) = \int_a^b f(x)\,dx \tag{A.2}$$

もちろん，確率密度関数 $f(x)$ は

$$\int_\Omega f(x)\,dx = 1, \; f(x) \geq 0 \tag{A.3}$$

という性質があります．したがって連続な場合の分布関数 $F(x) = P(X \leq x)$ は，

$$F(x) = P(X \leq x) = \int_{x_{\min}}^x f(x)\,dx \tag{A.4}$$

と表現され，以下の基本的な性質を満たします．

1. $F(x_{\min}) = 0, F(x_{\max}) = 1$
2. $F(x)$ は単調非減少関数である
3. 右連続である

さらに，次の関係があることも自明です．

$$P(a < x \leq b) = F(b) - F(a) \tag{A.5}$$

また $F(x)$ が微分可能であれば，次の関係が成立します．

$$f(x) = \frac{dF(x)}{dx} \tag{A.6}$$

A.4.1 連続的な確率分布の平均値と分散

確率変数 X の定義域を Ω,その確率密度関数を $f(x)$ とするとき,平均値 $E(X)$ および分散 $V(X)$ は次のように定義されます.

$$\mu = E(X) = \int_\Omega x f(x)\,dx \tag{A.7}$$

$$\sigma^2 = V(X) = \int_\Omega (x-\mu)^2 f(x)\,dx \tag{A.8}$$

$$= \int_\Omega x^2 f(x)\,dx - \mu^2 \tag{A.9}$$

2つの確率変数 X, Y の平均値と分散については次の性質があります.ここに,a, b, c は定数です.

$$E(aX + bY + c) = aE(X) + bE(Y) + c \tag{A.10}$$

$$V(aX + b) = a^2 V(X) \tag{A.11}$$

また X, Y が独立の場合には

$$E(X \cdot Y) = E(X) \cdot E(Y) \tag{A.12}$$

$$V(X + Y) = V(X) + V(Y) \tag{A.13}$$

が成り立ちます.

A.4.1.1 一様分布

区間 $(0, 1)$ の一様乱数を与える確率密度関数 $f(x)$ は,一様という定義より,一定値 f_0 であるから,

$$P(0 < x < 1) = \int_0^1 dx = f_0 \int_0^1 dx = f_0 \times 1 = 1$$

すなわち $f(x) = 1$ $(0 < x < 1)$ です.したがって,平均値と分散は

$$E(X) = \int_0^1 x\,dx = \left[\frac{x^2}{2}\right]_0^1 = \frac{1}{2} = \mu$$

$$V(X) = \int_0^1 x^2\,dx - \left(\frac{1}{2}\right)^2 = \frac{1}{3} - \frac{1}{4} = \frac{1}{12}$$

A.4.1.2 Poisson 分布

原子核の崩壊に伴う放射線の時間当りの計数など,at random に起こる事象(確率事象)の測定データの分布は,確率密度分布 $P(n)$

$$P(n) = \frac{e^{-\lambda} \lambda^n}{n!} \quad (n:\text{自然数},\ \lambda > 0) \tag{A.14}$$

で表される **Poisson 分布** に従うとされています．Poisson 分布は離散的な確率分布であり，平均値と分散はそれぞれ，

$$E(X) = \sum_{n=0}^{\infty} nP(n) = \sum_{n=1}^{\infty} \frac{e^{-\lambda}\lambda^n}{(n-1)!}$$

$$= e^{-\lambda} \sum_{n'=0}^{\infty} \frac{\lambda \cdot \lambda^{n'}}{(n')!} = e^{-\lambda}\lambda e^{\lambda}$$

$$= \lambda \tag{A.15}$$

$$V(X) = \sum_{n=0}^{\infty}(n-\lambda)^2 P(n) = \sum_{n=0}^{\infty}\left(n^2 - 2n\lambda + \lambda^2\right)P(n)$$

$$= \sum_{n=0}^{\infty} n^2 P(n) - 2\lambda \sum_{n=0}^{\infty} nP(n) + \lambda^2 \sum_{n=0}^{\infty} P(n)$$

$$= \left(\sum_{n=0}^{\infty} n^2 P(n)\right) - 2\lambda^2 + \lambda^2 = \left(\lambda^2 + \lambda\right) - \lambda^2$$

$$= \lambda \tag{A.16}$$

と，定義に従って計算されます．

■ **正規分布との関係** Poisson 分布は平均値を中心軸として，明らかに左右非対称ですが，n を大きくしていくと対称になっていき，Gauss 分布（正規分布）に漸近します．このように Poisson 分布は離散的な分布の代表ですが，実験データの分布関数として重要ですし，特に正規分布と深い関係があります．

A.4.1.3 正規分布と標準正規分布

確率密度関数 $f(x)$ が

$$f(x) = \frac{1}{\sqrt{2\pi}\sigma}\exp\left[-\frac{(x-\mu)^2}{2\sigma^2}\right] \quad (-\infty < x < \infty) \tag{A.17}$$

で与えられる確率分布を**正規分布**と呼び，$N(\mu, \sigma^2)$ と表わします．もちろん μ, σ^2 はそれぞれ平均値と分散です．また特に，$\mu = 0$, $\sigma^2 = 1$ である正規分布 $N(0, 1^2)$ は**標準正規分布**とよばれます．

確率変数 X が正規分布 $N(\mu, \sigma^2)$ に従うとき，変換 $Z = \dfrac{X - \mu}{\sigma}$ で定義される確率変数 Z は，標準正規分布に従います．すなわち，確率密度関数 $f(z)$ は次のように与えられます．

$$f(z) = \frac{1}{\sqrt{2\pi}}e^{-z^2/2} \quad (-\infty < z < \infty) \tag{A.18}$$

確率変数 Z が標準正規分布に従うとき，確率

$$P(0 \leq Z \leq \xi) = \int_0^{\xi} \frac{1}{\sqrt{2\pi}} e^{-z^2/2} dz = p(\xi) \tag{A.19}$$

は，**正規分布表**としてしばしば教科書の巻末などに与えられています．表がなくとも，変数変換 $z = \sqrt{2}t$ により式 (A.19) は

$$\frac{1}{\sqrt{\pi}} \int_0^{\xi/\sqrt{2}} e^{-t^2} dt \tag{A.20}$$

と変換され，これは**誤差関数**

$$\mathrm{erf}(x) = \frac{2}{\sqrt{\pi}} \int_0^x e^{-t^2} dt \tag{A.21}$$

を用いて，最終的に次のように求めることが可能です．

$$p(\xi) = \frac{1}{2} \mathrm{erf}\left(\frac{\xi}{\sqrt{2}}\right) \tag{A.22}$$

以上より，確率変数 X が正規分布 $\mathrm{N}(\mu, \sigma^2)$ に従うとき，X が区間 $[a, b]$ の値をとる確率

$$P(a \leq X \leq b) = \int_a^b f(x) dx \tag{A.23}$$

は，変換 $Z = \dfrac{X - \mu}{\sigma}$ によって得られた標準正規分布に対する値

$$P\left(\frac{a - \mu}{\sigma} \leq Z \leq \frac{b - \mu}{\sigma}\right) = \int_{(a-\mu)/\sigma}^{(b-\mu)/\sigma} f(z) dz \tag{A.24}$$

に等しく，誤差関数を用いて計算ができることになります．

A.5　IEEE754 倍精度浮動小数点数の規格

C 言語がインストールされているホストであれば，`<ieee754.h>` という名前のインクルードファイルを見つけることができるでしょう．それを見ると，倍精度浮動小数点数は 64 ビットで表現されることが判ります．エンディアンによって並びは異なりますが，1 ビットの符号，11 ビットの指数部，52 ビットの仮数部で構成されることも記してあります．すなわち，

$$s\ e_1\ e_2\ \cdots\ e_{11}\ d_1\ d_2\ \cdots\ d_{52} \tag{A.25}$$

のように並んでいて，s は負の符号を表し $(-1)^s$，e_i の並びは 11 ビットの正整数で，$0 \leq e \leq 2^{11} - 1 = 2047$ の範囲の整数を表しています．d_i の並びは 52 ビットの 2 進数ですが，e の値によって解釈が異なります．

付録 A

■ $0 < e < 2047$ のとき　この場合は，**規格化数**と呼ばれ d_1 の前に隠れビット $d_0 = 1$ が立っていると解釈することになっていて，

$$d = 1 + \sum_{k=1}^{52} \frac{d_k}{2^k} \tag{A.26}$$

という 2 進数を表現します．最終的には

$$(-1)^s 2^{e-1024} \left[1 + \sum_{k=1}^{52} \frac{d_k}{2^k} \right] \tag{A.27}$$

を表します．従って，数値 1, 2, 3, 0.5, 0.25, 1.25 は以下のようなビット並び，hex 表記で表されます．

ビット	hex 表記	数
0011,1111,1111,(1)0000,0....	3FF00...	$2^{1023-1023} \times 1 = 1$
0100,0000,0000,(1)0000,0....	40000...	$2^{1024-1023} \times 1 = 2$
0100,0000,0000,(1)1000,0....	40080...	$2^{1024-1023} \times 1.5 = 3$
0011,1111,1110,(1)0000,0....	3FE00...	$2^{1022-1023} \times 1 = 0.5$
0011,1111,1101,(1)0000,0....	3FD00..	$2^{1021-1023} \times 1 = 0.25$
0011,1111,1111,(1)0100,0....	3FF40...	$2^{1021-1023} \times 1.25 = 1.25$

この場合に表現できる最大値，最小値は明らかに以下の値となります．

$$2^{2046-1023} \left[1 + \sum_{k=1}^{52} \frac{1}{2^k} \right] = 2^{1023}(2^{53} - 1)2^{-52} = 1.7977... \times 10^{308} \tag{A.28}$$

$$2^{-1022} = 2.251... \times 10^{-308} \tag{A.29}$$

■ $e = 0$ のとき　すなわち，hex 表記で，000...,800... のとき．この場合は**非規格化数**と呼ばれ，隠れビットはないものと解釈されます．すなわち，

$$(-1)^s 2^{-1022} \left[\sum_{k=1}^{52} \frac{d_k}{2^k} \right] \tag{A.30}$$

を表します．この規格では表現できる最小値は

$$2^{-1022} 2^{-52} = 2^{-1074} = 4.9407... \times 10^{-324} \tag{A.31}$$

と拡がります．

■ $e = 2047$ **のとき**　すなわち，hex 表記で，7FF...,FFF... のとき，仮数部が 0 であれば，無限 ∞ であると定義します．したがって，$+\infty \to$ 7FF0000000000000，$-\infty \to$ FFF0000000000000 で表現されます．仮数部が 0 でない場合は，NaN であると定義されます．ただし，Octave では NaN は 7FF8000000000000,FFF8000000000000 だけに割り当てられているようです．

A.6　Octave の主な関数・コマンド一覧

起動と停止

octave	対話モードの開始
octave *file*	スクリプト *file* の実行
octave --eval *code*	*code* の評価
octave --help	Octave のコマンドラインオプションの表示
quit or exit	停止
INTERRUPT	(*e.g.* C-c) コマンドを中止してトップレベルのプロンプトに戻る

ヘルプ

help	全てのコマンド・関数と組み込み変数を一覧
help *command*	*command* の簡単な説明
doc	Info を使ってマニュアルを閲覧
doc *command*	*command* のマニュアルを表示
lookfor *str*	*str* が含まれる *command* を表示

シェルコマンド

cd *dir*	作業ディレクトリを *dir* に変更
pwd	作業ディレクトリを表示
ls [*options*]	ディレクトリ内のファイルを一覧
getenv (*string*)	環境変数の値を取得
system (*cmd*)	任意のシェルコマンドを実行

行列

四角括弧で行列数値全体を区切ります．カンマは行内の要素を区切り，セミコロンは行を分けます．カンマは空白でも構いません，セミコロンは改行コードが代わりを務めることもできます．行列の要素は任意の型をとれますが大きさが揃っていないといけません．

[$x, y, \ldots$]	行ベクトルの入力
[$x; y; \ldots$]	列ベクトルの入力
[$w, x; y, z$]	2×2 行列の入力

多次元配列

多次元配列は 2 次元の行列を連結したり変形したりして生成することができます.

squeeze (arr)	要素数が 1 の次元を削除
ndims (arr)	次元数の表示
permute (arr, p)	指定されたベクトルに従って次元を置換
ipermute (arr, p)	指定されたベクトルに従って次元を逆転置
shiftdim (arr, s)	次元をシフト
circshift (arr, s)	要素をシフト

疎行列

sparse (...)	sparse matrix 型の行列を生成
speye (n)	sparse matrix 型の単位行列を生成
sprand (n, m, d)	密度 d の sparse matrix 型一様乱数行列を生成
spdiags (...)	対角行列関数 $diag$ を sparse matrix 型に一般化したもの
nnz (s)	非ゼロ要素数の検出

範囲指定子

$base : limit$

$base : incr : limit$

$base$ から始まり $limit$ を越えない範囲内で $incr$ ずつ増加する値を指定します. もし, $incr$ が省略された場合は 1 となります.

インデックス記法

var (idx)	ベクトルの要素を選択
var ($idx1, idx2$)	行列の要素を選択

 $idx*$ には以下のような表現が可能です

$scalar$	$scalar$ 値に応じた行(または列)内要素
$vector$	ベクトルの各要素の値に応じた行(または列)内要素
$range$	範囲指定された数値に応じた行(または列)内要素
:	行(または列)全体

大域変数, 固定変数

global $var1$ ...	大域変数の宣言
global $var1$ = val	初期化を伴う大域変数の宣言
persistent $var1$	関数に対する固定変数の宣言
persistent $var1$ = val	初期化を伴う関数に対する固定変数の宣言

固定変数は関数内で一度だけ初期化されます. すなわち, 2 度目の関数呼び出し時には初期化は無視されます.

代入記法

$var = expr$	変数に値を代入
$var\ (idx)\ =\ expr$	指定された要素に値を代入
$var\ (idx)\ =$ []	指定された要素を削除
$var\ \{idx\}\ =\ expr$	指定されたセルの要素に値を代入

算術演算子

$x + y$	足し算
$x - y$	引き算
$x * y$	行列の掛け算
$x\ .*\ y$	要素ごとの掛け算
$x\ /\ y$	右除算,`(inverse (y') * x')'` と等価
$x\ ./\ y$	要素ごとの除算
$x\ \backslash\ y$	左除算, `inverse (x) * y` と等価
$x\ .\backslash\ y$	要素ごとの左除算
$x\ \hat{}\ y$	べき乗
$x\ .\hat{}\ y$	要素ごとのべき乗
$-x$	負
$+x$	正
x '	複素共役転置
x .'	（単純な）転置
++ x (-- x)	1 増加 (減少), 変化後の値を返却
x ++ (x --)	1 増加 (減少), 変化前の値を返却

比較演算子，論理演算子

以下の演算は要素毎に判定されます．2 項演算では両方のオペランドが必ず評価されます．

$x < y$	x が y より小さい
$x <= y$	x が y 以下
$x == y$	x が y に等しい
$x >= y$	x が y 以上
$x > y$	x y より大きい
$x\ !=\ y$	x が y と等しくない
$x\ \&\ y$	x と y がともに真
$x\ |\ y$	少なくも x と y のどちらかが真
! $bool$	$bool$ が偽 i
xor(x,y)	x と y のどちらか一方だけが真（排他的論理和）

付録 A

ショートサーキット論理演算子

左側から評価され，その時点で全体の論理値が定まった場合には右側は評価されません．オペランドはあらかじめ all() 関数を用いてスカラー値に変換されます．すなわち，要素毎の評価は行われません．

x && y	x と y が共に真
x || y	少なくも x と y のどちらかが真

演算子の優先順位：優先順位の高い順

`^  .^`	べき乗
`+  -  ++  --  !`	負記号, 増減演算, 否定論理演算
`'  .'`	転置
`*  /  \  .*  ./  .\`	掛け算, 割り算
`+  -`	足し算, 引き算
`:`	コロン（範囲）
`<  <=  ==  >=  >  !=`	比較演算
`|  &`	要素ごとの論理和・論理積
`||  &&`	ショートサーキット論理和・論理積
`=`	代入
`;  ,`	式の終端

パスとパッケージ

`path`	現在の関数ファイル検索パスを表示
`pathdef`	関数ファイル検索パスの既定値を表示
`addpath(`dir`)`	関数ファイル検索パスにディレクトリを追加
`EXEC_PATH`	実行パス
`pkg list`	導入済みのパッケージの一覧
`pkg load` $pack$	パッケージのインストール

セルと構造体

$var.field$ = ...	構造体のフィールドの設定
$var\{idx\}$ = ...	セル配列の要素の設定
`cellfun(`f, c`)`	セル配列の要素ごとに関数を作用
`fieldnames(`s`)`	構造体のフィールド名の取得

制御構造

`for` *identifier* `=` *expr* *stmt-list* `endfor`	
	expr の列方向に要素を取り出すごとに，一回ずつ *stmt-list* を実行します．変数 *identifier* に取り出された要素の値が各繰り返しのたびに新しく代入されます．
`while` (*condition*) *stmt-list* `endwhile`	
	条件 *condition* が真である間 *stmt-list* を実行します．
`do` *stmt-list* `until` (*condition*)	
	条件 *condition* が真となるまで *stmt-list* を実行します．
`break`	繰り返し構造を1段だけ脱出
`continue`	繰り返しの先頭にジャンプ
`return`	関数が呼び出された位置に復帰
`if` (*condition*) *if-body* [`else` *else-body*] `endif`	
	条件 *condition* が真のとき *if-body* を実行，そうでないとき *else-body*（もしあったなら）を実行
`if` (*condition*) *if-body* [`elseif` (*condition*) *elseif-body*] `endif`	
	条件 *condition* が真のとき *if-body* を実行，そうでないとき第1の `elseif` を判断して，それが真ならば *elseif-body* を実行，そうでないとき次の `elseif` の判断（もしあったなら）あるいは *else-body*（もしあったなら）を実行．`elseif` はいくつ重なっても構いません．`else` 節は，1つの `if` に対して1つだけです．
`unwind_protect` *body* `unwind_protect_cleanup` *cleanup* `end`	
	body を実行します．続いて *body* がエラーであろうがなかろうが *cleanup* を実行します．
`try` *body* `catch` *cleanup* `end`	
	body を実行します．*body* が失敗したら *cleanup* を実行します．

(*condition*) は括弧で括らず，単に *condition* と記述することができます．

文字列

`strcmp` (*s*, *t*)	文字列の比較
`strcat` (*s*, *t*, ...)	文字列の連結
`regexp` (*str*, *pat*)	正規表現への一致
`regexprep` (*str*, *pat*, *rep*)	正規表現へ一致した文字列の置換

文字列とエスケープ制御

二重引用符内ではエスケープ制御が可能です．	
`\\`	a バックスラッシュ文字
`\"`	二重引用符文字

付録 A

\'	単引用符文字
\b	バックスペース，ASCII コード 8
\t	水平タブコード，ASCII コード 9
\n	改行コード，ASCII コード 10
\v	垂直タブコード，ASCII コード 11
\r	復帰コード，ASCII コード 13

関数の定義・生成

```
function [ ret-list ] function-name [ (arg-list) ]
    function-body
endfunction
```

ret-list は単一の指定子でも，あるいはカンマで区切られた指定子の並びを四角括弧で囲ったものでも構いません．

arg-list はカンマで区切られた指定子の並びですが，空であっても構いません．

f = inline(*str*)	*str* を内容とするインライン関数の生成．

関数ハンドル

@*func*	*func* への関数ハンドル
@(*var1*, ...) *expr*	匿名関数ハンドル
str2func (*str*)	文字列から関数ハンドルを生成
functions (*handle*)	関数ハンドルの情報を取得
func2str (*handle*)	関数ハンドルから関数定義文字列を取得
handle (*arg1*, ...)	関数ハンドルの評価
feval (*func*, *arg1*, ...)	関数ハンドルや間数名 *func* を評価します．その際に，残りの引数 *arg1,...* を間数 *func* に引き渡します

その他の関数

eval (*str*)	*str* をコマンドとして評価
error (*message*)	メッセージを表示し，実行を中断してトップレベルに復帰
warning (*message*)	警告を発しますが，トップレベルには戻らず実行を継続
clear *pattern*	パターンに一致する名前の変数を消去
exist (*str*)	名前 *str* の関数や変数の存在を検出
who, whos	現在有効な変数の一覧
whos *var*	変数 *var* の詳細情報

基本的な行列の操作

rows (*a*)	行列 *a* の行数
columns (*a*)	行列 *a* の列数
all (*a*)	*a* の全ての要素が非ゼロであるか判定
any (*a*)	*a* の要素のうち一つでも非ゼロであるか判定

find (a)	a 非ゼロ要素を全て抜き出して縦 1 列に並べて表示
sort (a)	a の列ごとに整列
sum (a)	a の列ごとに和を計算
prod (a)	a の列ごとに積を計算
cross(a, b)	ベクトル外積
dot(a, b)	ベクトル内積
min $(args)$	最小値の検出
max $(args)$	最大値の検出
rem (x, y)	x/y の余り
reshape (a, m, n)	a を $m \times n$ 行列に整形
diag (v, k)	対角行列を生成
linspace (b, l, n)	等間隔の要素からなるベクトルを生成
logspace (b, l, n)	等対数間隔（等比）の要素からなるベクトルを生成
eye (m, n)	$m \times n$ 単位行列の生成
ones (m, n)	要素が全て 1 である $m \times n$ 行列の生成
zeros (m, n)	$m \times n$ ゼロ行列の生成
rand (m, n)	$m \times n$ 一様乱数行列の生成

線形計算

chol (a)	コレスキー分解
det (a)	行列式
eig (a)	固有値と固有ベクトルの算出
expm (a)	行列のべき乗
hess (a)	ヘッセンベルグ分解
inverse (a)	正方行列の逆行列
norm (a, p)	p-ノルム
pinv (a)	疑似逆行列
qr (a)	QR 分解
lu (a)	LU 分解
rank (a)	行列のランク
sprank (a)	構造化ランク
schur (a)	シューア分解
svd (a)	特異値分解
sylvester (a, b, c)	シルベスター方程式の解

非線形方程式，微分方程式，微分代数方程式，数値積分

fsolve	非線形方程式の解
lsode	常微分方程式の解
dassl, daspk, dasrt	微分代数方程式の解
quad	Fortran のライブラリ QUADPACK を用いた求積

付録 A

`quadl`	適応 Lobatto 求積法
`quadgk`	適応 Gauss-Kronrod 求積法
`quadv`	ベクトル化適応 Simpson 公式求積
`quadcc`	適応 Clenshow-Curtis 求積法
`trapz`	台形公式求積
`dblquad`	矩形領域上の二重積分
`triplequad`	直方体領域上の三重積分

信号処理

`fft` (a)	高速フーリエ変換
`ifft` (a)	逆高速フーリエ変換
`freqz` ($args$)	IIR フィルタの 周波数応答
`filter` (a, b, x)	伝達関数によるフィルター
`conv` (a, b)	2 つのベクトルの畳み込み
`hamming` (n)	Hamming 窓係数
`hanning` (n)	Hanning 窓係数

画像処理

`colormap` (map)	カラーマップの表示・変更
`gray2ind` (i, n)	グレースケールから Octave 画像への変換
`image` (img, $zoom$)	Octave 画像行列の表示
`imagesc` (img, $zoom$)	行列をスケーリングして画像表示
`imshow` (img, map)	Octave 画像表示
`imshow` (i, n)	グレースケール画像の表示
`imshow` (r, g, b)	RGB 画像の表示
`ind2gray` (img, map)	Octave 画像からグレースケール画像への変換
`ind2rgb` (img, map)	Octave 画像から RGB 画像への変換
`loadimage` ($file$)	画像ファイルからの読み出し
`rgb2ind` (r, g, b)	RGB 画像から Octave 画像への変換
`saveimage` ($file$, img, fmt, map)	画像行列のファイル $file$ への保存

C 言語に準じた入出力

`fopen` ($name$, $mode$)	$name$ という名前のファイルを開く
`fclose` ($file$)	$file$ を閉じる
`printf` (fmt, ...)	指定された書式で標準出力（`stdout`）に出力
`fprintf` ($file$, fmt, ...)	指定された書式で $file$ に出力
`sprintf` (fmt, ...)	指定された書式の文字列を出力
`scanf` (fmt)	指定された書式に従って標準入力（`stdin`）から入力
`fscanf` ($file$, fmt)	指定された書式に従って $file$ から入力

sscanf (*str*, *fmt*)	指定された書式に従って *string* から入力
fgets (*file*, *len*)	*file* から文字を *len* 個読み込む
fflush (*file*)	溜まっていた出力を *file* に吐き出す
ftell (*file*)	ファイルポインターの現在値を取得
frewind (*file*)	ファイルポインターを先頭に移動させる
freport	開いているファイルの情報を表示
fread (*file*, *size*, *prec*)	*file* からバイナリデータを読み込む
fwrite (*file*, *size*, *prec*)	*file* にバイナリデータを書き込む
feof (*file*)	ファイル終端 (EOF) に達したかを判定

ファイルはその名前あるいは fopen で開いたときに返却される数値で参照できます．以下の 3 つのファイルは Octave が起動した時点で開いており入出力が可能となっています：stdin, stdout, stderr

その他の入出力

save *file var* ...	*file* に変数を保存
load *file*	*file* から変数を読み込む
disp (*var*)	*var* の値を画面に表示

多項式

compan (*p*)	コンパニオン行列
conv (*a*, *b*)	多項式の積 ab
deconv (*a*, *b*)	多項式の割り算 a/b
poly (*a*)	行列からの多項式の生成
polyderiv (*p*)	多項式の微分
polyreduce (*p*)	多項式の積分
polyval (*p*, *x*)	多項式 p の x における値 $p(x)$
polyvalm (*p*, *x*)	正方行列の多項式 p の x における値
roots (*p*)	多項式の根
residue (*a*, *b*)	有理分数式 a/b の部分分数展開

統計

corrcoef (*x*, *y*)	相関係数行列
cov (*x*, *y*)	共分散行列
mean (*x*)	平均値
median (*x*)	中央値
std (*x*)	標準偏差
var (*x*)	分散
statistics(*x*)	x の, 最小値, 1/4 分位値, 中央値, 3/4 分位値, 最大値, 平均値, 標準偏差, 歪度, 尖度を並べたベクトル値を返却.

付録 A

グラフ

plot (*args*)	線形軸 2 次元プロット
line (*args*)	直線の描画
patch (*args*)	パッチ（面素）の描画
semilogx (*args*)	対数 x 軸 2 次元プロット
semilogy (*args*)	対数 y 軸 2 次元プロット
loglog (*args*)	両対数 2 次元プロット
bar (*args*)	棒グラフ
stairs (*x*, *y*)	階段状グラフ
stem (*x*, it y)	ステム（茎）グラフ
hist (*y*, *x*)	ヒストグラム
ezplot (*F*)	関数の 2 次元プロット
plot3 (*args*)	線形軸 3 次元プロット
mesh (*x*, *y*, *z*)	3 次元のワイアフレームプロット
meshgrid (*x*, *y*)	メッシュ行列の生成
contour (*x*, *y*, *z*)	等高線
surf (*x*, *y*, *z*)	3 次元の表面プロット
surfc (*x*, *y*, *z*)	3 次元の等高線付き表面プロット
surfl (*x*, *y*, *z*)	3 次元の射影付き表面プロット
title (*string*)	タイトルの描画
axis (*limits*)	軸範囲の設定
xlabel (*string*)	x 軸名の設定
ylabel (*string*)	y 軸名の設定
zlabel (*string*)	z 軸名の設定
text (*x*, *y*, *str*)	文字列の追記
legend (*string*)	凡例の文字列の設定
grid [on|off]	グリッド表示の設定
hold [on|off]	重ね書きか上書きかの状態設定
ishold	hold（重ね書きモード）であれば 1，でなければ 0 を返す

重要な組み込み関数

EDITOR	edit_history で用いるエディタプログラム
Inf, NaN	IEEE の無限と非数
NA	数値の欠損
PAGER	画面表示のプログラム
ans	代入先が明示されなかった場合に，計算結果の最近値を格納している臨時変数
eps	マシン精度
pi	π
i, j, I, J	$\sqrt{-1}$

| realmax | 実数の最大値 |
| realmin | 実数の最小値 |

索引

Symbols
@(...) 7, 107, 244
!= 30
! 30
\ 4, 28, 91
' 34
** 52
, ... 17
--eval 9
- 131
... . 91
. ... 29
/ 28
; 3, 17
<= 30
< 30
== 30
= 19
>= 30
> 30
[...] 17
[] 16
[xyz]lable() 147
&& 31
& 30
~= 30
~ 30
^ 52
{ . + * o x v̂ > < d h p s } 131
{ k r g b m c w y } 131
|| 31
| 30
abs() 53
acos() 53
acosh() 53
acot() 53
acotd() 53
acoth() 53
acsc() 53
acscd() 53
acsch() 53
airy() 54
all() 31
and() 30
angle() 53
ans 7
any() 31
arg() 53
argnames() 109
argv() 102

asec() 53
asecd() 53
asech() 53
asin() 53
asinh() 53
atan() 53
atan2() 53
atanh() 53
axes() 130
axis() 145
bar() 136
barh() 136
base2dec() 69
besselj() 151
besselj, *etc.* 54
beta() 54
betainc() 54
betaln() 54
bin2dec() 69
bincoeff() 54
bino[pdf,cdf,rnd,inv]() 265
blanks() 70
brighten() 178
bucky_c60.m 161
calendar() 114
cart2pol 55
cart2sph 55
cast() 93
cd, chdir 115
ceil() 53, 62
cell2mat() 83
cell2struct() 84
celldisp() 84
cellfun() 85
cellidx() 85
cellslices() 83
center() 261
char() 70
chi2[pdf,cdf,rnd,inv]() 265
chol() 45
circshift() 40
cla() 150
class() 13
clear() 14
clf() 149
close() 149
colon() 113
colormap() 171
columns() 36
common_size() 36

commutation_matrix()	54	erf()	53
compan()	235	erfc()	53
compass()	140	erfinv()	54
complement()	122	errorbar()	136
complex()	52, 56	eval	104
cond()	49	example	8
condest()	49	exec()	120
conj()	53	exp()	53
contour()	133	exp[pdf,cdf,rnd,inv]()	265
contour3()	152	expm()	31
contourc()	138	expm1()	53
contrast()	178	eye()	23
conv()	236	ezplot()	135
cos()	53	f[pdf,cdf,rnd,inv]()	265
cosd()	53	factor()	60
cosh()	53	factorial()	60
cot()	53	fcntl()	120
cotd()	53	feval()	104
coth()	53	fflush()	118
cov()	262	fft()	253
cplxpair()	53	fft2()	256
cputime()	114	fftn()	258
cross()	51	fftshift()	255
csc()	53	fieldnames()	78
cscd()	53	figure()	130
csch()	53	fill()	138
cstrcat()	70	find()	50
csvread()	101	findall()	168
csvwrite()	101	findobj()	168
ctranspose()	34	findstr()	72
cummax()	60	finite()	53
cummin()	60	fix()	53, 62
cylinder()	154	flipdim()	180
date	115	fliprl()	38
dblquad	247	flipud()	38
deblank()	71	floor()	53, 62
dec2base()	69	fminunc()	231
dec2bin()	69	fmod()	53
dec2hex()	69	fork	120
deconv()	236	format()	92
del2()	62, 64	formula()	109
delaunay()	142	fprintf()	94
delete	149	fsolve()	7, 193
demo	8	full()	49
diag()	35	gallery()	28
diff()	62	gamma()	53
dir	115	gammainc()	54
disp()	93	gcd()	61
dlmread()	100, 232	ge()	30
dlmwrite()	100, 232	get()	166
dos()	117	glpk()	224
dot()	51	gls()	230
double()	56	gplot()	142
dup2()	120	gradient()	62, 63
duplication_matrix()	54	gray2ind()	177
eig()	6, 188	grid()	134
ellipj()	208	griddata()	161
ellipke()	208	gt()	30
end	21	hadmard()	23
eps()	23	hankel()	24
eq()	30	hess()	46

301

索引

hex2dec()	69
hilb()	25
hist()	136, 259
horzcat()	113
hsv2rgb()	179
i(),j(),I(),I()	23
i,j,I,J	52
ifft()	253
ifft2()	256
ifftn()	258
imag()	53
image()	175
imagesc()	175
imfinfo()	174
imread()	173
imshow()	176
imwrite()	174
ind2gray()	177
ind2rgb()	178
index()	73
inf()	23
inline()	108
inpolygon()	142
inputname()	102
int16()	56
int32()	56
int64()	56
int8()	56
interp1()	242
interp2()	242
interp3()	243
interpft()	243
interpn()	243
intersect()	122
invhilb()	25
isa()	14
isalnum()	67
isalpha()	67
isascii()	67
iscell()	12
iscellstr()	84
ischar()	12
iscntrl()	67
iscomplex()	12
isdefinite()	12
isdigit()	67
isfield()	78
isfloat()	12
isgraph()	67
isinf()	53
isletter()	67
islogical()	12
islower()	67
ismac	117
ismatrix()	12
ismember()	121
isna()	53
isnumeric()	12
isosurface()	159
ispc	117
isprime()	12, 59

isprint()	67
ispunct()	67
isreal()	12
isscalar()	12
isspace()	67
issparse()	12
issquare()	12
isstruct()	12
issymmetric()	12
isunix	117
isupper()	67
isvector()	12
isxdigit()	67
kill()	120
kron()	51
lcm()	61
ldivide()	113
le()	30
legend()	148
legendre()	54
length()	35
lgamma()	53
line()	130
linspace()	23
list_primes()	59
load	97
log()	53
log10()	53
log1p()	53
log2()	53
logical()	19
loglog()	133
logm()	31
logspace()	23
ls	115
lsode()	201
lsode_options()	202
lsqnonneg()	230
lt()	30
lu()	43
magic()	25
mat2cell()	81
mat2str()	68
matrix_type()	184
max()	60
mean()	261
median()	261
mesh()	152
meshc()	152
meshgrid()	150
meshz()	152
methods()	112
min()	60
minus()	113
mislock()	106
mkpp	241
mldivide()	113
mlock()	106
mod()	53
mode()	262
mpower()	113

索引

mrdivide()	113
mtimes()	113
munlock()	106
nan()	23
nargin	102
nargout	102
nchoosek()	54
ndims()	36
ne()	30
nextpow2()	53
norm()	47
normest()	50
normpdf(), normcdf()	263
not()	30
nthroot()	53
ntsc2rgb()	179
num2cell()	82
num2str()	67
numel()	36
octave -q	1
ode45()	269
ols()	230
onenormest()	50
ones()	23
or()	30
output_precision()	56
pareto()	136
pascal()	26
patch()	165
pause()	114
pchip()	240
pcolor()	138
pcolse()	118
perl()	117
perms()	39
pi()	23
pie()	138
pinv()	45
pipe	120
plot()	5, 133
plot3()	152
plotyy()	134
plus()	113
poiss[pdf,cdf,rnd,inv]()	265
pol2cart	55
polar()	140
poly()	234
polyder()	238
polyderiv()	238
polyfit()	239
polyint()	239
polyinteg()	239
polyout()	234
polyreduce()	237
polyval()	235
popen()	118
postad()	38
pow2()	53
power()	113
ppval()	241
prepad()	37
primes()	59
print	5
printf()	94
prod()	60
pwd	115
python()	117
qp()	227
qr()	41
quit	1
quiver()	142
rand()	23
rande()	23
randg()	23
randn()	23
randp()	23
randperm()	39
rat()	59
rats()	59
rcond()	49
rdivide()	113
reakmax()	23
real()	53
reallog()	53
realmin()	23
realpow()	53
realsqrt()	53
refreshdata()	168
regexp()	74
regexpi()	74
regexprep()	75
regexptranslate()	75
rem()	53, 90
repmat()	37
reshape()	36
residue()	237
resize()	36
rgb2hsv()	179
rgb2ind()	178
rgb2ntsc()	179
ribbon()	154
rindex()	73
roots()	236
rose()	140
rosser()	26
rot90()	38
rotdim()	180
round()	53, 62
roundb()	53, 62
rows()	36
save	97
scatter()	142
schur()	46
sec()	53
secd()	53
sech()	53
semilogx()	133
semilogy()	133
set()	130, 166
setdiff()	123
setxor()	123
shading()	156

303

索引

shift() 40
SIG 120
sign() 53
silent_functions() 102
sin() 53
sind() 53
single() 56
sinh() 53
size() 17, 35
size_equal() 36
slice() 157
sort() 39
spalloc() 125
sparse() 124, 219
spconvert() 124
sph2cart 55
spinmap() 178
spline() 240
sprandsym() 143
sprintf() 94
sprintf 96
spy() 143
sqp() 229
sqrt() 53
sqrtm() 31
stairs() 133
std() 262
stdnormal_pdf(), stdnormal_cdf() 263
stem() 136
stem3() 152
str2double() 67
str2num() 67
strcat() 70
strchr() 72
strcmp() 71
strcmpi() 71
string_fill_char() 69
strmatch() 73
strncmp() 71
strncmpi() 71
strrep() 74
strsplit() 73
strtok() 73
strtrim() 72
strtrunc() 72
struct() 76
struct_levels_to_print() 76
struct2cell() 83
strvcat() 70
subindex() 113
subplot() 144
subsasgn() 20, 113
subsref() 20, 113
substr() 74
substruct() 21
sumsq() 262
surf() 154
surface() 154
surfc() 154
surfl() 154
surfnorm() 163

svd() 44
sylvester 27
symvar() 109
system() 116
t[pdf,cdf,rnd,inv]() 265
tan() 53
tanh() 53
tic 114
time 115
times() 113
title() 146
toc 114
toeplitz() 27
transpose() 34
treeplot() 142
tril() 34
triplequad() 250
triplot() 142
triu() 34
typecast() 93
typeinfo() 11
uint16() 56
uint32() 56
uint64() 56
uint8() 56
uminus() 113
union() 122
unix() 117
uplus() 113
vander() 28
vec() 37
vech() 37
vectorize() 109
vertcat() 113
voronoi() 142
wbl[pdf,cdf,rnd,inv]() 265
who() 15
whos() 15
whos_line_format() 15
wilkinson() 28
xor() 30
zeros() 23

A
anonymous functions 7, 107, 244

B
bool matrix 19

C
cell 11
char 13
column-major 32
curve fitting 231

D
datasource 168

E
element by element 29
elment-wise 29

索引

F
FFT 253
function_handle 13

G
getfield() 77
graphic handle 129
graphics objects 129

I
Inf 65
inline function 108

M
matrix 11
maxheadsize 142

N
NaN 65

P
pairwise 33
pseudo-inverse 45

R
rmfield() 78

S
scalar 11
scope
    global scope 15
    local scope 15
setfield() 77
shading
    `faceted` 156
    `flat` 156
    `interp` 156
singular value decomposition 44
stiff 206
string 11
struct 11

T
textttrun 10
textttsource 10
texture-mapping 158

V
varargin 102
varargout 102

あ
IEEE754 倍精度浮動小数点数 287
新しいクラスの作成 109
暗黙の型変換 57, 180
陰関数のプロット 135, 199
陰的常微分方程式 212
インデックス配列 19
FTCS 法 214
M-ファイル 10
LU 分解 43

演算子のオーバーロード 109
演算の優先順位 292
オーバーロード関数 109

か
外積 51
ガウス-ルジャンドル (Gauss-Legendre) 積分 .. 251
確率分布関数 263
確率密度の逆関数 265
確率密度関数 265
関数 102
    入れ子関数 106
    inline 関数 108
    オーバーロード関数 109
    可変数引数 102
    関数ファイル 106
    サブ関数 106
    定義 102
    匿名関数 107
関数の評価 104
関数の複数の返却値 6
関数ハンドル 201
カンマ 17
キー入力 97
刻み幅 202
擬似逆行列 45
QR 分解 41
行の継続 91
行または列の削除 22
行列生成関数 22
    一般 22
    特殊 23
行列の演算 28
    関数の引数 31
    四則演算 28
    除算 28
        左除算 28
        右除算 28
    要素毎の演算 29
行列の拡張 21
行列の種別 184
行列の生成 17
行列の並べ替え 38
    シフト 40
    順列 39
    整列 39
    反転・回転 38
行列の範囲指定 18
行列の分解 41
行列の変形 34
    大きさの変更 35
    三角行列 34, 35
    転置 34
曲線へのあてはめ 231
虚数単位 52
空気の慣性抵抗を受ける放物運動 270
空気の粘性抵抗を受ける放物運動 266
空行列 16
組み込み関数 53
クラス 13
グラフィクスオブジェクト 129

索引

axes 129
figure 129
image 129
line 129
patch 129
root window 129
surface 129
text 129
属性 166
属性の検索 168
属性の設定 166
属性のリスト 166
Crank-Nicolson 法 217
繰り返し
 do～until 文 91
 for 文 87
 while 文 89
global 変数 105
高階常微分方程式 207
構造体 75
 構造体の配列 76
こまんど文字列の評価 104
固有振動 188
固有値問題 6, 188
コラッツ (Collatz) の $3n+1$ 問題 89
コレスキー (Cholesky) 分解 45
コンテナー 75
コンパニオン行列 235

さ

最適化問題 224
座標系の変換 55
3 重積分 250
3 体問題 210
CSV 数値ファイル入出力関数 232
次元 32
シューア (Schur) 分解 46
重積分 247
条件数 49
条件分岐
 if 文 88
 switch～case 文 88
常微分方程式 201
ショートサーキット論理演算 31
シンプソン (Simpson) の公式 252
スクリプトファイル 9
スティッフ 206
図の
 軸属性 145
 軸名 147
 消去 149
 タイトル 146
 凡例 148
sparse matrix 型 219
セミコロン 17
セミコロンによる表示の抑制 3
セル配列 78
 行列との変換 81
 構造体との変換 83
 セルを引数にとる関数 85
 データのファイル入出力 80

範囲指定代入 79
線形インデックス 18
線形計画法 224

た

楕円積分 208
 ellipj() 208
 ellipke() 208
多項式 234
単振り子の大振幅解 208
直積 (クロネッカー積) 51
直線回帰 187
直近の結果 ans 7
直交分解 41
定数値関数 23
データ型 11
Descartes の正葉線 135
テキスチャーマッピング 158
特異値分解 44
匿名関数 7, 107, 244

な

内積 51
2 次計画法 227
2 重積分 247
ノルム (行列の) 47

は

persistent 変数 105
媒介変数 160
波束の散乱 (1 次元ポテンシャル) 221
Pareto 図 137
半円弧面上の質点の運動 274
万有引力下の質点の運動 272
比較演算子 30
非数 (NaN) 65
非線形計画法 229
非線形方程式の解 193
非対話モード 9
左除算 4, 183
表示精度 56
ファイル識別子 118
ファイル入出力 97
フラーレン (C60) 161
ブラケットによる行列の生成 17
プロットの属性
 color 132
 linewidth 132
 markersize 132
べき乗 52
Hessenberg 行列 46
ヘッセンベルグ (Hessenberg) 分解 46
ヘルプ機能 8
 demo 8
 doc 8
 example 8
 help 8
 lookfor 8
変換指定子 94

ま

mapping 関数 31
無限大 (Inf) 65
無限深さ井戸の中の粒子 190
面の切り出し 157
文字クラス判別関数 67
 isalnum()   67
 isalpha()   67
 isascii()   67
 iscntrl()   67
 isdigit()   67
 isgraph()   67
 isletter()   67
 islower()   67
 isprint()   67
 ispunct()   67
 isspace()   67
 isupper()   67
 isxdigit()   67

や
有理数近似表現 59
陽的解法 214

ら
ラプラシアン (2 次元) 64
累次積分 249
例外処理
 try〜catch 文   86
列優先 32
連立常微分方程式 204
local 変数 105
ロトカーボルテラ (Lotka-Voltera) 方程式 204
ロバートソン（Robertson）反応 206
論理演算子 30

■ **著者プロフィール**

松田 七美男（まつだ なみお）

1956 年 8 月	秋田県湯沢市に生まれる．
1985 年 3 月	東京大学大学院工学研究科物理工学専攻博士課程満期退学
1985 年 4 月	高エネルギー物理学研究所（現在，高エネルギー加速器研究機構）放射光実験施設助手
1986 年 3 月	工学博士（東京大学大学院）
1989 年 4 月	東京電機大学工学部講師
1999 年 10 月	東京電機大学工学部教授
2012 年 4 月	東京電機大学システムデザイン工学部教授

著書　「Linux 活用術」（電大出版），「もう少しだけ Linux」（Linux Japan 連載記事），「専門基礎ライブラリー電気数学」（共著，実教出版），「『工学』のおもしろさを学ぶ」（共著，電大出版），「真空科学ハンドブック」（共著，コロナ社）

趣味　60 代になって俳句にはまっています．最も気に入ってる一句，
　　　バスを待ち大路の春をうたがわず（石田波郷）

Octave の精義　[第二版]
フリーの高機能数値計算ツールを使いこなす

2011 年　1 月 10 日　初版　第 1 刷発行
2019 年 10 月 25 日　第二版第 1 刷発行

著　者	松田 七美男
発行人	石塚 勝敏
発　行	株式会社 カットシステム
	〒 169-0073 東京都新宿区百人町 4-9-7　新宿ユーエストビル 8F
	TEL（03）5348-3850　　FAX（03）5348-3851
	URL　http://www.cutt.co.jp/
	振替　00130-6-17174
印　刷	シナノ書籍印刷 株式会社

本書に関するご意見，ご質問は小社出版部宛まで文書か，sales@cutt.co.jp 宛に e-mail でお送りください．電話によるお問い合わせはご遠慮ください．また，本書の内容を超えるご質問にはお答えできませんので，あらかじめご了承ください．

■ 本書の内容の一部あるいは全部を無断で複写複製（コピー・電子入力）することは，法律で認められた場合を除き，著作者および出版者の権利の侵害になりますので，その場合はあらかじめ小社あてに許諾をお求めください．

Cover design　Y.Yamaguchi　　　© 2019 松田七美男
Printed in Japan　ISBN978-4-87783-430-2